基于智能工厂的M2M通信

——架构、技术、标准与应用

［加拿大］ 沃伊斯拉夫·米西奇（Vojislav B. Mišić）
叶莲娜·米西奇（Jelena Mišić） 主编
段瑞飞 赵永梅 译

机械工业出版社

M2M 是构成物联网的物质基础，本书由 M2M 通信领域专家撰写，详细介绍了 M2M 通信相关的广泛交叉问题，包括 M2M 通信、架构和流量建模的通用观点，旨在实现或促进 M2M 通信的技术与应用的发展。

本书第 1 章结合案例，阐述了 M2M 通信的共性问题，介绍了传统数据通信和 M2M 通信技术之间的差异。第 2 章概述了 M2M 通信不同架构的解决方案和欧盟发起的框架计划 7 中设备扩展 LTE 项目。第 3 章就先进架构、标准和系统发展的前提条件——M2M 流量表征和建模最新结果进行了深入研究。第 4 章描述了前向纠错编码设计的实际方案。第 5 章研究IEEE 802. 15. 4 低数据速率无线体域网标准在 M2M 通信中使用的有效性，特别关注隐藏终端的影响、帧碰撞以及由于噪声的帧损坏。第 6 章论述了 M2M 网络中使用 802. 15. 4 兼容设备的作用和问题的各种观点，重点关注通信的可靠性和多重随机效应的影响。第 7 章详细讨论了海量接入控制、资源分配、中继、路由和休眠调度的问题，同时还介绍了大量 M2M 设备中可能的供电方式——能量收集及其在绿色通信 M2M 网络中的作用。第 8 章讨论了在智能电网以及某些应用情况下使用 M2M 通信所带来的挑战，并从其是否适合智能电网应用的观点出发，概述了众多无线通信技术。第 9 章从安全方面论述了智能电网中的 M2M 通信，提出了一种有效的入侵探测系统以应付多种可能的攻击。最后第 10 章提出了利用 M2M 通信的能力来实现另一种新兴的计算模式——云计算中手机群智感知的应用。

本书适合 M2M 领域工程技术人员、研究人员以及高校师生参考使用，可帮助他们解决 M2M 通信网络和系统中相关的设计、部署和运行等问题。

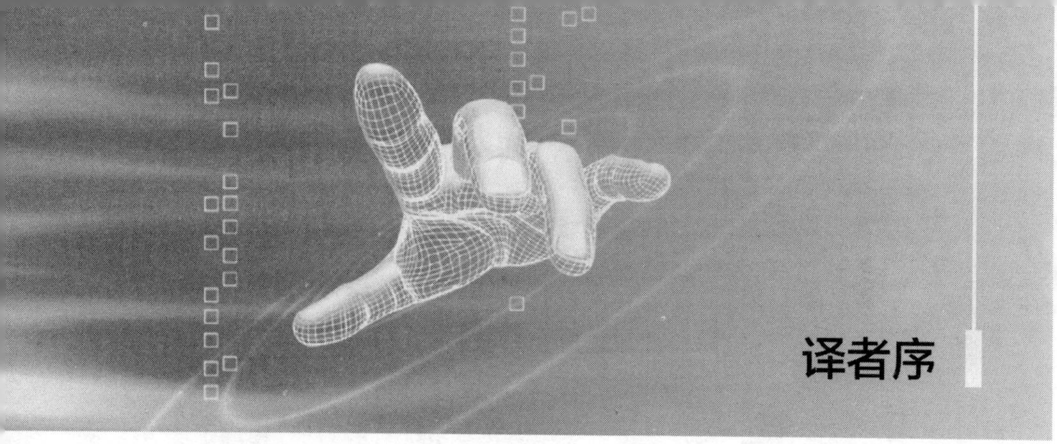

译者序

M2M 是一种理念，也是所有增强机器设备通信和网络能力的技术的总称。人与人之间的沟通很多都是通过机器实现的，如通过手机、电话、计算机、传真机等。另外一类技术是专为机器和机器建立通信而设计的，如许多智能化仪器仪表都带有 RS-232 接口和 GPIB 通信接口，增强了仪器与仪器之间、仪器与计算机之间的通信能力。随着科学技术的发展，越来越多的设备具有了通信和联网能力，网络一切（Network Everything）逐步变为现实。人与人之间的通信需要更加直观、精美的界面和更丰富的多媒体内容，而 M2M 的通信更需要建立一个统一规范的通信接口和标准化的传输内容。

“机器端对端（M2M）”或“机器型通信”已应用于许多领域，包括但不限于智能电力和智能电网、电子医疗、交通管理、安全和安保以及城市自动化。大多数情况下设备被互联成为庞大的网络，这个庞大的网络通常就是指“物联网（IoT）”。物联网使得我们可以对日常生活的许多方面（包括办公室和家庭）进行智能监控、报告和控制。因此，M2M 通信技术将影响和改变目前的能源生产、传输和配送系统、交通系统以及人类每天使用的其他系统和物品。

M2M 通信的规模巨大，预计通过 M2M 驱动的设备数量到 2020 年将达到 200 ~ 500 亿台，几乎超过迄今为止在通信技术领域完成的任何项目。为此需要研究这一令人激动的新领域发展中的相关问题，并进一步从理论和实践上加强对 M2M 通信系统的理解。

翻译本书也是机缘巧合，译者的专业主要在半导体材料、器件以及设计和应用（如 MEMS 传感器）方面，在与机械工业出版社的交流过程中，出版社不经意问起这本书的翻译，因为在传感器应用方面多些了解，针对国家提出的物联网（IoT）中“万亿个传感器计划”，对物联网体系架构中涉及的传感器感知层、网络层的通信技术和应用领域的技术特点方面略有了解，抱着学习的态度，就应承了下来。但是真正开始翻译才发现，难度还是相当大的，因为好多涉及细节的词汇还没有国标，只有相关研究人员各自的翻译和文章可供参考。专业书籍的翻译我们希望还是先解决“信”的问题，至于“雅”，限于文学修养实在不敢说可以达到，但求通顺达意，让读者不要有歧义。

经过了此书翻译过程中查找标准词汇的痛苦历程，我们也真心希望国家相关标准部门能够尽快出台有关标准，首先是专业术语的统一，这对行业交流是十分重要和有意义的工作。另外，为了保证本书的准确，没有对编者的名字进行翻译。

感谢机械工业出版社的编辑对本书翻译出版工作的支持，没有他们的帮助这本书很难和大家见面。

同时要对本书的翻译团队说声辛苦了，在工作之余辛苦的翻译、编辑和校对，尤其有些不太熟悉的部分需要加班加点去完成。即使如此，还是难免有或多或少、这样或那样的错误出现，还请各位读者海涵，并请提出宝贵意见。

最后，感谢每位读者，你们的支持和指正将是我们进一步完善本书的动力源泉，也希望本书能够对M2M领域的发展有所帮助。

译者　段瑞飞，赵永梅

前 言

数据通信网络可能是现代社会中技术的最普遍形式。最初开发用于人与人之间的通信，现在数据通信正越来越多地用于连接不需要人类监督或互动的智能电子设备。这种数据通信，恰当地命名为“机器端对端（M2M）”或“机器型通信”，已在许多领域应用，包括但不限于智能电力和智能电网、电子医疗、交通管理、安全和安保以及城市自动化。大多数情况下这些设备被互联成为庞大的网络，这个庞大的网络通常就是指“物联网”。物联网使得我们可以对日常生活的许多方面（包括办公室和家庭）进行智能监控、报告和控制。因此，M2M 通信技术将影响和改变目前的能源生产、传输和配送系统、交通系统以及人类每天使用的其他的系统和物品。

M2M 通信的规模巨大，预计通过 M2M 驱动的设备数量到 2020 年将达到 200 ~ 500 亿台，几乎超过迄今为止在通信技术领域完成的任何项目。因此，需要研究这一令人激动的新领域发展的各个方面，并进一步从理论和实践上加强对 M2M 通信系统的理解。

本书内容可分为 3 个部分，每部分侧重于 M2M 技术的不同方面。

本书第 1 ~3 章综述了 M2M 通信、架构和流量建模的通用观点。第 1 章由 Jiafu Wan、Min Chen 和 Victor C. M. Leung 编写，探讨 M2M 通信的共性方面，勾勒出这种新技术给予设计者和应用开发者的问题和挑战，并提供了一些案例研究，以突出传统数据通信和 M2M 通信技术之间的差异。第 2 章由 Dejan Drajić、Nemanja Ognjanović 和 Srdjan Krčo 编写，概述了 M2M 通信不同架构的解决方案，并对当前对各个方面的标准化给出建议，还介绍了欧盟发起的框架计划 7 中设备扩展 LTE 项目（EXALTED）的概况。该项目的目标是将 M2M 通信与正迅速在全球获得认可的 4G 蜂窝通信标准——LTE集成。第 3 章由 Markus Laner、Navid Nikaein、Dejan Drajić、Philipp Svoboda、Milica Popović和 Srdjan Krčo 编写，介绍了 M2M 流量表征和建模最新结果的深入研究，这是本领域先进架构、标准和系统发展的前提条件。

第 4 ~7 章重点关注一些通信技术，旨在实现或促进 M2M 通信。第 4 章由 Yuexing Peng、Yonghui Li、Mohammed Atiquzzaman 和 Lei Shu 编写，描述了前向纠错

(Forward Error Correction，FEC) 编码设计的实际方案，它允许聚类、多端协同和分布式 turbo 编码以及解码。第 5 章由 Chao Ma、Jianhua He、Hsiao-hwa Chen 和 Zuoyin Tang 编写，研究在多个无线传感器网络实现中相当流行的 IEEE 802.15.4 低数据速率无线体域网 (Low Data Rate Wireless Personal Area Network，LR-WPAN) 标准在 M2M 通信中使用的有效性，特别关注隐藏终端的影响、帧碰撞以及由于噪声的帧损坏。第 6 章由 Lei Zheng 和 Lin Cai 编写，论述了 M2M 网络中使用 802.15.4 兼容设备的作用和问题，重点关注通信的可靠性和多重随机效应的影响，包括影子、衰减和网络拓扑。第 7 章由 Burak Kantarci 和 Hussein T. Mouftah 编写，重点关注能源效率及其多面性，详细讨论了涉及海量接入控制、资源分配、中继、路由和休眠调度的问题。同时，还介绍了大量 M2M 设备中可能的供电方式 (能量收集) 及其在绿色通信 M2M 网络中的作用。

第 8~10 章介绍有关 M2M 通信的应用。第 8 章由 Melike Erol-Kantarci 和 Hussein T. Mouftah 编写，讨论了在智能电网以及某些应用情况下，使用 M2M 通信所带来的挑战，并从其是否适合智能电网应用的观点出发，概述了众多无线通信技术。第 9 章由 Nasim Beigi Mohammadi、Jelena Mišić、Vojislav B. Mišić 和 Hamzeh Khazaei 编写，从安全方面论述了智能电网中的 M2M 通信，提出了一种有效的入侵探测系统以应付多种可能的攻击。第 10 章由 Symeon Papavassiliou、Chrysa Papagianni、Salvatore Distefano、Giovanni Merlino 和 Antonio Puliafito 编写，提出了通过使用志愿者计算模型的框架，利用 M2M 通信的能力来实现另一种新兴的计算模式——云计算中手机群智感知的应用。

总体来说，这些章节不仅可以让读者了解本领域已有的工作，同时也为进一步研究 M2M 通信技术的各个方面奠定了基础，特别是其架构和架构方案、现有系统的升级路径、性能相关问题以及安全性。读者将因此能够更好地解决有关 M2M 通信网络和系统中相关的设计、部署和运行问题。

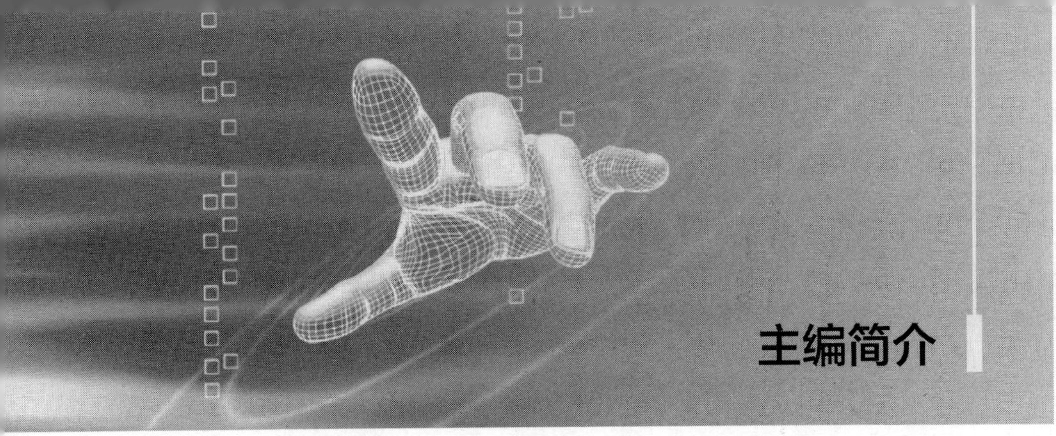

主编简介

Jelena Mišić，加拿大安大略省多伦多市瑞尔森大学计算机科学教授。在无线网络领域，尤其是无线体域网和无线传感器网络协议、性能评估和安全等方面发表了 100 余篇索引论文和 140 余篇国际会议论文。担任 IEEE Transactions on Vehicular Technology，IEEE Network、Computer Networks、Ad Hoc Networks、Wiley Security and Communication Networks，Ad Hoc & Sensor Wireless Networks 等期刊的编委。IEEE 高级会员、ACM 会员。

Vojislav B. Mišić，加拿大安大略省多伦多市瑞尔森大学计算机科学教授。1993 年于塞尔维亚贝尔格莱德大学获计算机科学博士学位。他的研究兴趣包括无线网络的性能评估以及系统和软件工程。曾撰写、与人合著图书 6 本，参与编写图书 18 本，在期刊和著名国际会议上发表论文超过 220 篇。担任 IEEE Transactions on Parallel and Distributed Systems、IEEE Transactions on Cloud Computing、Ad Hoc Networks、Peer-to-Peer Networks and Applications、International Journal of Parallel、Emergent and Distributed Systems 的编委。IEEE 高级会员、ACM 和 AIS 会员。

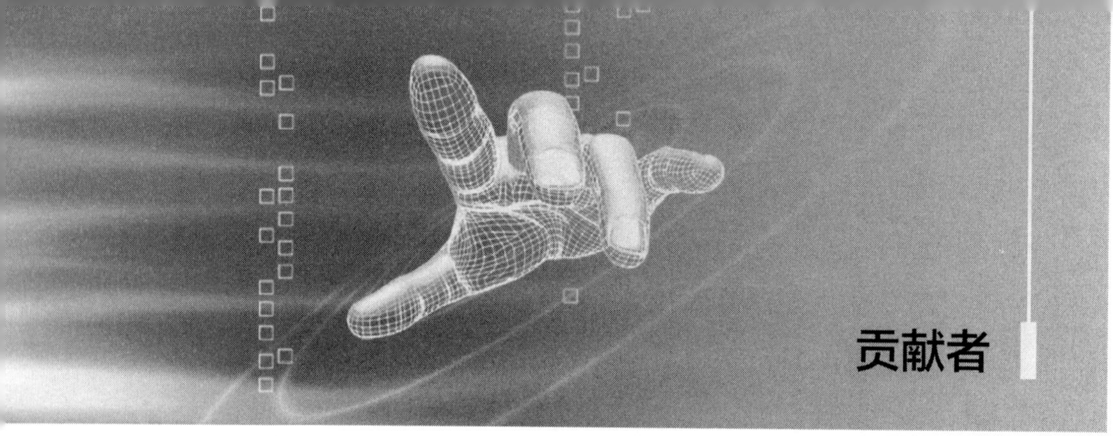

贡献者

Mohammed Atiquzzaman
俄克拉何马大学
计算机学院
俄克拉荷马州诺曼

Lin Cai
维多利亚大学
电机和计算机工程系
加拿大不列颠哥伦比亚省维多利亚

Hsiao-Hwa Chen
成功大学
工程科学系
中国台湾省台南市

Min Chen
华中科技大学
计算机科学与技术学院
中国武汉

Salvatore Distefano
米兰理工大学
电子信息和生物工程系
意大利米兰

Dejan Drajic
爱立信公司
塞尔维亚贝尔格莱德

Melike Erol-Kantarci
渥太华大学
电气工程与计算机科学学院
加拿大安大略省渥太华

Jianhua He
阿斯顿大学
工程和应用科学学院
英国伯明翰

Burak Kantarci
渥太华大学
电气工程与计算机科学学院
加拿大安大略省渥太华

Hamzeh Khazaei
IBM
研究开发中心
加拿大安大略省万锦市

Srdjan Krčo
爱立信公司
塞尔维亚贝尔格莱德

Markus Laner
维也纳科技大学
电信研究院
奥地利维也纳

Victor C. M. Leung
英属哥伦比亚大学
电气与计算机工程系
加拿大不列颠哥伦比亚省温哥华

Yonghui Li
悉尼大学
电气与信息工程学院电信卓越中心
澳大利亚新南威尔士

Chao Ma
阿斯顿大学
工程和应用科学学院
英国伯明翰

Giovanni Merlino
墨西拿大学
工程系（DICIEAMA）
意大利墨西拿

Jelena Mišić
瑞尔森大学
计算机科学系
加拿大安大略省多伦多

Vojislav B. Mišić
瑞尔森大学
计算机科学系
加拿大安大略省多伦多

Nasim Beigi Mohammadi
西安大略大学
计算机与电气工程系
加拿大安大略省伦敦

Hussein T. Mouftah
渥太华大学
电气工程与计算机科学学院
加拿大安大略省渥太华

Navid Nikaein
Eurecom
移动通信部门
法国索菲亚安提波利斯

Nemanja Ognjanović
塞尔维亚电信
塞尔维亚贝尔格莱德

Chrysa Papagianni
雅典国立技术大学
电气和计算机工程学院
网络管理和优化设计实验室
希腊雅典

Symeon Papavassiliou
雅典国立技术大学
电气和计算机工程学院
网络管理和优化设计实验室
希腊雅典

Yuexing Peng
北京邮电大学
泛网无线通信教育部重点实验室
中国北京

Milica Popović
塞尔维亚电信
塞尔维亚贝尔格莱德

Antonio Puliafito
墨西拿大学
工程系（DICIEAMA）
意大利墨西拿

Lei Shu
广东石油化工学院
广东省石化装备故障诊断重点实验室
中国广东省茂名市

Philipp Svoboda
维也纳科技大学
电信研究院
奥地利维也纳

Zuoyin Tang
阿斯顿大学
工程和应用科学学院
英国伯明翰

Jiafu Wan
华南理工大学（广东机电职业技术学院）
计算机科学与工程学院
中国广州

Lei Zheng
维多利亚大学
电机和计算机工程系
加拿大不列颠哥伦比亚省维多利亚

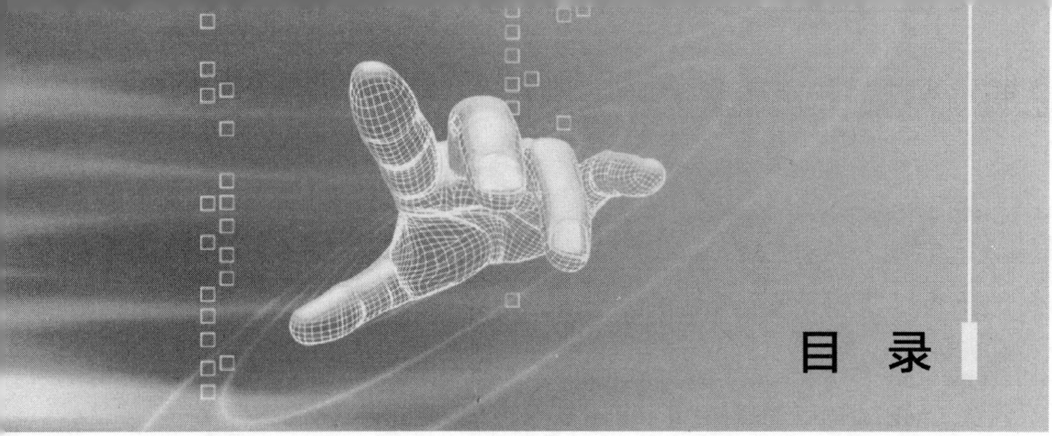

目 录

chapter 1

第 1 章

网络—物理世界的 M2M 通信

——案例分析和研究挑战

Jiafu Wan、Min Chen 和 Victor C. M. Leung

1.1 简介

近年来，智能设备之间的无线和有线通信系统一直是增长最快的研究领域之一，并且已经在许多领域取得了显著进展，如无线传感器网络（Wireless Sensor Networks，WSNs）、无线体域网（Wireless Body Area Networks，WBAN）和机器端对端（Machine-to-Machine，M2M）通信[1,2]。通常情况下，M2M指计算机、嵌入式处理器、智能传感器、执行器和移动设备之间有限或无须人类干预的通信[3]。M2M通信的基本原理基于以下两个观测结果：①机器网络比孤立机器更有价值，②当多台计算机互联时，可以支持更自动和智能的应用[4]。

根据此前的预测，近10年中M2M通信的影响将持续增加[5]。目前，许多M2M应用已经开始在多个领域出现，如医疗保健、智能机器人、信息交通系统（Cyber-Transportation Systems，CTS）、制造系统、智能家居技术和智能电网[6]。

M2M通信的应用极大地影响多个行业。因此，标准化要求也显著大于任何传统标准制定的范围。正在开发M2M技术标准的标准机构有第三代协同伙伴计划（Third Generation Partnership Project，3GPP）、电气和电子工程师协会（Institute of Electrical and Electronic Engineers，IEEE）、电信工业协会（Telecommunications Industry Association，TIA）和欧洲电信标准协会（European Telecommunication Standards Institute，ETSI）。ETSI标准草案[7]认为，M2M的网络结构包括以下5个组成部分：①设备，通常是具有嵌入式处理和能够自动回答请求或发送数据的智能设备；②网关，提供设备和外部网络之间的互通和互联；③M2M区域网络，完成各种智能设备与网关之间的连接；④通信网络，提供网关和应用之间的连接；⑤应用，由分析数据、采取动作和为特定业务处理引擎支持的各种应用服务传递数据的软件构成。

3GPP定义了针对机器类型通信（Machine-Type Communications，MTC）的功能和要求[8,9]，ETSI着重于与接入和网络传输技术无关的服务中间件层标准化。它将服务能力进行分类，以便为不同M2M应用需要提供一整套通用功能。IEEE 802.16将与无线城域网相关的空中接口和相关功能标准化。它为非IEEE 802.16或其他IEEE 802.16 M2M设备定义了聚集点[10]。

为简要介绍M2M通信及相关应用，本章提供了概念分析和若干案例研究，并讨论了M2M的演变和相关挑战。对于案例分析，选择了一些有代表性的应用来说明M2M技术的实际使用是如何改善人们生活质量的。此外，给出了以信息物理系统（Cyber-Physical System，CPS）形式呈现的新M2M架构。该架构将智能道路与无人驾驶汽车集成，包括许多挑战性的课题，如安全性、认证、数据完整性和隐私。此外，还总结了结合网络技术、交通工程和人为因素的CTS案例[11]。

本章的结构如下：首先，分析了无线传感器网络、M2M、CPS和物联网(Internet Of Things，IOT)之间的差异和关联性。其次，介绍了M2M通信的一些应用，如M2M用于历史文物保存、制造系统以及家庭网络。通过WSNs定位进行无人驾驶车辆的导航例证了CPS作为M2M通信技术的演进，并给出避免交叉碰撞的CTS案例。最后，对M2M和CPS进行了比较。

1.2 几个相关术语：IoT、WSNs、M2M和CPS

随着技术和实施思路的发展，IoT、WSNs、M2M和CPS的定义已经演变。

- **IoT**：一个全球性的网络基础设施，通过数据采集和通信能力的开发将物理和虚拟对象连接起来。这种基础设施包括现有和进化的互联网以及正在开发的网络。它将为独立协同服务和应用开发提供特定的对象识别、传感器和连接能力的基础。其特点是高度自治的数据采集、事件传递、网络连接和互操作性[12]。
- **WSNs**：包括空间分布的用于监测物理或环境条件（如温度、声音、压力等）的自动传感器，并通过网络协同传递数据到中心位置[13]。
- **M2M**：指允许设备通过无线和有线系统与其他设备进行通信的技术。M2M使用设备（如传感器或仪表）来捕获事件（如温度和库存水平），通过网络（无线、有线或混合）转发到应用软件程序，将所捕获的事件转换成有意义的信息[14]。
- **CPS**：以系统的计算单元和物理单元紧密结合并相互协调为特征的系统[15]。

通过WSNs的接口，各种各样的信息可以在M2M系统中通过传感器来收集。因此，除了M2M通信外，机器还可以基于通过WSNs收集的信息进行动作。具有了决策制定和自主控制的能力后，M2M系统可以升级到CPS。在IoT的体系架构下，通过引进更多的智能化和互动操作，CPS已经被建议[5]作为M2M的演化。因为M2M、WSNs、CPS和IoT之间的关系仍然不清晰，本节试图从新的角度阐明这些系统之间的区别和联系。

1.2.1 IoT、WSNs、M2M和CPS简介

IoT最早在1999年提出[16]，是指在互联网中唯一可识别的对象、事件及其虚拟表示。近年来，IoT由于一些代表性的应用（如温室气体监测、智能交通、远程医疗和智能电表读数），其概念已经变得非常时髦。IoT包括4个主要组成部分（见图1.1）：传感、异构接入、信息处理、应用和服务，以及一些其他组成部分

(如安全和隐私)。从本质上来说，WSNs、M2M 和 CPS 类似于 IoT，因为它们都具有上述相同的组成部分。其差异在于 4 个组成部分的范围不同。

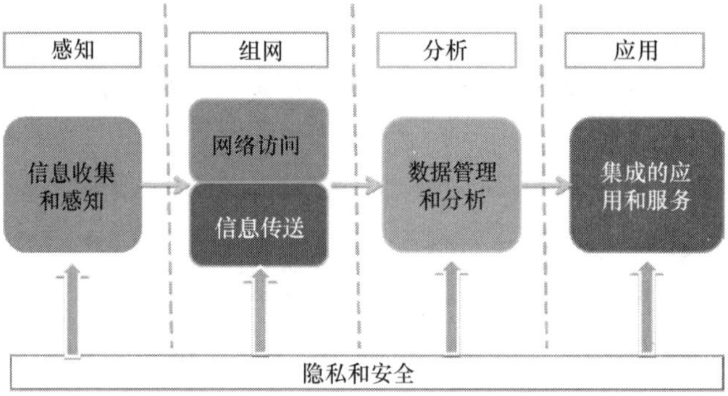

图 1.1　IoT 四层架构

WSNs 通过空间分布的自动传感器来监测物理或环境状况，并协同传输数据到中心位置。强调通过各种传感器节点进行信息感知的 WSNs 是 IoT 最基本的形式。无线通信技术的进步（如可穿戴和可植入生物传感器，以及最近在嵌入式计算、智能系统以及云计算等领域的发展）正在触发功能更强大的 IoT 系统的设计、开发和实施（如 M2M 和 CPS）。

着眼于不同类型的应用，IoT 具有不同的表象，如 M2M 和 CPS。M2M 指允许设备通过无线或有线系统与其他设备进行通信的技术。类似于 WSNs，M2M 系统具有鲜明的特点，如支持数量庞大的节点、无缝的域互操作性、自主运行和自组织。在 IoT 的架构下，M2M 主要是促进了不需要人为干预、设备进行端到端通信的 MTC，同时强调支持实际应用（如智能家居和智能电网这些 IoT 当前的主要实现形式）。然而，智能信息处理（如采用人工神经网络、数据融合和分布式实时控制）并不是 M2M 设计的主要考虑对象。另外，由 ETSI 提出的五单元结构形成 3 个相互联系的块，包括由 M2M 区域网络和 M2M 网关形成的 M2M 区域块，通信网络块包括各种有线/无线网络（如 x 数字订户线路（x Digital Subscriber Line，xDSL））和 3G，以及应用块[17,18]。图 1.2 所示为 M2M 架构块。

环境智能和自主控制并不是 IoT 原始概念的一部分。随着先进网络技术、分布式多体控制以及云计算的发展，其中一种趋势是在 M2M 研发中集成 IoT 的概念和自主控制，形成 CPS 形式的 M2M 演化，其特点是在系统计算和物理单元之间紧密结合和协调（见图 1.3）。通常，传感器和执行器网络被视为 CPS 的前体。基本上，CPS 着重于在计算智能中导入相互作用、交互应用甚至分布式实时控制。因此，应当开发一些新的技术和方法以满足实时性能更苛刻的要求，如低抖动和低延时。

预计 CPS 的广泛应用将需要更多地从理论和实际问题的研究突破上得到支持。今后，高性能的 CPS 将作为 IoT 的更高级形式而呈现。

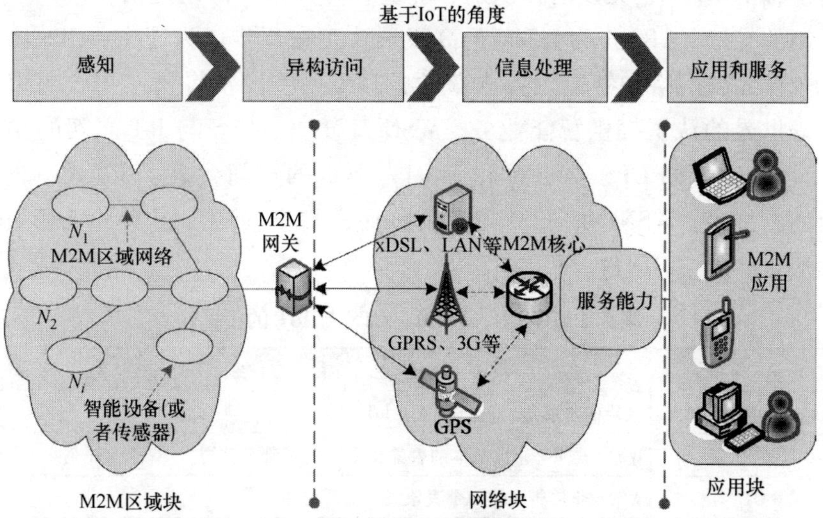

图 1.2 M2M 结构块

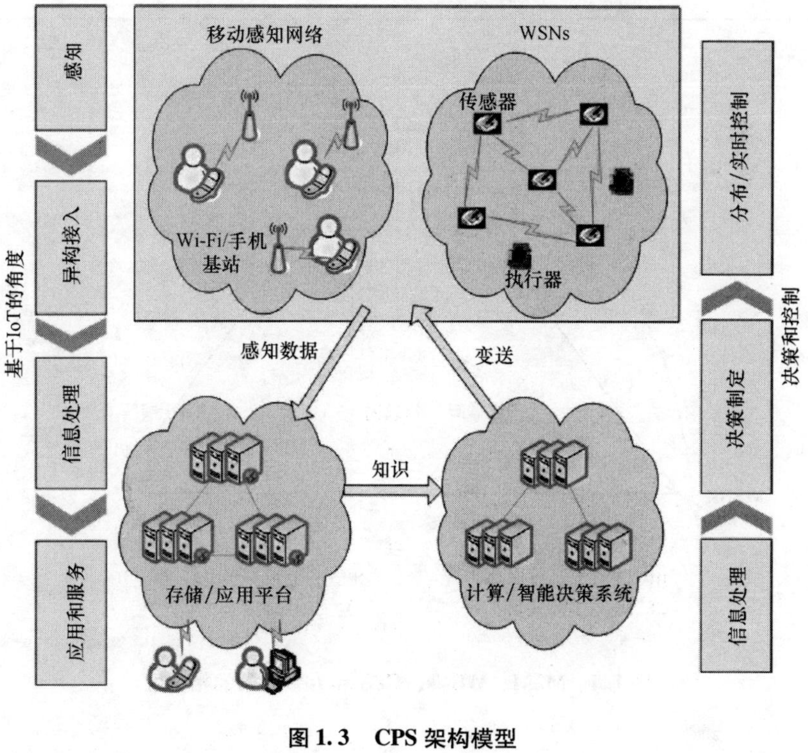

图 1.3 CPS 架构模型

1.2.2 IoT、WSNs、M2M和CPS之间的相关性

由于有了WSNs、无线射频识别、普适计算技术、网络通信技术以及分布式实时控制的支持，CPS作为IoT新的高级形式正在逐步成为现实。CPS应用或许能从大规模无线网络和智能设备中获益，其中一些设备将允许CPS应用基于对周围物理世界的认识提供智能业务。WSNs、M2M、CPS与IoT之间的相关性见表1.1。3个轴（即CPS、WSNs和M2M）形成的空间代表了IoT（见图1.4）。随着时间的推移，WSNs和M2M的发展将促进CPS应用。图1.5显示了物联网的持续演化。

表1.1 WSNs、M2M、CPS与IoT的相关性

分类	相关性
WSNs、M2M和CPS	从架构角度看，它们都属于IoT
WSNs	WSNs是IoT非常基本的表象和CPS的基础，被视为M2M的补充
WBAN	WSNs非常典型的一个表象
M2M	现阶段IoT的主要形态
CPS	具有智能信息处理的M2M演化，会成为IoT未来的重要技术形态
CTS	CPS颇具代表性的表象

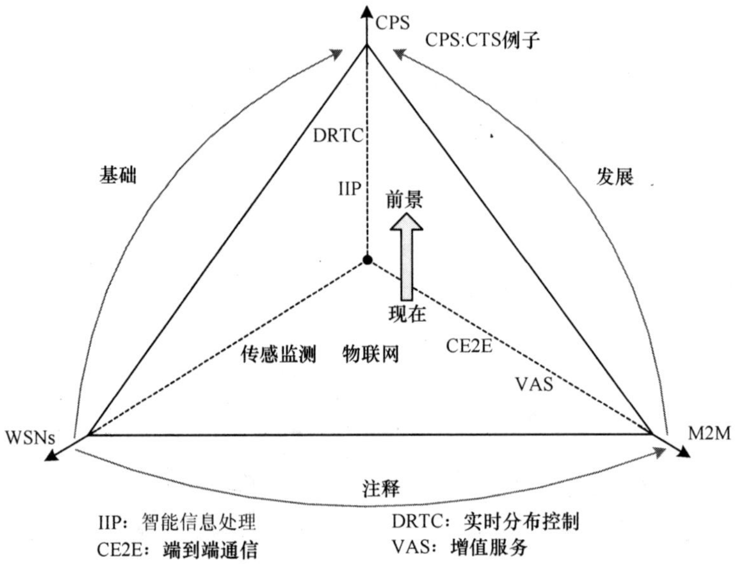

图1.4 M2M、WSNs、CPS和IoT之间的相关性

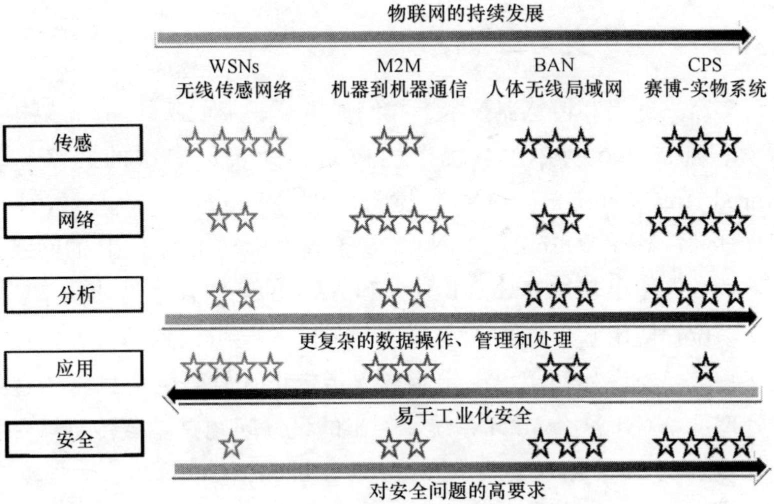

图 1.5　物联网（IoT）的持续演化

1.3　M2M 通信：案例研究

近年来，M2M 应用已经成为许多研究的主题。本节先介绍 M2M 的应用块，然后给出 3 个案例研究（包括 M2M 用于历史文物保存、制造系统以及家庭网络）来阐述 M2M 应用的美好前景。

1.3.1　M2M 应用块

M2M 应用的基本架构在 1.2 节中已进行了介绍。M2M 的应用领域包括智能交通、健康护理、智能电网、制造、供应和配置等，见表 1.2。一些 M2M 的应用案例见参考文献 [19-21]。

表 1.2　M2M 应用领域

域　名	申　请
安全	监控应用中，报警器，对象/人跟踪
运输	车队管理、排放控制、收费缴费、道路安全及其他
医疗保健	相关的电子健康和人身安全
公共事业	计量，配置和实用程序，如石油结算、水、电、热及其他
制造业	生产链监控和自动化
供应和配置	货物的供应、配送监控和自动售货机
设施管理	家庭、建筑物和校园自动化

1.3.2 M2M 用于历史文物保存

基于许多新兴网络和传感器技术，我们提出了一个创新的 M2M 架构用于历史文物的保存，如图 1.6 所示。系统架构被划分为若干层次的网络，即邻域网（Neighborhood Area Network，NAN）、建筑域网（Building Area Network，BUAN）和房域网（House Area Network，HAN）。基于现有标准，基于 IP 的网络是网关之间通信的首选，这使得其与 HAN、BUAN 和 NAN 的互联几乎易如反掌。安装无线传感器的文物位置使用基于（如无线电信号强度）指示信息的一些定位算法来确定。一旦文物未经允许移动超出一定距离，指定识别号码的信息将传递给文物管理中心和管理员。对于这个 M2M 系统，突出的设计问题是隐藏传感器并保证定位的精度。因此，可以采用超宽带（Ultra-Wideband，UWB）技术来实现准确的定位。

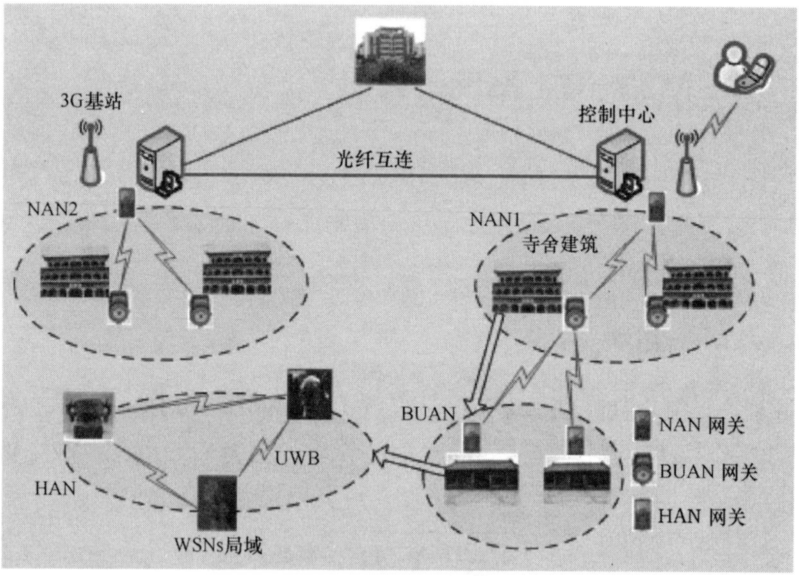

图 1.6　历史文物保护的 M2M 架构

1.3.3 M2M 用于制造系统

在不久的将来，机器工具预计将演变成为学习型智能设备。机器工具一直被视为集成到更大生产系统的对象，但如果具有知识获取和演化，也就是学习的智能得到进一步整合，由此产生的智能机器工具将会自适应用于可能随着时间演化的多种系统。图 1.7 显示出了预计通过利用相关机器和周围环境信息交换的计算智能[22]，尽量减少人类专家角色的 M2M 环境轮廓。这些信息能够实时获取知识，并通过学习获得的知识来改进计算机辅助制造商、工具制造商和销售商、材料生产商和销售商、远程服务分销商甚至电子设备。这项创新将有助于提高效率和降低成本。

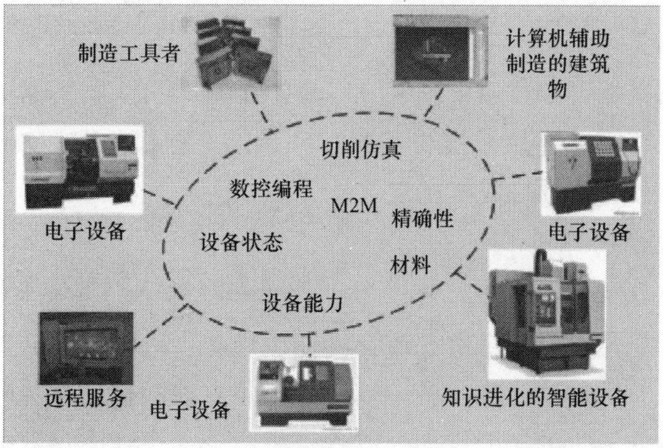

图 1.7　制造系统的 M2M 架构

1.3.4　M2M 用于家庭网络

参考文献［23］提出了一种家庭 M2M 网络的可能架构。网络架构可以分为 3 个相辅相成的 M2M 结构：家庭网络、健康监测和智能电网。每个子网的主要特点和潜在应用都一一进行了识别[23]。家庭 M2M 网络本质上是具有一个主干网与多个子网的异构网络。在主干网络中，要有中央家庭网关设备来管理整个网络并将家庭网络与外界（如互联网）相连。网络相关的功能通过家庭网关实现，包括接入控制、安全管理、服务质量（Quality-of-Service，QoS）管理以及多媒体转换。每个子网以自组织方式工作，并且能够被设计用于某种特定的应用。每个子网具有子网关作为子网连接到家庭网关和主干网络的终端。家庭网关和子网关都是逻辑实体，其功能可以通过单一设备（即认知网关）从物理上实现。

1.3.4.1　家庭网络

家庭网络的主要目的是媒体分发。媒体分发系统包括媒体存储（媒体服务器）、媒体传输（Wi-Fi、蓝牙和 UWB）和媒体消费（高清晰度电视（High-Definition Television，HDTV）、智能手机、平板电脑、台式计算机）。目前，家庭网络作为 M2M 网络得到了很大的关注。家庭网络由各种小型家庭设备子网组成。每个子网可以包含一个集合体连接到互联网网关（路由器）。这种子网有 ZigBee 子网（电器、空调)、Wi-Fi 子网（笔记本式计算机、打印机和媒体服务器)、UWB 子网（HDTV、摄像机)、智能电网子网（智能电表、智能温控、智能开关)、体域子网（智能手机、监测仪器、人体传感器）以及蓝牙子网（组合音响、便携式音频播放器)。可能的集合体包括用于体域子网的蜂窝电话和智能电网子网的功率计。

家庭中存在的可连接互联网的设备为消费者提供了额外的服务。M2M 可能被采用的一个实例是家中的冰箱构成 M2M 网络的一部分。通过收集冰箱中存储的物品的数目和状态数据（如冰箱中剩余的鸡蛋数量和牛奶的量)，然后通过互联网和它们各自的家庭路由器连接来报告其库存和状态。该报告可以交给杂货连锁店，以便对所有分店的食品进行调度补充。

1.3.4.2 健康监测系统

图 1.8 所示为基于体域网（Body Area Network，BAN）的健康监测系统总体架构[1]。心电图、脑电图、肌电图、运动传感器和血压传感器发送数据到附近的个人服务器装置，然后通过蓝牙或 WLAN 连接，将这些数据远程传输到电子医疗服务网站，用于执业医生的实时诊断，或者是将记录保存到医疗数据库，在必要时触发紧急情况报警。在该方案中，BAN 通信架构被分成 3 个部分：第一层通信（BAN 内部通信)、第二层通信（BAN 之间通信）和第三层通信（BAN 外部通信)。这些组件涵盖从低层次到高层次范围的设计问题，以及促进建立基于组件的高效 BAN 系统广泛应用等诸多方面。通过对每个设计组件（如成本、覆盖范围、效率、带宽和 QoS）的定制，根据应用情况和市场需求考虑解决特定需求。

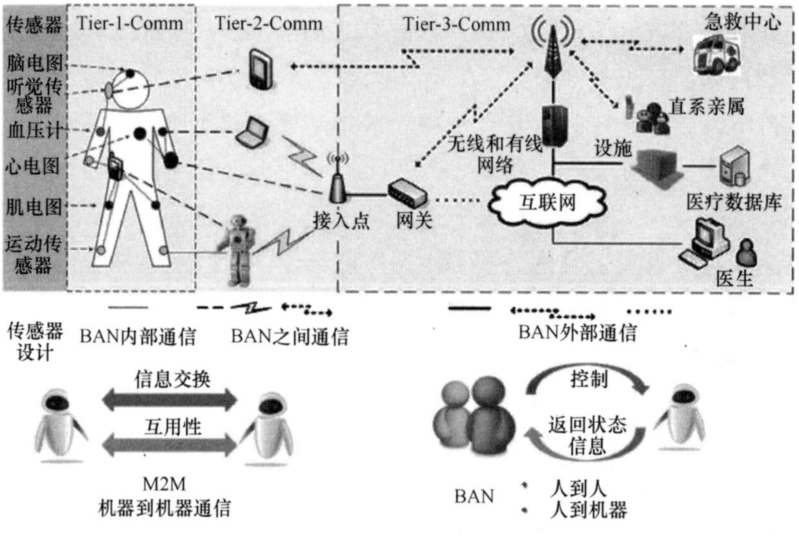

图 1.8　基于 BAN 的健康监测系统的总体架构

1.3.4.3 智能电网

本节参考图 1.6 提出了智能电网通信架构的通用设计。电力通过两个组件（靠近电厂的传输变电站和一些配电变电站）从发电厂输送到最终用户。智能电网通信拓扑根据城市或大都市中现实的生活配电设置分为若干网络。总体来说，城市会有许多街区，每个街区会有许多建筑，每个建筑可能有许多房屋，这决定了其通信架构以分层方式来组织。

更具体地说，对应配电网络的通信架构划分为以下分层网络，即 NAN、BUAN 和 HAN。为简单起见，仅考虑每个配电站涵盖一个街区，每个 NAN 可以由若干 BUAN 组成，每一个 BUAN 覆盖一定数量的房屋。在图 1.6 中，每个房屋各自具有的局域网（称为 HAN）和部署在智能电网架构中的先进电表（称为智能电表）共同构成了先进的计量基础设施，使得电表和电力提供商之间实现自动双向通信。智能电表都配有两个接口，即功率读取接口和通信网关接口。NAN、BUAN 和 HAN 中所使用的智能电表分别称为 NAN 网关、BUAN 网关和 HAN 网关。此外，在现有的智能电网标准基础上，基于 IP 的通信网络比较流行，它能使 HAN、BUAN 和 NAN 很容易实现互联。

1.4 M2M 通信的问题和挑战

1.3 节简要地介绍了 3 种 M2M 应用。应用到这些案例的 M2M 通信技术系统要求如下。

- **M2M 用于历史文物保存：**对于该系统，在古董中隐藏传感器的方法和确保室内环境中定位精度的方法是关键的设计难题。
- **M2M 用于制造系统：**控制设备（如电动机）和制动器之间的信息交换需要是安全的。当机器的某个零件没有库存时，M2M 制造系统需要动态调整其制造能力，而且需要切换到安全的操作模式。
- **M2M 用于家庭网络：**最小的人工干预是家庭 M2M 通信的主要特性。这需要增强系统功能，包括自组织、自配置、自管理和自修复。另外，实施无线接口的机器可能在计算、存储、带宽和电力等资源方面受到制约。因此，总是存在能源、可靠性和灵活性之间的折中。

迄今为止，M2M 仍是一个非常活跃的新领域，因此该技术面临着严峻的挑战，以下几个常见问题尚有待解决：

- 云计算的快速发展，将缓解、支持并提高 M2M 应用的部署。然而，如何与 M2M 系统集成进行无缝云计算仍要进一步研究。

- M2M 通信通过给予决策者大量数据来改变某些业务流程。大数据分析是一个研究的新领域，目的是使庞大的数据量有意义并促进业务流程的策划和运作。
- 将 M2M 单元彼此集成和将 M2M 业务与更大系统整合需要更好的系统集成能力。
- 创建可靠网络特别是网状网络，对于 M2M 系统可能是复杂和昂贵的。
- 安全是另一个重要问题，因为用户不想黑客闯入 M2M 的应用程序，如建筑物的安全或环境控制系统。然而，M2M 通常仅仅依靠底层网络提供的安全机制。
- 在 M2M 的设计过程中，具有诸如低成本、低复杂度、小尺寸和低能耗特征的各个节点通常包含下列单元：传感器、射频芯片、微控制器和电源。维持长时间运行需要先进的能源管理技术。
- 在协议设计中，往往忽略外部干扰。但是，干扰对链路可靠性具有重大影响。媒体访问控制（Medium Access Control，MAC）和路由协议常常是与信道无关的，而无线信道则会产生很大的不确定性。路由协议是假定得到完美的定位，但事实上，位置上的小小误差也可能会导致平面化技术失败。

许多 M2M 设备的功率消耗设计得非常低，这使得它们适合于使用电池供电。同时，假设某些 M2M 网络在很长一段时间内无人操作也是可行的。此外，先进的安全机制，特别是对设备认证以及尽可能快地识别并禁用受损或行为不当的终端显得非常必要。本节将回顾一些解决问题并提高服务质量的潜在方法，包括节能 MAC 协议、具有多射频接口终端的 MAC 协议、跨层设计以及 M2M 网络的安全机制。

1.4.1 节能 MAC 协议

为了解决延长传感器使用寿命的问题，一些低功耗 MAC 协议已经用于通用 WSNs[24,25]。一方面，在这些协议中，射频信号定时地接通和断开以节省能源。例如，传感器 MAC（Sensor-MAC，S-MAC）[26]、流量自适应媒体访问（Traffic-Adaptive Medium Access，TRAMA）和超时 MAC（Timeout-MAC，T-MAC）[27]提出了同步传输时间和监听周期以实现最大吞吐量，同时在更长的休眠时间内关闭射频以减少能耗。而另一方面，低功耗监听（Low-Power Listening，LPL）方法（如智能媒体访问控制（Wise Medium Access Control，WiseMAC）[28]和伯克利媒体访问控制（Berkeley Media Access Control，B-MAC）[29]）利用信道查询检查节点是否需要唤醒来进行数据发送/接收，从而减少空闲监听的必要性。预定信道轮询 MAC（Scheduled Channel Polling MAC，SCP-MAC）[30]采用预定信道的轮询来同步所有近邻的轮询时间，并针对所有传输消除 LPL 中的长引导码，从而实现超低工作负载周期。然而，所有这些协议都显示网络吞吐量不足以及不同流量时的延迟特性。例如，SCP-MAC 假定 10 个节点的最大速率为 20 个 50B 的长包，平均到达间隔时间为 5s，这在 BAN 中是相当低的。此外，对于低功耗的 MAC，针对不同的功率要求和流量特性来同步传感器的工作负载周期仍然是一个挑战。

1.4.2 具有多射频接口终端的 MAC 协议

参考文献［31］提出了一种使用混合信道分配方案的多信道、多接口无线网络 MAC 协议，研究了具有控制分离特征的多无线电、多通道 MAC 协议，并基于其分离的目的提出了多信道协议的分类[32]。

因为具有多射频接口的智能终端能提供更多的网络访问选择，这就有可能通过使用具有多个接口的节点来扩展先前的方法[33]。诸如移动的节点可配备 802.11 接口、802.15.4 接口或 802.15.1 接口，并且可以使用其中连接性最佳的接口（如众所周知的 802.15.1，由于使用跳频扩频从而具有对干扰最好的回弹作用）。但是，仍然有必要开发具有多个接口的 M2M MAC 重叠方案，有助于发现临近节点并使用能够提供最佳性能的接口进行连接。

1.4.3 跨层设计

跨层联合接纳和速率控制（Joint Admission and Rate Control，JARC）策略促进多媒体服务的 QoS 回弹，具体方案如下：

- **联合设计框架**：参考文献［17］中提出了一种无线家庭网络中用于 QoS 提供的 JARC 方案。JARC 的关键特征在于同时在应用层和网络层支持 QoS。该 QoS 管理框架具有以下两个主要组成部分：速率控制实体负责面向用户的带宽配置和接纳控制实体控制网络中会话的数目以在网络层保证当前多媒体服务的 QoS。
- **毛细管 M2M 的跨层路由协议**：“毛细管 M2M 网络”是一个通用术语，指能够为同一毛细管 M2M 网络的各种 M2M 设备之间提供物理和 MAC 层连接，或允许 M2M 设备获得经由路由器或网关接入到公共网络的任何网络技术。毛细管 M2M 中的路由从计量节点到 M2M 网关朝向蜂窝网络或互联网来进行。由于针对 MAC 的信道可用性依赖于上行链路节点的电流干扰和休眠状态，因此路由算法需要与 MAC 协议配合以获取有关链路可用性（时隙/频率信道）的信息。假设链路始终可用，节点休眠时间表可以遵循生成树方法进行定制来保持网络的活跃。然而，在频率和时间上零星的链路可用情况下，网络连接不能得到保证，而结果就是节点接入延迟具有很大不确定性。

1.4.4 M2M网络的安全机制

M2M通信的安全研究仍处于起步阶段。在这个意义上，安全研究主要是针对M2M通信系统潜在攻击、威胁和漏洞的识别。总体来说，M2M中的攻击可以分为被动和主动。被动攻击不会扰乱M2M通信系统的操作，但它试图通过窃听了解M2M通信的信息。虽然不易察觉，但是如果采用精心设计保密机制，被动攻击造成的损害比较小。相反，主动攻击容易探测，但因为它试图故意在M2M和网络块修改传感和决策数据，甚至在应用块获得认证证书来访问后端服务器，因而造成的损失可能是巨大的。主动攻击可进一步分为外部攻击和内部攻击。外部攻击是通过并未在M2M通信系统中配备关键物料的攻击者发起攻击，而内部攻击来自具有关键数据的受损M2M节点。相比外部攻击，内部攻击可能会导致整个M2M通信系统受到更大的破坏。在参考文献［17］中，引入了适用于M2M安全块的两种机制，包括通过耦合早期探测受损节点和带宽效率协作认证来过滤虚假数据。

目前，普遍接受的安全解决方案是基于认证、授权和审计架构[34]的技术，但这并不直接适用于M2M应用场景。这样做的原因是许多M2M终端操作受到电力限制，意味着完全成熟的安全解决方案（如X.805[35]）不能得到支持。相反，需要使用不太复杂的算法和技术。假设蜂窝核心网络是安全的，那么由移动网络运营商提供给M2M服务提供商的M2M服务器就是安全的，剩下要处理的就是整体M2M系统其他部件的安全性：M2M终端，终端和M2M网关之间的通信，以及包括用户信息的M2M数据。

1.5 M2M通信演化：从M2M到CPS

最近几年，由于分布式实时控制、云计算、先进网络和WSN技术的发展，作为M2M的演化，CPS已经在M2M应用和研究中获得了广泛关注。CPS通过使用传感器和执行器桥接网络世界（如信息、通信及智能）和物理世界（见图1.9）。CPS可以是在智能决策系统下集成的多个静态（或移动）传感器和执行器网络。对于每个单独WSN，网络形成、网络/功率/移动性管理和安全性的问题将保持一致。但是，CPS的特征是跨域传感器协同、异构信息流和智能决策与执行。

本节将介绍多个无人驾驶车辆的原型平台，采用CPS形式进行WSN定位，结合网络技术、交通运输工程和人为因素的多学科方法来分析CTS实例，然后引出CPS设计的问题和挑战。

图 1.9　CPS 集成计算和物理处理

1.5.1　M2M 和 CPS 的比较

CPS 应用可以桥接多个远程 WSNs 并实现动作。从这些应用中获取的数据预计是大量的连续传输数据流。因此，实时方式的存储、处理和解释是很关键的。M2M 和 CPS 的功能对比如下：

- M2M 社区更侧重于支持各类智能节点的自主通信。
- CPS 社区主要集中在开发跨域智能、多 WSNs 的优化以及虚拟世界和现实世界之间的相互作用。
- CPS 强调闭环/实时控制和高度自动化（如使用 WSNs 定位和 CTS 的多个无人驾驶车辆）。
- M2M 系统更强调没有或只有很少人工干预下的连接（如 M2M 用于历史文物保存）。

最近几年，M2M 应用改善了人们的生活，而新兴的 CPS 应用（如 CTS）正逐渐成为现实。促进 CPS 成功应用的重要因素主要包括跨域传感数据管理、嵌入和移动传感技术、弹性计算和存储技术、分布式实时控制技术、隐私和安全设计等。表 1.3 所示为 M2M 和 CPS 的定性比较。

表 1.3　M2M 和 CPS 的定性比较

网络/功能		M2M	CPS
通信模式	查询响应流	√	√
	任意的通信流	√	√
	跨域通信流		√
	确定性延迟通信流		√

（续）

网络/功能		M2M	CPS
网络形成	随机部署	√	√
	动态拓扑	√	√
	随时间变化的部署	√	√
	多个网络之间的互联互通	√	√
电源管理	时机休眠	√	√
	节点的多休眠模式	√	√
	用于两个传感器和中央服务器的电源管理技术	√	√
网络连通性和覆盖面	连接	√	√
	覆盖	√	√
	均匀覆盖		√
知识挖掘	数据挖掘和数据库管理	√	√
	多领域的数据源		√
	数据隐私和安全	√	√
QoS	网络的 QoS	√	√
	跨域多个数据解析		√
实时反馈控制	数据采集	√	√
	分布式实时/自主控制		√

1.5.2 使用 WSN 定位的多个无人驾驶车辆

在 WSN、分布式实时控制、嵌入式系统、移动代理和 M2M 通信的支持下，一些新的解决方案可应用于无人驾驶车辆。研究小组正在进行以 CPS 形式出现的智能道路和无人驾驶车辆融合研究项目，其本质上涉及了 M2M 技术[36,37]。

图 1.10 展示了 CPS 的案例，即采用 WSNs 定位的多个无人驾驶车辆原型平台。目前，该平台的应用正通过微型原型进行，但目的并不是其实际的实施。

该架构主要由 WSNs、无人驾驶车辆和 M2M 通信构成。传感器节点构成具有动态重组和重新配置功能的 WSNs。带有传感器节点的无人驾驶车辆获取来自 WSNs 的实时数据，并进一步处理信息以确定车辆的当前行为。无人驾驶车辆包括一个视觉系统、一个全球定位系统（Global Positioning System，GPS）接收器、一个主体主板等。GPS 接收器和视觉系统只用于提供辅助位置信息。无人驾驶车辆的导航功能主要取决于 WSNs 的实时定位[38,39]。

无人驾驶车辆的导航是通过计算信标节点和移动节点的位置来实现的。经由

WSNs 导航，无人驾驶车辆可以在平坦表面的任何地方自由移动。假定无人驾驶车辆从起点移动到终点。在实验之前，终点的位置信息应该发送到无人驾驶车辆上进行路径规划，以确定一个优化的路径。在运行过程中，无人驾驶车辆的无线传感器节点与附近的信标节点交换实时数据。通过这种方式，使用动态编程实现合理的路径。根据无人驾驶车辆的当前位置，用于通信的无线传感器不断变换它们的角色。如果一个传感器出了问题，则该故障将通过 WSNs 的再现重组和重新配置来解决。

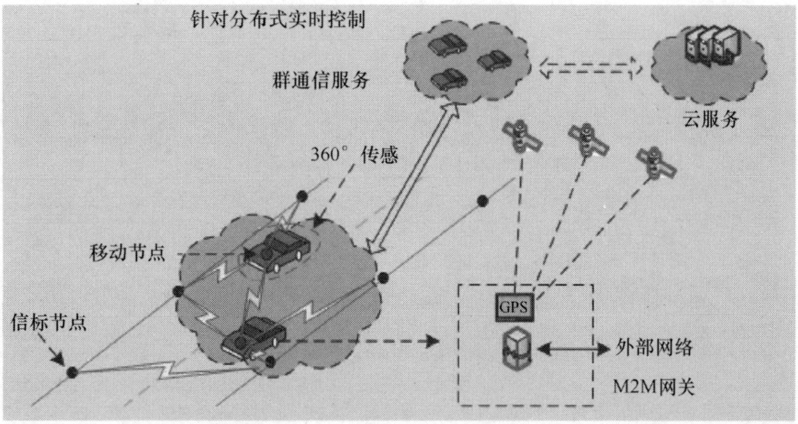

图 1.10　CPS 的案例：无线传感网络定位的多个无人驾驶车辆

1.5.3　CTS 辅助车辆左转

近年来，车辆无线自组网络（Vehicular Ad hoc NETworks，VANET）已通过车辆配置作为移动通信网络中的节点而得以实现。VANET 可视作 M2M 应用的一个实例。本节提出将 CTS 作为 CPS 的特殊表象，这是 VANET 通过整合更多智能和互动功能的演化。CTS 的设计采用多学科方法，结合了网络技术、交通运输工程和人为因素，如图 1.11[40]所示。CTS 通过使用网络技术（如无线技术和分布式实时控制理论）来改善道路的安全性和效率。

目前，有关 CTS 的研究主要集中在以下两个方面：为提高交通安全和交通运营设计和评估新的 CTS 应用；设计和开发集成的交通—驾驶—网络模拟器[41]。为了改善交通安全，必须开发和评估针对不同警告信息的优先级、发送和融合的新算法和协议。与此同时，针对正常和紧急操作（如恶劣天气和疏散场景）的下一代交通管理及实时控制算法也应该开始设计。

此外，由于 CTS 应用的设计和评估需要整合网络单元与人、运输系统的有效开发和测试平台，需要开发结合道路交通模拟器、网络模拟器以及驾驶模拟器主要功能的模拟器。

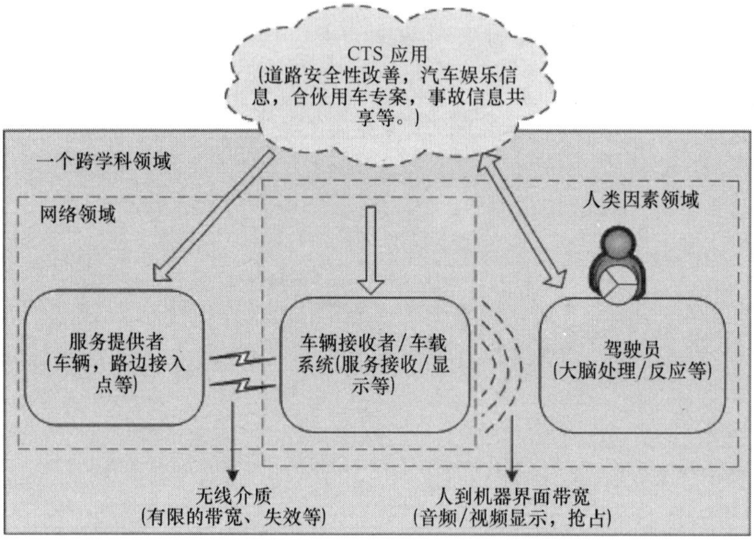

图 1.11　CTS：M2M 通信的演化

集成模拟器将允许人类驾驶员在具有真正背景交通的虚拟环境下控制车辆，能够在驾驶员和其他车辆间用 CTS 信息通信。幸运的是，当前的 WSNs、嵌入式系统、云计算和分布式实时控制等技术的发展可以集成用以支持 CTS 的设计要求。

图 1.12 显示了车辆 CTS 应用的一个例子，使用 CTS 辅助左转[41]。一旦路口控制器检测到危险车辆 A 接近，它就会立即广播一个路口违规警告。在其他道路上，正在左转的第一辆车 B 紧急制动，导致制动警告。同时，第二辆车 C 也紧急制动。从感知到执行，该过程必须在很短的时间内完成。因此，该系统的效率特别依赖于实时能力。

该系统的性能受到许多因素（如网络响应时间、嵌入式系统的处理能力以及多个车辆的协同能力等）的影响。一旦发生危险，驾驶员或者自动系统需要确保紧急制动的快速反应。如果使用自动制动系统来停止或减速，那么如何选择制动速度则是至关重要的。从信息传递的角度来看，应该建立新的消息处理机制来安排重要信息以改善响应。总之，CTS 设计的潜在问题和挑战包括应急车辆路由、处理极端事件和故障（从故障安全到故障操作）以及安全和隐私等。

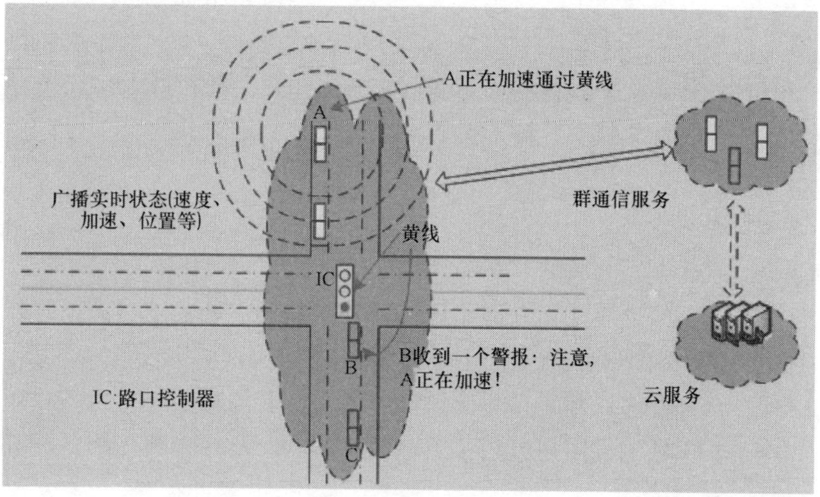

图 1.12　CTS 辅助车辆左转

1.5.4　CPS 设计的问题和挑战

最近 CPS 的研究进展主要集中在以下几个方面：能源管理、网络安全、数据传输和管理、基于模型的设计、分布式实时控制技术、系统资源管理、平台和系统等[42]。作为一个整体，尽管研究人员已经在建模、能源安全控制、基于软件设计的方法和其他方面有所进展，但是对 CPS 的研究仍处于萌芽阶段。架构的不同层次和系统设计的各个方面都有各种各样的问题需要解决，以使得物理和网络世界的融合更易实现。参考文献［42］~［44］从各个角度总结了现有研究的挑战。

- **网络问题**：因为 CPS 涵盖了从 WSNs 到 M2M，很多互通的问题（如安全和保密）需要得到进一步解决。
- **设计和验证工具**：需要工具来支持模拟和协同设计，以及实现从建模到编码的自动化开发工艺。不幸的是，现有的工具不适合跨多学科 CPS 设计。
- **实时能力**：对于一些 CPS 应用（如 CTS），必须保证实时性能满足相关应用的具体要求。但是，许多因素（如硬件平台和控制方法）会影响到响应时间，故应该设计新的实时通信协议、高性能的硬件平台和先进的控制方法等。
- **跨域优化**：CPS 应用涉及多个领域和层次结构的信息融合。跨域优化技术的研究是确保系统性能的关键。
- **跨域干扰避免**：当多个设备共存时，通信的可靠性是至关重要的。例如，Wi-Fi、蓝牙和 ZigBee 网络可能共存于同样的 2.4GHz 工业、科学和医疗频段，从而可能互相干扰。需要进一步研究如何利用现有技术来尽量减少共存情况下的相互干扰。

- **QoS 和云计算**：对于未来的 CPS，最小化能源消耗和最大化提高 QoS 是一个挑战。云计算技术，基于无处不在的连接和虚拟化支持，可以在这方面给予很大帮助，值得进一步研究。
- **基于位置的服务**：移动设备上大致有 3 种基于位置应用的不同模型（谷歌纵横、查找好友和实时 WNM—Who's Near Me，现在称为实时附近（Nearby live））。共享的所有人都允许其位置能被别人确定。目前，已开发的功能有位置历史记录和自定义位置标签。
- **监控服务和更多**：基于 CPS 的监测服务将扩展到跨 WSNs、跨 M2M 和协同模型。传感器的载体将包括移动电话、车辆以及许多其他工具。可以开发和评估新的服务。
- **安全和隐私挑战**：由于感知的数据不再是由本地设备拥有，安全和隐私问题在 CPS 中变得更为关键，需要轻量级但安全的解决方案。
- **标准开发**：CPS 应用依赖于跨多个行业的许多技术，因此标准化的要求范围显著大于任何传统标准的制定。
- **支持工具的设计**：现有的网络仿真工具（如 NS2 和 OPNet）和嵌入式系统设计（如 MATLAB® 和 TrueTime）不再适合涉及多学科的 CPS 设计，需要开发新的工具。

参考文献

1. Chen, M., S. Gonzalez, A. Vasilakos, H. Cao, and V. C. M. Leung. 2011. Body area networks: A survey. *ACM/Springer Mobile Networks and Applications*, v. 16, p. 171–193.
2. Chen, M., V. C. M. Leung, X. Huang, I. Balasingham, and M. Li. 2011. Recent advances in sensor integration. *International Journal of Sensor Networks*, v. 9, p. 1–2.
3. Watson, D. S., M. A. Piette, O. Sezgen, and N. Motegi. 2004. Machine-to-machine (M2M) technology in demand responsive commercial buildings. In *Proceedings of the 2004 ACEEE Summer Study on Energy Efficiency in Buildings*, August 23–27, 2004 p. 1–14.
4. Chen, M., J. Wan, and F. Li. 2012. Machine-to-machine communications: Architectures, standards, and applications. *KSII Transactions on Internet and Information Systems*, v. 6, p. 480–497.
5. Fadlullah, Z. M., M. M. Fouda, N. Kato, A. Takeuchi, N. Lwaski, and Y. Nozaki. 2011. Toward intelligent machine-to-machine communications in smart grid. *IEEE Communications Magazine*, v. 49, 4, p. 60–65.

6. Wan, J., M. Chen, F. Xia, D. Li, and K. Zhou. 2013. From M2M communications toward cyber-physical systems. *Computer Science and Information Systems*, v. 10, 3, p. 1105–1128.
7. European Telecommunications Standards Institute, (access date March 15, 2013). Available at: http://www.etsi.org/WebSite/homepage.aspx.
8. 3GPP TS 22.368 v11.2.0. 2011. *Service Requirements for Machine-Type Communications*, p. 10–17.
9. 3GPP TR 23.888 v1.3.0. 2011. *System Improvements for Machine-Type Communications*, p. 7–13.
10. IEEE 80216p-10_0005. 2010. *Machine-to-Machine (M2M) Communications Technical Report*, p. 1–14.
11. Qiao, C. M. 2010. *Cyber-Transportation Systems (CTS): Safety First, Infotainment Second*. Presentation Report, p. 8–14.
12. Casagras IoT definition. *Casagras*. Retrieved March 18, 2011, p.16–23.
13. Sohraby, K., D. Minoli, and T. Znati. 2007. *Wireless Sensor Networks: Technology, Protocols, and Applications*. John Wiley and Sons, Hoboken, New Jersey. p. 203–209.
14. Dohler, M., T. Watteyne, and J. Alonso-Zárate. 2010. *Machine-to-Machine: An Emerging Communication Paradigm*. Technical Report, p. 22–40.
15. Edward, L. 2008. *Cyber Physical Systems: Design Challenges*. Berkeley Technical Report, p. 6–14.
16. Atzori, L., A. Iera, and G. Morabito. 2010. The Internet of things: A survey. *Computer Networks* v. 54, p. 2787–2805.
17. Lu, R., X. Li, X. Liang, X. Shen, and X. Lin. 2011. GRS: The green, reliability, and security of emerging machine-to-machine communications. *IEEE Communications Magazine*, v. 49, p. 28–35.
18. Tekbiyik, N. and E. Uysal-Biyikoglu. 2011. Energy-efficient wireless unicast routing alternatives for machine-to-machine networks. *Journal of Network and Computer Applications*, v. 34, p. 1587–1614.
19. Wang, S., T. Chung, and K. Yan. 2008. Machinetomachine technology applied to integrated video services via context transfer. In *Proceedings of the 2008 Asia-Pacific Services Computing Conference (APSCC '08)*, p. 1395–1400.
20. Lien, S., K. Chen, and Y. Lin. 2011. Toward ubiquitous massive accesses in 3GPP machine-to-machine communications. *IEEE Communications Magazine*, v. 49, p. 66–74.
21. Dohler, M., T. Watteyne, and J. Alonso-Zárate. 2010. *Machine-to-Machine: An Emerging Communication Paradigm*. Presentation Report, p. 88–107.
22. Kim, D., J. Y. Song, J. Lee, and S. Cha. 2009. Development and evaluation of intelligent machine tools based on knowledge evolution in M2M environment. *Journal of Mechanical Science and Technology*, v. 23, p. 2807–2813.
23. Zhang, Y., R. Yu, S. Xie, W. Yao, Y. Xiao, and M. Guizani. 2011. Home M2M networks: Architectures, standards, and QoS improvement. *IEEE Communications Magazine*, v. 49, p. 44–52.

24. Feng, D., C. Jiang, G. Lim, L. Cimini, J. Feng, and G. Li. 2012. A survey of energy-efficient wireless communications. *IEEE Communications Surveys & Tutorials*, v. 15, p. 167–178.
25. Huang, P., L. Xiao, S. Soltani, M. Mutka, and N. Xi. 2012. The evolution of MAC protocols in wireless sensor networks: A survey. *IEEE Communications Surveys & Tutorials*, v. 15, p. 101–120.
26. Ye, W., J. Heidemann, and D. Estrin. 2004. Medium access control with coordinated, adaptive sleeping for wireless sensor networks. *IEEE/ACM Transactions on Networking*, v. 12, p. 493–506.
27. Dam, T. and K. Langendoen. 2003. An adaptive energy-efficient MAC protocol for wireless sensor networks. In *Proceedings of the 1st ACM SenSys Conference*, Los Angeles, California, p. 171–180.
28. Hoiydi, A., J. Decotignie, C. Enz, and E. Roux. 2003. WiseMAC: An ultra-low–power MAC protocol for the wisenet wireless sensor networks. In *Proceedings of the 1st ACM SenSys Conference*, Los Angeles, California, p. 302–303.
29. Polastre, J., J. Hill, and D. Culler. 2004. Versatile low-power media access for wireless sensor networks. In *Proceedings of the 2nd ACM SenSys Conference*, Baltimore, Maryland, p. 95–107.
30. Ye, W. and J. Heidemann. 2005. SCP-MAC: Reaching ultra-low duty cycles (poster). In *Proceedings of IEEE SECON'05*, Santa Clara, California, p. 223–224.
31. Li, C., A. Jeng, and R. Jan. 2007. A MAC protocol for multi-channel, multi-interface wireless mesh network using hybrid channel assignment scheme. *Journal of Information Science and Engineering*, v. 23, p. 1041–1055.
32. Wang, J., M. Abolhasan, F. Safaei, and D. Franklin. 2007. A survey on control separation techniques in multi-radio, multi-channel MAC protocols. In *Proceedings of the International Symposium on Communications and Information Technologies*, Wollongong, Australia, p. 854–859.
33. Castillo, J. 2009. The survival of communications in ad hoc and M2M networks: Study of the applications of hybrid intelligent nodes that process simultaneous signals IEEE802.11h/Bluetooth in comparison with IEEE 802.11h/802.15.3. In *Proceedings of the World Congress on Engineering and Computer Science*, San Francisco, California, October 20–22, p. 326–330.
34. de Laat, C., G. Gross, and L. Gommans. 2000. Generic AAA architecture. *Internet Engineering Task Force Network Working Group, Request for Comment (RFC)* 2903, p. 1–26.
35. Recommendation X.805. 2003. Security architecture for systems providing end-to-end communications. ITU-T Lead Study Group on Telecommunication Security, Geneva, Switzerland, p. 1–28.
36. Wan, J., H. Yan, H. Suo, and F. Li. 2011. Advances in cyber-physical systems research. *KSII Transactions on Internet and Information Systems*, v. 5, p. 1891–1908.
37. Shi, J., J. Wan, H. Yan, and H. Suo. 2011. A survey of cyber-physical systems. In *Proceedings of the International Conference on Wireless Communications and Signal Processing*, Nanjing, China, p. 1–6.

38. Zou, C., J. Wan, M. Chen, and D. Li. 2012. Simulation modeling of cyber-physical systems exemplified by unmanned vehicles with WSNs navigation. In *Proceedings of the 7th International Conferenece on Embedded and Multimedia Computing Technology and Service*, Gwangju, Korea, p. 269–275.
39. Wan, J., H. Yan, D. Li, K. Zhou, and L. Zeng. 2013. Cyber-physical systems for optimal energy management scheme of autonomous electric vehicle. *The Computer Journal*, v. 56, 8, p. 947–956.
40. Qiao, C. 2011. *Cyber Transportation Systems (CTS): Safety First, Infotainment Second*. Technical Report, p. 22–36.
41. Cyber-Transportation Systems Project at SUNY Buffalo (access date March 10, 2013). Available at: http://www.cse.buffalo.edu/CTS/publication.htm.
42. Wan, J., H. Yan, Q. Liu, K. Zhou, R. Lu, and D. Li. 2013. Enabling cyber-physical systems with machine-to-machine technologies. *International Journal of Ad Hoc and Ubiquitous Computing*, v. 13, 3/4, p. 187–196.
43. Wu, F., Y. Kao, and Y. Tseng. 2011. From wireless sensor networks toward cyber physical systems. *Pervasive and Mobile Computing*, v. 7, p. 397–413.
44. Chen, M. 2013. Toward smart city: M2M communications with software agent intelligence. *Multimedia Tools and Applications*, v. 67, p. 167–178.

chapter 2

第2章

M2M通信的架构和标准

Dejan Drajić，Nemanja Ognjanović和 Srdjan Krčo

本章将介绍 M2M 通信现有的建议和标准进展。M2M 通信和系统的标准化主要由两个标准化机构开展，即第三代协同伙伴计划（3rd-Generation Partnership Project，3GPP）和欧洲电信标准协会（European Telecommunications Standards Institute，ETSI）。参考架构有以下两种建议：一个是 3GPP 定义的 3GPP 机器类型通信（Machine-Type Communications，MTC），另外一个是 ETSI 定义的 ETSI 机器端对端（Machine-to-Machine，M2M）架构。此外，还有一个针对定义组合 ETSI/3GPP 架构模型的 ETSI M2M 倡议[1]。3GPP MTC 建议的重点在于通信，而 ETSI M2M 更侧重于应用。其他针对进一步提高对现有网络 M2M 通信和应用的研究活动都包含在框架程序 7（Framework Programme 7，FP7）项目中。其中 M2M 通信架构的专用的项目是扩展 LTE 设备（Expanding LTE for Devices，EXALTED）FP7 项目[2]。EXALTED的目的是制定出新的可扩展网络架构基础，支持未来无线通信系统中最具挑战性的需求，并提供适合低端设备的安全、节能、高效、高性价比 M2M 通信。EXALTED 的研究领域包括扩展了 M2M 通信长期演进（Long Term Evolution，LTE）规范的 MTC 长期演进（Long Term Evolution for MTC，LTE-M）系统，建立 M2M 系统的全面终端到终端（End-to-End，E2E）架构并作为走向未来物联网跳板的先进移动网络功能，对 LTE 上的 M2M 的低成本自动安全性和供应解决方案，以及促进提高自主 M2M 服务范围的设备改进。EXALTED 工作中考虑的基础架构是上述 3GPP MTC 和 ETSI M2M 架构。然而，EXALTED 的目标不是简单地采用这些架构，而是要与其他选项建立一个完整的体系架构。

2.1 和 2.2 节给出了 3GPP 和 ETSI 标准化方面的现状，2.3 节给出了 EXALTED 架构和成果。

2.1 3GPP MTC 架构

在本节中，给出了基于 3GPP 文档[3]的 3GPP MTC 架构的高层次概述。该文档评估了系统改进在架构方面的要求，规定了 MTC 文档[4]的服务要求。3GPP MTC 架构应该在网络中支持大量的 MTC 设备，实现 MTC 服务要求，并支持 MTC 的架构增强组合。

在文档[4]中，识别和确定了“针对机器类型通信的网络改善”的服务需求。确定了需要针对 MTC 具体性质的网络改善的服务方面（相比面向人对人（Human-to-Human，H2H）服务），并确定了未识别服务方面的要求。

基于 3GPP 定义，MTC 是一种数据通信形式，涉及不一定需要与人交互的一个或多个实体。显然，针对 MTC 优化的服务不同于针对 H2H 通信优化的服务。相对于现有的移动通信服务，MTC 涉及不同市场情形、数据通信、低成本和精力，以及可能的数目庞大的通信终端，但一定程度上每个终端仅有很小的流量。文档［4］中的附录 A 给出了潜在的 MTC 使用案例，其中给出了 MTC 服务的不同特性。MTC 设备是用于机器类型通信的用户装置（User Equipment，UE），它通过具有 MTC 服务器的公共区域移动网（Public Land Mobile Network，PLMN）和其他 MTC 设备通信。MTC 服务器是连接 3GPP 网络与 PLMN 中用于 MTC 和节点的 UE 进行通信的实体。

基于 MTC 应用和 3GPP 网络之间的通信，可以定义不同类型的通信（见图 2. 1）。

在直接模型（见图 2. 1a）中，MTC 应用与针对 MTC 的 UE 直接通信，作为 3GPP 网络上的上层应用，而无须使用任何 MTC 服务器。

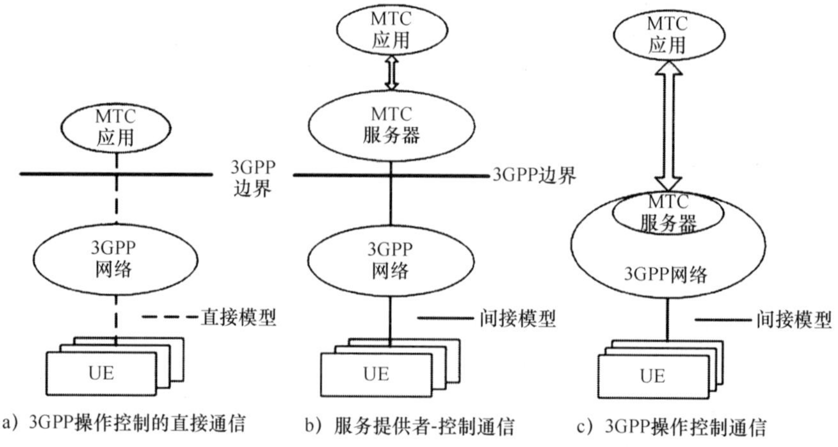

图 2. 1　MTC 通信模型

（摘自 3GPP TR 23. 888 v11. 0. 0. 2012. System Improvements for Machine-Type Communications. Release 11. ）

在间接模型中，MTC 应用与针对 MTC 的 UE 通过使用 3GPP 网络提供的附加服务进行通信，其中需要 MTC 服务器。MTC 服务器既可以在运营商域之外（MTC 服务提供商控制的通信，见图 2. 1b），也可以在运营商域之内（3GPP 运营商控制的通信，见图 2. 1c）。间接模型有以下几个子模型：

- MTC 应用可以使用 MTC 服务器，由第三方 MTC 服务提供商提供，这可免于 3GPP 责任，并且 MTC 服务器和 MTC 应用之间的接口完全在 3GPP 范围之外。MTC 服务器与 3GPP 网络采用一个或一组接口来通信。
- MTC 应用可以使用由 3GPP 运营商（然后成为服务提供商）提供的 MTC 服务器。MTC 服务器和 MTC 应用之间的接口仍然在 3GPP 范围之外，而 MTC

服务器和3GPP 网络之间的通信变成从内部到 PLMN。

- 上述模型不是相互排斥而是互补的，所以3GPP 运营商有可能在不同应用领域组合使用。在该模型中，3GPP 运营商为 MTC 应用提供增值服务，还为第三方 MTC 服务提供商提供电信服务。

MTC 设备和 MTC 应用之间的应用层通信已超出3GPP 标准的范围。MTC 设备和 MTC 服务器（可位于网络运营商域的外部或内部）之间通信的 E2E 超出了参考文献［3］的研究范围。但是，3GPP 系统针对 MTC 提供的传输服务和相关优化是在考虑范围之内。从 E2E 角度来看，MTC UE 与 MTC 应用之间的通信使用由3GPP 系统（包括3GPP 承载业务、IP 多媒体子系统和短信息服务（Short Messaging Service，SMS））提供的传输和通信服务及各种优化来实现 MTC。MTC 的架构参考模型如图2.2 所示。其中用于 MTC 的 UE 连接到3GPP 网络（Universal Terrestrial Radio Access Network，通用地区无线接入网络，UTRAN；Evolved Universal Terrestial Radio Access Network，演化的通用地区无线接入网络，E-UTRAN）、GSM edge 无线电接入网络（GSM Edge Radio Access Network，GERAN）、互通无线局域网（Interworking-Wireless Local Area Network，I-WLAN）。

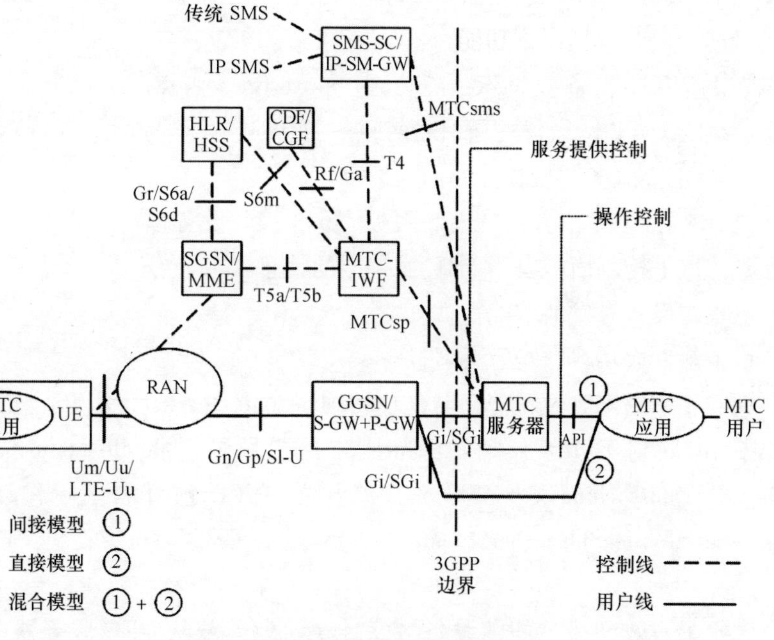

图2.2 3GPP MTC 的参考架构

（摘自3GPP TR 23.888 v11.0.0.2012. System Improvements for Machine-Type Communications. Release 11.）

该架构是通用的且涵盖所讨论的架构模型。

- **直接模型（3GPP 运营商提供直接通信）：** MTC 应用直接连接到运营商网络，而无须使用任何 MTC 服务器。
- **间接模型（MTC 服务提供商控制的通信）：** MTC 服务器是运营商域之外的实体。MTCsp 和 MTCsms 是外部接口（即连到第三方 M2M 服务提供商）。
- **间接模型（3GPP 运营商控制的通信）：** MTC 服务器是运营商域内部的实体。MTCsp 和 MTCsms 是从内部到 PLMN。
- **混合模型：** 在混合模型中同时使用直接和间接模型（如使用直接模型连接用户平面，而使用间接模型在控制平面内传输信号）。

图 2.2 中，MTC 应用实体和参考点应用编程接口（Application Programming Interface，API）在 3GPP 范围之外。MTC 应用可以和 MTC 服务器配用。3GPP 架构支持漫游场景，其中用于 MTC 的 UE 在受访公共地区移动网络（Visited Public Land Mobile Network，VPLMN）中获取服务。

下面的 3GPP 网络元素提供支持 MTC 定义模式的功能。例如 3GPP 标注，由于 MTC 架构存在进一步发展，将来可定义更多网络元素。

1）MTC-IWF（Internetworking Functions，互联功能）：MTC-IWF 隐藏了内部的 PLMN 拓扑，并中继或转换用于 MTCsp 之上的信号协议，以在 PLMN 中调用特定功能。MTC-IWF 包括以下功能[3]。

① 终止 MTCsp、S6m、T5a、T5b、T4 和 Rf/Ga 参考点。

② 可在与 3GPP 网络建立通信之前验证 MTC 服务器。

③ 可从 MTC 服务器授权控制面板请求。

④ 支持来自 MTC 服务器的控制面板信息，接收设备触发请求。

⑤ 支持以下控制面板发给 MTC 服务器的信息：

- 可报告设备触发请求确认。
- 设备触发成功/失败送达报告。

⑥ 询问相应的家庭位置寄存器（Home Location Register，HLR）/家庭用户服务器，在需要时映射 E.164 移动站国际用户目录号码（Mobile Station International Subscriber Directory Number，MSISDN）或相关联 UE 预订的国际移动用户身份（International Mobile Subscriber Identity，IMSI）的外部身份并收集 UE 可达性的信息。

⑦ 选择最有效和最节能的设备触发传送机制，并从 MTC 服务器中屏蔽以下细节：

- UE 的当前可达性信息。
- 由家庭公共区域移动网（Home Public Land Mobile Network，HPLMN）支持

的可能设备触发交付服务，以及漫游时的 VPLMN。

- UE 支持的设备触发交付机制。
- 任何移动网络运营商（Mobile Network Operator，MNO）的设备触发交付策略。
- 从 MTC 服务器中接收的任何信息。

⑧ 生成设备触发的计费数据记录（Charging Data Records，CDR），并通过 Rf/Ga 的新实例转发给计费数据功能（Charging Data Function，CDF）/计费网关功能（Charging Gateway Function，CGF）。

⑨ 可支持 3GPP 网络和 MTC 服务器之间的安全通信。

⑩ 如果有必要，则可以执行协议转换，并向相关的网络实体（即服务 GPRS 支持节点（Serving GPRS Support Node，SGSN）/移动性管理实体（Mobility Management Entity，MME）或 HPLMN 域内的短信息服务-服务中心（Short Message Service-Service Centre，SMS-SC））转发设备触发请求，以匹配选定的触发送达机制。

⑪ MTC-IWF 的特征包括以下内容：

- 多 MTC-IWF 可以与 HPLMN 一起使用。
- 系统可以应对单一的 MTC-IWF 失效。

2）HLR/HSS：HLR 和 HSS 规定功能来支持 MTC 的间接和混合模型。触发功能包括以下内容[3]：

- 当 MTC-IWF 连接到 HLR/HSS 时，终止 S6m 参考点。
- **为 MTC-IWF 存储和提供**：相对 IMSI 的 E.164 MSISDN 或外部身份映射/查找，路由信息（即服务 MME/SGSN/移动交换中心（Mobile Switching Center，MSC）地址）、配置信息和 UE 可达性信息

3）SGSN/MME：SGSN 和 MME 指定功能来支持 MTC 的间接和混合模型[3]：

- SGSN 终止 T5a 参考点。
- MME 终止 T5b 参考点。
- SGSN/MME 接收来自 MTC-IWF 的设备触发并选择性存储。
- SGSN/MME 打包设备触发送达信息到非接入层（Non-Access Stratum，NAS）消息中，发送到用于 MTC 的 UE。

3GPP 架构中的 MTC 相关参考点如下：

- **MTCsms**：3GPP 系统之外的通过 SMS 与用于 MTC 的 UE 进行通信的参考点的实体。
- **MTCsp**：3GPP 系统外的用来与 MTC-IWF 相关控制面板信号进行通信的参

考点的实体。

- **T4**：MTC-IWF 用来路由设备触发到 HPLMN 中 SMS-SC 的参考点。
- **T5a**：用于 MTC-IWF 和服务 SGSN 之间的参考点。
- **T5b**：用于 MTC-IWF 和服务 MME 之间的参考点。
- **S6m**：MTC-IWF 用来查询针对 E.164 MSISDN 的 HSS/HLR 或映射到 IMSI 的外部身份，并收集 UE 可达性和配置信息的参考点。

每个参考点的详细信息可在参考文献［3］中找到。

2.2 ETSI的M2M架构

本节给出了 ETSI M2M 架构的概述。ETSI M2M 功能架构设计为使用 IP 功能基础网络，包括 3GPP、TICSPAN（Telecommunications and Internet Converged Services and Protocols for Advanced Networking，电信和互联网融合的高级网络业务及协议），以及 3GPP2 兼容系统所提供的 IP 网络服务。使用其他 IP 功能网络也不排除在外。ETSI 架构的主要范围是指定用来开发具有通用功能集且独立于底层网络的 M2M 应用的框架。其主要架构单元是域、服务能力（Service Capabilities，SCs）、参考点和资源。

ETSI 技术委员会（Technical Committee，TC）M2M 的范围是定义端到端 M2M 服务平台和水平 M2M 解决方案重要组成部分的中间业务层，以及发展和保持用于 M2M 的整体电信架构。ETSI TC M2M 第 1 版的核心标准是发布了一套 3 个 ETSI 规范：M2M 服务要求[5]、功能架构[6]和接口描述[7]。ETSI 已经开始着手 M2M 第 2 版并已确定优先次序。正在考虑的 M2M 第 2 版潜在的方向包括充电、数据模型和语义、安全扩展、运营商网络接口的标准化利用、多运营商服务平台、服务开发、区域网络管理，以及业务互通配置。

2.2.1 系统架构和域

高层次 M2M 系统架构如图 2.3 所示。它提供了系统组件的概述，以及各个组件之间的关系。这种架构完全支持针对应用公开的 M2M SCs（在网络、设备或网关中）的需求。

高级别的 M2M 架构包括两个域：M2M 设备和网关域以及网络域。

1）设备和网关域由以下单元组成。

① M2M 设备：使用 M2M SCs 和网络域功能运行 M2M 应用的设备。M2M 设备可以按以下方式连接到网络域。

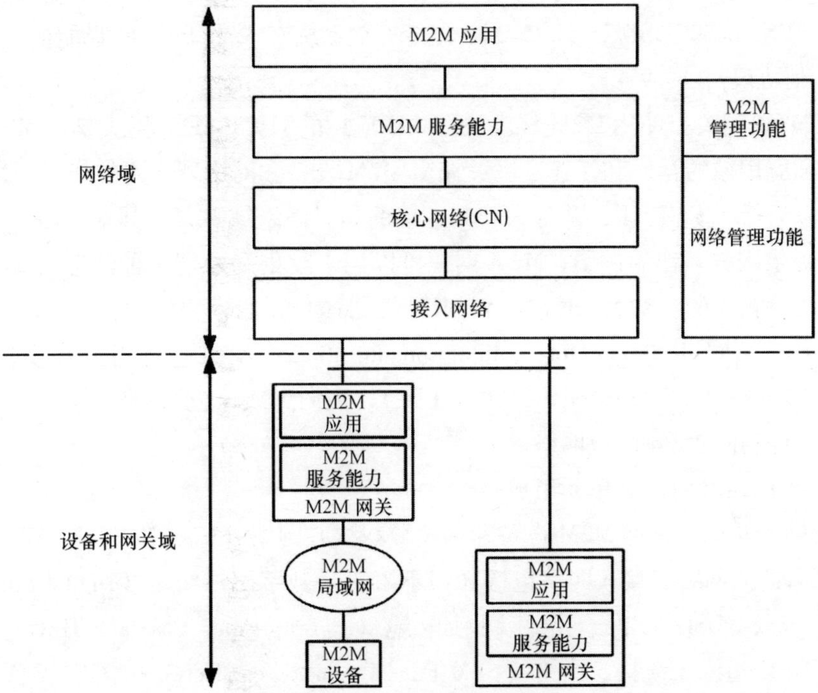

图 2.3　高层 M2M 系统架构

（摘自 ETSI TS 102 690 v1. 1. 1. 2011. Machine-to-Machine Communications ［M2M］：Functional Architecture. ）

- **直接连接：**在这种情况下，M2M 设备经由接入网络连接网络域，也就是设备直接连接到运营商的接入网。M2M 设备执行与网络域诸如登记、认证、授权、管理和配置的程序。另外，M2M 设备能够为与其连接且对网络域隐藏的其他设备（如传统设备）提供服务。
- **网关作为网络代理：**此时，M2M 设备经由 M2M 网关连接到网络域。M2M 设备使用 M2M 区域网络连接到 M2M 网关。M2M 网关充当指向与其连接的 M2M 设备的网络域的代理，进行如下程序：认证、授权、管理和配置。

M2M 设备可以通过多重 M2M 网关连接到网络域。

- **M2M 区域网络：**提供 M2M 设备和 M2M 网关之间的物理和媒体访问控制（MAC）层连接。M2M 区域网络的例子包括无线个人区域网络技术（如 IEEE 802. 15. x、ZigBee、蓝牙），互联网工程任务组（Internet Engineering Task Force，IETF）在低功耗和损耗上路由（ROLL）的网络（如 ISA100. 11a 等），或者局域网络，如电力线通信、仪表总线（M-BUS，一种远程读取气或电表的欧洲标准［EN 13757-2 物理和链路层，EN 13757-3 应用层］）、无线 M-BUS，KNX 是为标准所选择的名称，但其背后没有任何意义（标准 [EN 50090，ISO/IEC 14543]，基于开放系统互联 [OSI] 的智能楼宇网络通信协议），或 Wi-Fi。

② M2M 网关：使用 M2M SC 运行 M2M 应用的网关。M2M 网关确保 M2M 设备到网络和应用域的互通和互连。网关充当 M2M 设备和网络域之间的代理。M2M 网关也可以运行 M2M 应用，并且为与其连接的相对网络域隐藏的其他设备（如传统设备）提供服务。作为例子，M2M 网关可以用来收集和处理各种信息（如来自传感器和语境相关的参数）。通常，M2M 网关是具有通信模块的硬件（如全球移动通信系统 [Global System for Mobile Commuications，GSM]/通用分组无线业务 [General Packet Radio Service，GPRS]/LTE），面向无线/移动网络且至少有一个通信模块允许访问 M2M 区域网络。

2）该网络域由以下单元组成。

- **接入网络**：允许 M2M 设备和网关域与核心网络（Core Network，CN）进行通信的网络。接入网络包括（但不限于）数字用户线路（Digital Subscriber Line，xDSL）、混合光纤同轴电缆（Hybrid Fiber Coaxial，HFC）卫星、GSM 边缘无线接入网络（GSM Edge Radio Access Network，GERAN）、通用地区接入网络（Universal Terrestrial Access Network，UTRAN）、演进通用地区接入网络（Evolved Universal Terrestrial Access Network，E-UTRAN）、无线局域网络（Wireless Local Area Network，WLAN），以及全球微波接入互操作（WiMAX，Worldwide Interoperability for Microwave Access）。

核心网络 CN 提供以下功能：

- 与 IP 连接和（与其他网络）互连的功能。
- 服务和网络控制功能。
- 和其他 CN 的漫游。
- 不同的 CN 提供不同的功能集。CN 包括（但不限于）3GPP CN、ETSI TISPAN CN 和 3GPP2 CN。
- **M2M SCs**：提供由不同应用通过一组开放接口共用的 M2M 功能。M2M SCs 使用 CN 功能，并通过隐藏网络特性简化和优化应用的开发和部署。
- **M2M 应用**：运行服务逻辑且使用可通过开放接口访问 M2M SCs 的应用。
- **网络管理功能**：代表所有管理接入网络与核心网络所需的功能，包括（但不限于）调配、监督、故障管理等。
- **M2M 管理功能**：包括所有网络域中管理 M2M SCs 所需的功能。M2M 设备和网关的管理使用特定的 M2M 服务能力。

2.2.2 ETSI SC 框架和参考点

本节介绍 M2M SCs 及参考点，用于构建 ETSI TC M2M 架构的框架如图 2.4 所示。

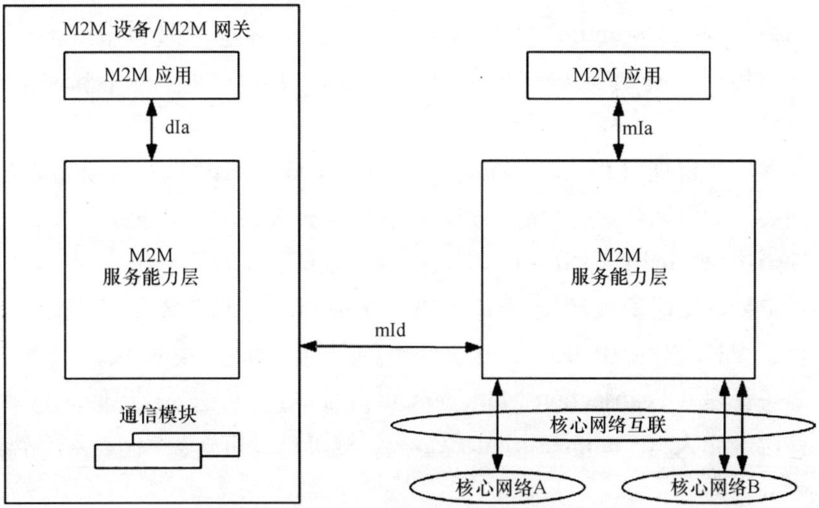

图 2.4 M2M SC 功能架构框架

（摘自 ETSI TS 102 690 V1.1.1.2011. Machine-to-Machine Communications（M2M）：Functional Architecture.）

- M2M SCs 是由不同域提供给 M2M 应用并由不同应用共享的功能。M2M SCs 可以通过一组公开接口（如由 3GPP、3GPP2、ETSI TISPAN 等指定的现有接口）使用 CN 的功能。另外，M2M SCs 可以接口到一个或几个 CN。M2M 服务能力层（Service Capability Layer，SCL）在参考点公开这些功能。每当域提供的功能是 M2M 应用直接可管理时，它应该驻留在相应的 SCL 中。考虑并非所有功能是强制部署的，而且不是所有 SCs 都通过标准来规定，M2M 框架的创建具有可扩展性。插上 SCs 并使其被应用发现的可能性对运营灵活性和标准极其重要[8]。

在 ETSI[6] 中，下列术语被用来在网络域、M2M 网关和 M2M 设备中所指 SC。

- **NSCL**：网络 SC 层指网络域中的 M2M SCs。
- **GSCL**：网关 SC 层指 M2M 网关中的 M2M 服务能力。
- **DSCL**：设备 SC 层指 M2M 设备中的 M2M SCs。
- **SCL**：SC 层是指以下任何一个：NSCL、GSCL 或 DSCL。
- **D/G SCL**：指下列任意之一：DSCL 或 GSCL。

ETSI 确定的 M2M SCs 列表如下。

- **应用启用（Application Enablement，xAE）**：为应用提供单一 API 接口。
- **通用通信（Generic Communication，xGC）**：管理适合于安全传输会话建立和拆除的所有方面，以及由 CN 提供的承载业务接口。
- **可达性，寻址和信息库（Reachability，Addressing，and Repository，xRAR）**：提供用于相关应用、设备和网关状态的存储能力以及处理订阅数据的改变。
- **通信选择（Communication Selection，xCS）**：为通过多个网络或多种连接载体可达（如 Wi-Fi 或 GPRS）的设备或网关提供网络和网络承载的选择。
- **远程实体管理（Remote Entity Management，xREM）**：提供适合于设备/网关生命周期管理的功能，如软件和固件升级，故障和性能管理。
- **安全（SECurity，xSEC）**：实现引导、认证、授权和密钥管理。
- **历史和数据保留（History and Data Retention，xHDR）（可选）**：存储适合于 M2M SC 使用的记录。xHDR 可用于执法用途，如隐私。
- **事务管理（Transaction Management，xTM）（可选）**：管理事务。
- **补偿经纪人（Compensation Broker，xCB）（可选）**：代表应用管理补偿事务。
- **电信运营商公开（Telco Operator Exposure，xTOE）（可选）**：通过与接入 SC 相同的 API 提供接入到传统的网络运营商服务，如短信、彩信服务（MMS）、非结构化补充业务数据（Unstructured Supplementary Service Data，USSD）和定位。
- **互通代理（Interworking Proxy，xIP）**：允许非 ETSI 兼容设备与 ETSI 标准互通。

其中，x 可为代表网络的 N，代表网关的 G 和代表设备的 D。SCs 的描述来自参考文献［8］。

上述 M2M SCs 提供功能的逻辑组，但并不强制要求 M2M SCs 层的实现。因此在信息流中，并没有代表 M2M SCs 作为单独实体。然而，外部参考点（mIa，mId，dIa）被强制要求对 ETSI M2M 兼容。所有域中的 ETSI 文档中会给出 M2M SCs 更详细的描述。不是所有的 M2M SCs 在系统的不同部分都被实例化。ETSI 文件中也声称 M2M SCs 的描述是信息化的，而参考点的描述是规范化的。

1）M2M 应用。M2M 应用可以是下列之一：设备应用（Device Application，DA）、网关应用（Gateway Application，GA）和网络应用（Network Application，NA）。DA 可以存在于实施 M2M SCs 的 M2M 设备中，或存在于不实施 M2M SCs 的 M2M 设备中。

2）参考点。

- **mIa 参考点**：允许 NA 在网络域访问 M2M SCs。该参考点建立了网络域中 M2M 应用和网络应用实现（Network Application Enablement，NAE）服务能力之间的接口。更多该接口内容见参考文献［7］。
- **dIa 参考点**：允许 DA 存在于 M2M 设备来接入同一 M2M 设备或 M2M 网关的不同 M2M SCs，允许 GA 存在于 M2M 网关来接入同一 M2M 网关的不同 M2M SCs。该参考点建立了设备或网关 SCs 和网络通用通信（Network Generic Communication，NGC）SCs 之间的接口。DSCL 或 GSCL 中的服务能力，通过 mId 上的 NGC 接入所有网络 SCs。更多该接口内容见参考文献［7］。
- **mId 参考点**：允许 M2M SC 存在于 M2M 设备或 M2M 网关来与网络域中的 M2M SCs 通信，反之亦然。mId 使用 CN 连接功能作为底层。该参考点建立了设备与网关域中的 M2M 应用和设备应用（Device Application Enablement，DAE）或网关应用实现（Gateway Application Enablement，GAE）SCs 之间的接口。设备和网关域（Device and Gateway Domain，D/GD）中的 M2M 应用通过 dIa 上的 DAE 或 GAE 接入所有设备或网关 SCs。更多该接口内容见参考文献［7］。

2.2.3 资源

ETSI TC M2M 采用代表状态传输（Representation State Transfer，REST）架构风格[6]，即信息以资源为代表，形成树状结构。ETSI TC M2M 标准化了驻留在 M2M SCL 的资源结构，并为 M2M 应用和其他 SC 提供功能用于交换信息。每个 SCL 包含着保存信息的资源结构。M2M 应用或 M2M SCL 通过这些定义参考点上的资源来交换信息。应用遵循 REST 准则，接入 mIa 和 dIa 参考点上的资源。类似地，DSCL 和 GSCL 遵循 REST 准则接入 mId 参考点上的 NSCL。ETSI M2M 标准化了处理资源的程序。

2.2.4 3GPP 和 ETSI

3GPP MTC 主要关注通信，而 ETSI M2M 则着眼于应用，包括 SCs、安全性和设备管理。这两个组织已经明确了这个问题，2012 年 6 月发起了共同行动，目的是设计出 M2M 功能架构，使得使用 IP 能力的底层网络作为由 3GPP 提供的 IP 网络服务[1]（请注意这只是文件的草案版本）。

文件[1]包含 M2M 功能架构，功能实体的识别、相关参考点及程序，当 3GPP 系统被用作底层 IP 网络时：

- 支持参考文献［6，7］第 1 版中的指定选项和功能，需要如 11 版和更早版中所规定的与 3GPP 系统互通。
- 描述 M2M 服务层、NSCL 如何支持 3GPP MTC 工作[9]中所给出的不同模型。
- 确定 3GPP 系统中现有的程序并规定在 ETSI M2M 架构中完成与 3GPP 系统互通所需解决方案的程序。

2.3 EXALTED 系统架构

本节详细分析了 EXALTED 系统架构。在其主要的项目目标中，EXALTED 的主要目的是改善和促进 LTE 网络上 M2M 通信的系统架构，但是具有较低的复杂性和终端设备成本，以及改进的安全性和大量设备的配置。

通过识别最相关的 M2M 应用案例，在最初就开始了架构设计以及 EXALTED 架构的进一步演变和细化项目。这些应用案例（即智能交通系统、智能计量和监测以及电子保健），通过对通用系统定义特定的功能、特点、拓扑结构、流量特征和带宽需求来予以考虑。系统命名为“LTE-M”，代表 LTE 针对机器的扩展。LTE-M 的要求源自应用案例并在项目的可交付中明确[10]。

想法是设计一个有效的端到端系统来填补现有 ETSI M2M 和 3GPP MTC 系统之间的空白，但仍然与二者保持尽可能高的互操作性和向后兼容性。因此，它们都作为 LTE-M 的参照架构，而所有的创新都是融入了两个框架的改进。

架构组件和相应功能在 EXALTED 技术要求的基础上确定。组件或者是物理实体（如设备），或者是组成某些功能的逻辑元件（如演化分组核心（Evolved Packet Core，EPC））。EXALTED 架构的高层次表现如图 2.5 所示[11]。

EXALTED 的组件可分组到以下两个域中：

- 网络域（Network Domain，ND）。
- M2M 设备和网关域（Device and Gateway Domain，DD）。

ND 包括控制所有在设备和服务器上应用、提供安全的端到端通信，并执行设备管理操作的组件。广域网仅限于 LTE/LTE-M。

ND 的另一部分是 EPC，负责 E-UTRAN 中蜂窝无线网络和 eNodeB（eNB）的管理。M2M 服务器上运行的应用可以使用 EPC 从网络访问。ND 中的其他逻辑组件也有定义，如用于设备和网络单元的授权和管理服务器。DD 包含运行一个或多个应用的设备。DD 和 ND 之间的联系是 3GPP 中定义的 Uu 接口。然而，所使用的空中接口不是 LTE 而是 LTE-M，这是与 LTE 共存于相同频谱且在 EXALTED 中规定的一种自主无线接入网络。

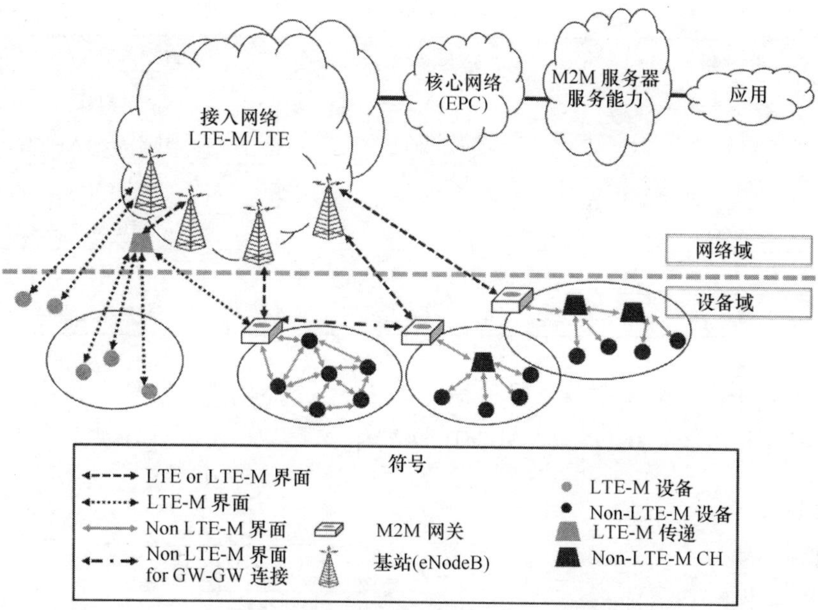

图 2.5　高级或层次 EXALTED 架构

（摘自 FP7 EXALTED Consortium. 2012. D2. 3：The EXALTED System Architecture（Final）. Project Report.）

根据 DD 中的 M2M 设备运行 LTE-M 空中接口与否，它们可分为 LTE-M 设备或非 LTE-M 设备。非 LTE-M 设备可以形成一个网络，运行 LTE-M 之外的协议。该网络被称为“毛细管网络”，由一组运行相同协议并独立于网络其他部分进行相互通信的 M2M 设备组成。为了给非 LTE-M 的毛细管网络和 LTE-M 系统的其余部分提供连接，需要使用 M2M 网关。M2M 网关在 EXALTED 架构结构中具有关键作用，因为它是蜂窝无线网络（LTE-M）和相连毛细管网络之间的联系。它使得非 LTE-M设备和 M2M 服务器之间很容易形成可靠连接，即应用得以执行，这是 EXALTED的主要目标之一。

为清楚描述架构，ETSI、3GPP 和 EXALTED 架构之间的等价术语见表 2.1。

表 2.1　ETSI、3GPP 和 EXALTED 架构之间的等价术语

3GPP 术语	ETSI 术语	等价 EXALTED 术语
MTC 服务器	M2M SCs	M2M 服务器
MTC 应用（UE）	M2M 应用（设备）	M2M 应用（设备）
—	M2M 应用（M2M 网关）	M2M 应用（M2M 网关）
—	—	M2M 应用（CH）
MTC 用户	M2M 设备	• LTE-M 设备 • 非 LTE-M 设备

（续）

3GPP 术语	ETSI 术语	等价 EXALTED 术语
EPC	CN	EPC
RAN	接入网	LTE-M 接入网络
eNB	—	eNB
中继节点	—	LTE-M 中继
—	M2M 网关	M2M 网关
—	M2M 区域网络	M2M 毛细网络

项目可交付[11]使用了另一种便捷的方式——通过映射 EXALTED 解决方案和创新到通用的 ETSI/3GPP /EXALTED 框架中来展示 EXALTED 架构，如图 2.6 所示。

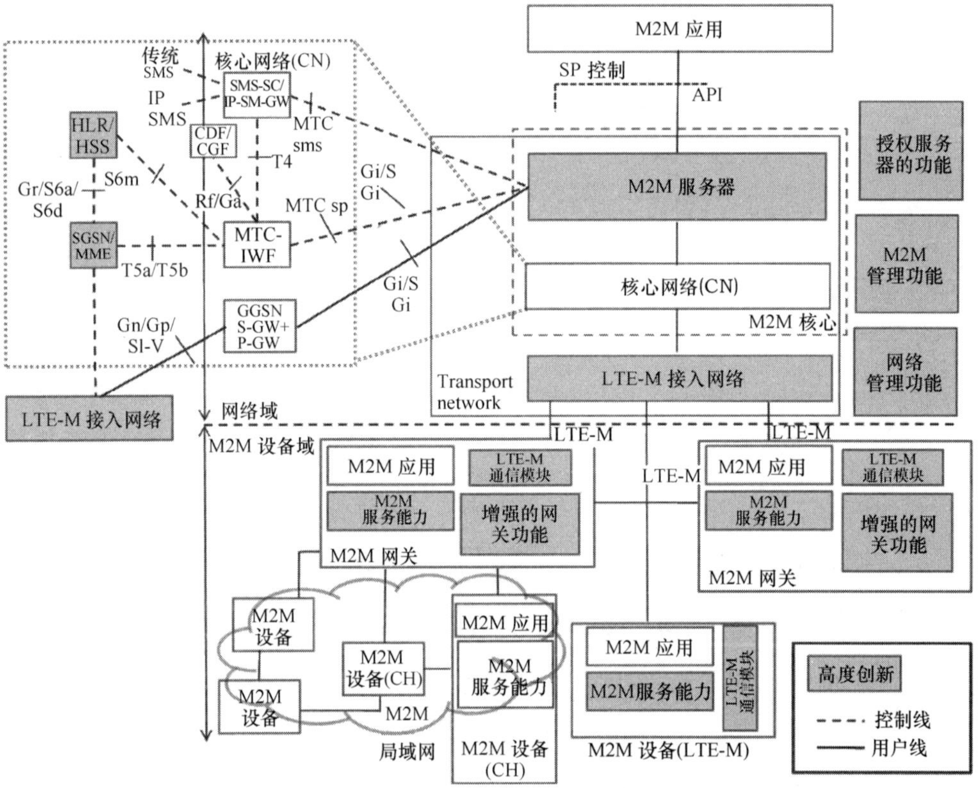

图 2.6　EXALTED 架构的组成

（摘自 FP7 EXALTED Consortium. 2012. D2. 3：The EXALTED System Architecture（Final）. Project Report.）

2.3.1 ND 中的组件

1）M2M 服务器：M2M 服务器是执行并运行 M2M 应用的逻辑组件。M2M 服务器负责与 DD（即 M2M 网关、M2M 设备或 CH）中任何功能元件端到端的连接的开始和终止，但前提是它已注册到服务器。应用程序在其他底层协议和技术的基础上运行。除了应用本身，M2M 服务器执行管理和控制功能。例如，特别设计的设备管理协议针对 M2M 服务器与设备和网关的通信使用同一网络。

2）EPC：EXALTED 在 EPC 中没有提出任何变化，如参考文献［12-14］中规定。以下单元与总体架构相关：分组数据网络网关（Packet Data Network Gateway，PDN-GW）、服务网关、MME、HSS，以及策略控制和计费规则功能。EPC 中没有进行修改，但是为了满足一些 EXALTED 目标（如能源效率、信令减少、大量设备），需要 EPC 最小化有关 LTE-M 设备/M2M 网关工作循环的寻呼消息或者接入信息的数目。在 LTE-M 系统实现的特定 EPC 情况下，这些要求必须由网络运营商解决。细节见参考文献［10，11］。

3）LTE-M 基站：LTE-M 基站组件是改性的 3GPP 基站。在物理（Physical，PHY）层，MAC 和无线资源控制（Radio Resource Control，RRC）上行链路（Uplink，UL）和下行链路中实现若干机制和算法，以便支持 LTE-M Uu 接口的相应协议。最重要的功能如下：

- 错误保护和纠正。
- 用于有效载荷和控制信令按照时间和频率对无线资源的随机接入和调度接入的提供。
- 用于信道估计的导频信号传输。
- 重发过程的初始化和控制。
- 连接的设置和终止。
- 发射器和接收器之间的同步。
- 无线链路参数对传播条件的适应。
- 对广播和组播服务的支持。

一种可能实施的 LTE-M 无线接口仅包括 PHY、MAC 和 RRC 协议。为了这个目的，通常在 PDN-GW 和 UE 之间执行的 IP 在 eNB 终止，其中 IP 地址转换为本地寻址方案，反之亦然。

在基站到 M2M 网关连接的情况下，它必须能够聚集数据分组寻址到 M2M 网关后的几个非 LTE-M 设备，形成一个复合数据包，用于基于 IP 或基于非 IP 的终端设备。

eNB 的适当实施满足了几个 EXALTED 目标：与 LTE 共存，广域覆盖，能量和频谱效率，支持大量设备，以及降低复杂性。为了这个目的，在 EXALTED 交付中发明和使用了各种机制，意图在 eNB 上运行。例如，广义频分复用（Generalized Frequency Division Multiplexing，GFDM）物理接收信号处理，用于码分多路存取（Code Division Multiple Access，CDMA）重叠的关联接收机，随机接入重传呈现协议（Rx），混合自动重复请求（Hybrid Automatic Repeat Request，HARQ）（Rx 和 Tx），来自 UL 发声的时分双工（Time Division Duplex，TDD）信道估计，天线选择，二进制信道（Binary Channel，BC）无比率编码，优化寻呼，地址映射功能等。更多信息可见参考文献［11，15］。

4）LTE-M 中继：LTE-M 中继类似于 3GPP 发布 10 LTE-A 中继。它们用于 LTE-M 环境中的覆盖扩展。LTE-M 中继具有和 LTE 中继相同的功能，只是有附加功能支持 LTE-M 接口。3GPP 和 EXALTED 中支持透明和不透明中继。取决于中继类型，所需的功能是那些 eNB 类型的子集。

2.3.2 DD 中的组件

- **LTE-M 设备**：运行 LTE-M 的 M2M 设备可以访问 Uu 接口上的 ND，或者直接访问 LTE-M 网络，或者通过 LTE-M 中继。它们和任何 M2M 设备一样执行 M2M 应用。至于其他 LTE-M 组件（基站，LTE-M 中继），LTE-M 设备必须解决 EXALTED 的主要目标：与 LTE 共存，能量和频谱效率，减少信令，广域覆盖，并且除此之外，与电源无关。因此，需要的功能是与 eNB 类似的：GFDM PHY Tx 信号处理，CDMA 重叠，随机接入重传协议（TX），HARQ，天线选择，BC 信道中的无比率解码，地址映射功能等。
- **M2M 网关**：M2M 网关的关键作用是在 LTE-X（即 LTE/LTE-A/LTE-M）网络和毛细网络（由一个或更多个非 LTE-M 设备组成）之间的互连点。它执行各种附加功能，如协议转换、路由、资源管理、设备管理、数据聚合等。在特殊情况下，M2M 网关在局部突发设备之间的通信，而无须访问 LTE-M 网络和 EPC，但这些情况都超出了 EXALTED 的范围。然而，只要安全或其他所需操作（如授权）已建立和维持，则连续接入 EPC 不是强制性的。

从网络观点来看，M2M 网关是具有附加功能的 LTE-M 设备。相对流量聚集和处理，M2M 网关执行地址转换，数据压缩，有效载荷还原等。另一方面，作为 LTE-M 促成设备，M2M 网关满足 LTE-M 设备针对空中接口的要求。

- **非 LTE-M 设备**：这些设备没有 LTE-M 接口，但是使用其他网络访问技术，诸如ZigBee和IEEE 802.11x形成了毛细网络。它们可以通过M2M网关访问ND并在本地运行M2M应用。非LTE-M设备的大多数功能是特定的协议并依赖于毛细网络中运行的特定协议。

- **非LTE-M簇头（Cluster Head，CH）**：类似常规的M2M设备，它们是毛细管网络的一部分，并且常规M2M设备的通信可以通过CH进行转向和管理。CH的功能可以包括数据聚合、设备管理、路由等。不像M2M网关，CH不执行协议转换。CH的大多数功能是特定的协议，并依赖于毛细管网络中运行的特定协议。

参考文献

1. ETSI TS 101 603 v0.0.3. 2012. *Machine-to-Machine Communications (M2M): 3GPP Interworking*. Draft.
2. All public deliverables http://www.ict-exalted.eu/publications/deliverables.html.
3. 3GPP TR 23.888 v11.0.0. 2012. *System Improvements for Machine-Type Communications*. Release 11.
4. 3GPP TR 23.368 v11.6.0. 2012. *Service Requirements for Machine-Type Communications*. Release 11.
5. ETSI TS 102 689 v1.1.1. 2010. *Machine-to-Machine Communications (M2M): M2M Service Requirements*.
6. ETSI TS 102 690 v1.1.1. 2011. *Machine-to-Machine Communications (M2M): Functional Architecture*.
7. ETSI TS 102 921 v1.1.1. 2012. *Machine-to-Machine Communications (M2M): mIa, dIa, and mId interfaces*.
8. Boswarthick, D., O. Elloumi, and O. Hersent. 2012. *M2M Communications: A System Approach*. John Wiley & Sons, Ltd. The Atrium, Southern Gate, Chichester, West Sussex, PO19 8SQ, United Kingdom.
9. 3GPP TS 23.682 v11.3.0.2012. *Architecture Enhancements to Facilitate Communications with Packet Data Networks and Applications*. Release 11.
10. FP7 EXALTED Consortium. 2011. D2.1: *Description of Baseline Reference Systems, Scenarios, Technical Requirements, and Evaluation Methodology*. Project Report.
11. FP7 EXALTED Consortium. 2012. D2.3: *The EXALTED System Architecture (Final)*. Project Report.
12. 3GPP TS 23.002. *Network Architecture*. Release 11. v11.5.0. 2012.
13. 3GPP TS 23.401. *GPRS Enhancements for E-UTRAN Access*. Release 11. v11.4.0. 2012.
14. 3GPP TS 23.402. *Architecture Enhancements for Non-3GPP Access*. Release 11.
15. FP7 EXALTED Consortium. 2012. *D3.3: Final Report on LTE-M Algorithms and Procedures*. Project Report.

chapter 3

第3章

M2M 流量和模型

Markus Laner，Navid Nikaein，Dejan Drajić，
Philipp Svoboda，MiLica Popović和 Srdjan Krčo

3.1 简介

与传统的以人到人（Human-to-Human，H2H）为基础的通信不同，3G 无线网络是针对机器端对端（Machine-to-Machine，M2M）通信或机器类型的通信（Machine-Type Communications，MTC）所设计和优化，视为在设备之间或从设备到一组服务器数据通信的一种形式，其中不一定有人与人之间的互动[1]。这种 M2M 也是高效实时收集和分配有意义数据，管理连接设备，随时随地提供后端连接，并因此能够促使创造所谓的“物联网”（Internet of Things，IOT）。目前，从商业角度看，最受关注的应用是有关智能交通、智能电表（配电自动化、水表和煤气表读数）以及总体的跟踪和追踪。事实上，M2M 的应用空间广阔，包括安全、健康监测、远程管理和控制、分布式/移动计算、游戏、工业无线自动化和环境辅助生活。

M2M 有望有巨大的市场增长，预期到 2020 年会有 500 亿设备相连[2]。支持如此庞大数量的 M2M 设备对端到端的网络架构有深远的影响。降低功率消耗和部署成本是其中的主要要求。这要求从高数据速率网络向 M2M 优化的低成本网络来转变形成新收益的模式。虽然一些 M2M 使用实例更适合于有线或短程无线电波，但无线通信系统正变得越来越强大，足以用于大多数 M2M 应用，因为它们满足了广泛的需求，包括移动性、易于部署以及覆盖延伸。

M2M 的概念也被称为“IoT”，预见在不远的将来，越来越多的设备将有自己的互联网接入。这个接入将是某种朝向家庭网关的无线链路，其本身则连接到移动网络。因为这种情况已开始爆发，无线蜂窝网络的运营商必须处理其蜂窝内甚至核心网的爆炸式增长的信令流量。

一般情况下，移动网络中的无线接入是共享的资源[3]。因此，活跃用户或设备的数量是有限的，并且该资源是以来自基站平行于用户数据流的信令协议为代价来进行管理的。在 H2H 连接中，这些数字很小。例如，95%时间中同一高速下行链路分组接入（High-Speed Downlink Packet Access，HSDPA）时隙仅有不超过 4 个用户活跃[4]，并且在一个蜂窝中仅有不到 100 个用户。在 M2M 中，参考文献［5］中的第三代协同伙伴计划（3rd Generation Partnership Project，3GPP）设计目标对于每个蜂窝的设备数为 10 000。该值比 H2H 情况的数目大几个数量级。M2M 设备的活动模式也与 H2H 通信有显著的不同。参考文献［6］给出了设备之间活动模式的强相关性。这与 Erlang 流量模型使用的独立到达的普遍假设形成强烈对比[7]。

M2M 对于长期演进（Long Term Evolution，LTE）/高级 LTE 框架[8]和更普遍的欧洲电信标准协会（European Telecommunications Standards Institute，ETSI）的集成是一个活跃话题。关于 3GPP，最近的一项提供基于 LTE 的低成本 M2M 设备的研究项目（见参考文献［8］）以及一项系统优化和过载控制 M2M 的工作项目已被批准用于 LTE 的 Rel-11 版本。具有低成本强化的 3GPP LTE 是 M2M 的关键。

然而，最有挑战性的问题是 M2M 流量与传统用户流量的共处，再加上连接到蜂窝基础设施中机器数量迅速增加的可能性。这是因为该系统设计主要用于信息的连续流动，至少在时间尺度而言需要发送若干互联网协议（Internet Protocol，IP）分组（用户平面数据经常很大），这反过来使得信令开销可管理（相对于数据的用户平面量）。新兴的 M2M 应用场景，如智能电表监控、电子医疗和电子车辆的分析表明，在大多数情况下，M2M 流量具有不同于 H2H 的特定性质（见参考文献［1，9］）。

理解 M2M 流量特性是设计及优化网络和适用的服务质量（Quality-of-Service，QoS）方案的关键，能够在不损害常规服务（如数据、语音和视频）条件下提供足够的通信服务。特别是，3GPP Rel-11 演进分组系统（Evolved Packet System，EPS）的成功取决于其支持 M2M 流量的基于分级的网络初始 QoS 控制方案的有效性。这是因为运营商从提供单个服务转向多个，而连接设备和流量数量正在迅速增加[10]。这样的 QoS 控制允许针对使用 EPS 承载映射的不同业务进行不同的分组转发处理（如调度政策、队列管理政策、资源预留、速率调整策略、链路层构造），这是实现支撑 M2M 零星流量的关键。

有必要针对 M2M 业务模型进行现有网络的测试、验证和完善，而这些模型将不同于标准的 H2H 模型。本章将概括介绍现有的流量模型，并给出 M2M 应用建模的原则和实例以及 M2M 通信对现有网络的影响。

3.2 M2M 流量建模

流量建模的话题非常广泛。其范围从基于 Erlang 公式的电路交换（Circuit-Switched，CS）语音模型到分组交换排队模型，分析传输控制协议（Transmission Control Protocol，TCP）流中的重尾和其应用结构中的源。

通常情况下，M2M 并不局限于任何服务来传输其有效载荷。例如，它可以使用语音、SMS 和 IP 数据报。但是，随着不再支持任何 CS 语音的 LTE 的引入，所有应用都可以映射到 IP 数据报。下面将讨论针对网络中不同场景的不同流量模型。

3.2.1 3GPP、ETSI 和 IEEE 的 M2M 流量建模活动

M2M 已经成为目前移动行业的重点，而伴随的是研究界正在进行的活动，努力理解 M2M 对移动网络架构的影响和指定相关标准的规格（如 ETSI M2M、3GPP、IEEE）。以下参考文献概括了 3GPP[1,8,11,12]、IEEE[13] 以及 ETSI[14-21] 的标准化工作。然而，没有专门的针对 M2M 设备流量模型的规范。事实上，针对不同的任务会有各种不同的模型和优化分析，见参考文献［1，8，12］。

3.2.1.1 IEEE 802.16p 的 M2M 活动

IEEE 标准化组织在码分多路存取（CDMA，Code Division Multiple Access）的框架下成立 M2M 工作组。IEEE M2M 工作组从 2010 年发起，进行 802.16p 和 802.16.1b 项目的工作。到 2012 年，IEEE 批准了这两个标准。IEEE 802.16 的 M2M 工作组是智能电网和 M2M 应用在流量特征和流量模型方面的相关资源。该标准包含两个提供 M2M 流量模型概述的表格。表 3.1 和 3.2[13] 描述了平均信息大小、交易速率和数据速率，并结合了流量中到达过程的分布。

表 3.1 城市商业 M2M 设备流量参数

家电/设备	平均信息交易速率/s	平均信息大小/B	数据速率/(B/s)	分布和到达
杂货店信贷机	0.0083	24	0.2667	泊松
商场信贷机	5.5556e-4	24	0.0178	泊松
道路标志	0.0333	1	0.2664	单一
交通灯	0.0167	1	1.3360	单一
流量传感器	0.0167	1	1.3360	泊松
电影租赁机	1.1574e-5	152	1.4814e-3	泊松

来源：IEEE 802.16p. 2012. Machine-to-Machine（M2M）System Requirements Document（SRD）. IEEE, Piscataway, NJ, 7p.

表 3.2 城市商业设施实施

场　景	杂货店数/m²	商店和饭店数/m²	道路指示数/m²	交通灯数/m²	交通传感器数/m²	电影租赁机数/m²
市区（纽约）	2.0947e-4	0.0022	3.1647e-4	1.503e-5	1.503e-5	6.9823e-5
郊区（华盛顿特区）	2.3122e-5	3.4988e-4	9.4325e-4	1.1442e-4	1.1442e-4	1.1561e-5

来源：802.16p. 2012. Machine-to-Machine（M2M）System Requirements Document（SRD）. ieee, Piscataway, nJ, 7p.

3.2.1.2 ETSI 的 M2M 活动

ETSI 标准化机构贡献了不同的技术。该组织遵循所谓“工作计划”进行集群。

有专门的M2M活动——在ETSI中的命名为“M2M通信”。目前，该工作集中在3个不同层面上。这些文件的主要工作集中在较高的协议层和针对M2M设备的管理。从流量建模的角度来看，最主要关注的有两个文件[20,21]。在相关的技术规范[20]中定义了M2M通信的基础。它给出了M2M通信服务的一般和功能性要求。在参考文献［21］中，讨论了显式使用的情况。因此重点是在针对M2M的智能电表场景中进行设置。

总之，目前在ETSI文件中尚没有明确的流量模型。但是，上述文件对于勾勒出M2M情形的模拟设置非常有用。

3.2.1.3 3GPP提出的M2M流量模型

3GPP规范中有关M2M的蜂窝移动通信技术工作开始于Rel-10。该项目汇总到M2M通信课题，不仅提供设备的概念，同时也提供如服务器和过程单元等基础设施元素。

在Rel-10中，3GPP的范围是实施针对移动网络中大量M2M设备的支持（如UMTS或LTE），并且符合特定的服务要求。在即将到来的Rel-11中，范围变为进一步改善针对大量设备的移动网络。最后，Rel-12将关注允许更廉价和更简单设备的新方法（见参考文献［11］）。下面将讨论3GPP标准的Rel-10。

通用术语“M2M”和“MTC”可能略微有些误导，事实上，它们不是某一类型的应用，而是不同应用的集群。M2M应用并不都具有相同的特性，这意味着并不是每个系统优化都适合所有M2M应用，所以M2M特征（需求）限定为针对不同系统优化可能性来提供结构。

确定为针对所有M2M设备服务要求的通用要求[1]如下：

- 时间受控。
- 时间宽容。
- 小数据传输。
- 仅源于无线。
- 不频发的移动终端。
- M2M监控。
- 优先级警报。
- 安全连接。
- 特定位置触发。
- 不频发传输。
- 基于组的M2M功能。
- 基于组的策略、基于组的选址。

提供给特定用户的 M2M 要求在订购时确定，且可以单独激活。

技术报告[12]涉及 GSM EDGE 无线接入网络（GSM EDGE Radio Acess Network，GERAN）的改进，是基于智能电表的一个场景。设计的流量模型假设移动流量仅有分组交换性质。流量是移动始发，意味着没有从 M2M 服务器端信息的轮询。因此，M2M 设备将运行通过自主接入网络的周期，且没有基于网络的描绘。该文档确认了这种情况下控制信道是主要限制，因此流量模型集中于公共控制信道（Common Control Channel，CCCH）性质的再现。

在参考文献［12］提出的流量模型中，第一步，M2M 设备的通用流量模型被分成 3 类：T1、T2 和 T3，描述同步和异步访问网络。T1 级的 M2M 设备以非同步方式接入网络，其示例场景是同一蜂窝中一组不同应用的 M2M 设备。T2 级的 M2M 设备以同步方式接入网络，其示例场景是智能电表的设置。这里，期望所有电表提供基于固定时间网格的同步报告。T3 级的设备是通用的传统设备，在蜂窝中产生不协调的背景流量。

第二步，3 类不同通信模式被定义为 T1、T2 和 T3 级。表 3.3 给出了在参考文献［12］中的定义。活动节点的数目通过在 T1 和 T3 中的到达速率 λ 或通过节点 X 的总数建模。针对 T1 的模式代表纯粹的 M2M 设备，这是由于预期的大量用户建模作为泊松到达过程。

表 3.3　设备类型场景 T1，T2 和 T3 的 CCCH 到达模式

场景	T1	T2	T3
设备数	λ/(报告间隔)	X	λ/(报告间隔)
到达过程	泊松到达强度：λ（每秒到达）	限时确定事件分布。分布的时间传播参数 $T(S)$ 控制，其中须包括 $T=1$	泊松到达强度：λ（每秒到达） 案例 1：对 CS 流量 $\lambda=5$（蜂窝中仅有 CS 流量） 案例 2：同例 1，具有额外的对分组交换流量 $\lambda=15$（蜂窝中 CS 和分组交换业务的组合）
报告间隔	5s 15min 1h 1 天	注意：使用此流量模型时报告间隔没有定义，因为设备数是固定的，接入需要在后续访问进行之前由所有设备完成	
报告尺寸	10B 200B 1000B	10B 200B 1000B	

资料来源：3GPP TS 43868. 2012. GERAN Improvements for Machine-Type Communications. 3GPP，Sophia-Antipolis，France，16p.

场景 T2 为场景 T1 的特例。这里，假定设备由于配置错误或者是外部事件（如停电）而在一个很小的时间间隔 T 内时间同步。最后，场景 T3 考虑传统 CS 和分组交换设备，建模蜂窝中的“普通”用户。这种情况设置成与 T1 或 T2 并行，可用于显示 M2M 对正常流量的影响。

前两步中，定义了 3 类场景以及每一个的到达过程。现在，将定义 M2M 通信中确定性事件的时间分布。对于给定时间间隔的持续时间 $t=T$，服务请求到达的强度对所有区域中的设备 X 给定为分布 $p(t)$。考虑两种不同的分布函数 $p(t)$，即均匀分布：

$$p(t)=\frac{1}{T}(0<t\leqslant T,p(t)=0) \tag{3.1}$$

β 分布：

$$p(t)=\frac{t^{\alpha-1}(T-t)^{\beta-1}}{T^{\alpha+\beta-1}\mathrm{beta}(\alpha,\beta)}(\alpha>0,\beta>0) \tag{3.2}$$

式中，beta(α，β) 是 β 函数。

分布有两个可调参数（形状参数 α 和 β），以允许并行活跃设备中强度的不同峰值。3GPP 建议 $\alpha=3$，$\beta=4$。这两个函数对介于 0 和 T 的时间轴都可以很好的支持。参考文献［8］情况下的设备数量见表 3.4。

表 3.4　LTE 中的流量模型参数

特　　征	流量模型 1	流量模型 2
M2M 设备数量	1000、3000、5000、10000、30000	1000、3000、5000、10000、30000
到达分布	T 上均匀分布	T 上 Beta 分布（见式 3.1）
分布周期（T）	60s	10s

资料来源：3GPP TS 37868. 2012. Study on RAN Improvements for Machine Type. 3GPP，Sophia-Antipolis，France，28p.

网络中数据信道上的所有上层流量都是通过输入模拟结果经推导而得到的。这样就完成了 3GPP 的 RAN 实际流量模型，其当前目标是在接入平面仅再现活跃模式。

3. 2. 2　M2M 业务建模框架

目前，提出的第一个 M2M 流量模型只考虑所有设备的通用活跃模式，不考虑在 M2M 框架内运行的不同类型应用。下面介绍基于应用方法驱动的不同形式活跃模式的交通模型。这种流量建模称为“源流量建模”，因为每个源是模型本身的一个实例。表 3.5 概述了 M2M 应用的不同类别。

表3.5 M2M应用和预期的流量模式

类别	应用	流量方向/设备/延迟/强度
健康	生命体征监控 应急保障 远程医疗	上行/少/低/小
读表/控制	智能电表 智能电网 车到车	上行/多/低/可变 安全和时间关键
监控/安全	传感器 视频监控 音频监控	上行/多/低/小 上行/少/低/高
追踪	资产跟踪 车队管理 团队跟踪	上行/多/低/小
付款	自动售货机	上行/多/低/小

来源：LOLA Project (Achieving Low Latency in System Architectures. http://www.ict-lola.edu/. Accessed January 1, 2014.

如今，移动网络使用标准移动无线网络流量模型，其基础是人类用户的典型行为。它可以表示为使用语音服务的典型消费时间、发送/接收信息（SMS、MMS）的数目以及下载的数据量。这些流量模型并没有考虑到机器生成的报告流量，因此需要新的流量模型。

下面列举一些M2M情景（未来）的例子，以突出显示网络设计师将要处理数据流量的多样性。例如，在气象警报或桥梁稳定性监测的情况中，M2M设备将偶尔传送少量的数据。另一种类型的应用是事件检测，需要快速反应时间以防止潜在事故。一个实例是通过管道（气/油）压力降的检测。此外，在监控和安全领域，重大事件发生前传感设备会定期发送报告给控制中心。一旦事件触发，事件驱动数据流量会首先由传感器传送到中央控制单元或其他类型的基础设施。随后，各方之间可能交换更多数据包来处理此事件。

分析大多数应用的功能，可以得出M2M具有以下3种基本流量模式[23]：

- **定期更新（Periodic Update，PU）**：这种类型的流量出现在设备定期传输更新的状态报告到中央单元时。它可以被看作设备以一定时间间隔触发的事件。PU非实时且具有规则的时间模式和恒定的数据大小。发送时间间隔能通过服务器进行重新配置。PU信息的典型例子是智能电表读数（如气、电和水）。

- **事件驱动（Event—Driven，ED）**：如果事件由 M2M 设备触发且相应数据必须发送，其流量模式符合此类。事件可以由测量参数超过一定阈值，或者由服务器生成来发送命令到设备并远程控制它而引起。ED 是主要的具有可变时间及数据大小沿上行链路（Uplink，UL）和下行链路（Downlink，DL）方向的实时流量模式。实时 ED 信息在 UL 中的实例是报警/健康紧急通知，在 DL 中的海啸警报。一些情况下，ED 流量是非实时的，如当设备发送位置更新到服务器或从服务器接收配置和固件更新。
- **负载交换（Payload Exchange，PE）**：最后一种数据流量是在事件后发生的，即紧随前面流量类型（PU 或 ED）中的一种。它包括所有的大量数据在传感设备和服务器之间交换的情况。该流量更可能是 UL 为主，而且可能是恒定大小（如遥测），或者可变大小（类似图像传输），甚至是由警报触发的数据流。该流量可以是实时或非实时的，取决于传感器和事件类型。

现实世界的应用可能包括前述流量类型的组合。因此，使用以上 3 种基础分类的流量建模使得可以任意程度地构建模型的复杂性和准确性。例如，设备可进入省电模式，触发 PU 以及规则时间间隔的多个潜在 ED 流量，从而使得流量模式为周期性 ED（Periodic ED，PED）。而且，PE 可以在（P）ED 之后发生，提供事件的更多细节。必须说明，PU 与 ED 可看作流量的短控制信息类型（非常低的数据速率），而 PE 作为突发流量。

针对 M2M 流量的便捷建模（通过部署上述流量类别），提出了一种开闭结构，如图 3.1 所示。连同如上所述 3 个截然不同的流量模式，这可以集成在以下 4 种不同状态 S 的马尔可夫结构中：OFF、PU、ED 和 PE。状态分成（几个）ON 状态和（一个）OFF 状态，有助于处理对于 M2M 很典型的数据传输近乎消失的问题。OFF 状态因而相当于人工流量类型，没有分组发送来自或去往各自的机器。这相当于终端在空闲或休眠模式下。预定义状态应类似于 M2M 设备的实际功能。这促使有意义的端信息分配到每个状态中，如各自的 QoS 参数。例如，等待时间小于 100ms 的属性可以添加到状态 ED 中，以确保警报的快速转发。

对于在单一状态 s 中建模数据流，我们部署重建过程[24, p. 254ff]。它们包括随机分组相互远离时间（Inter-Departure Time，IDT）D_s 和随机数据包大小（Packet Size，PS）Y_s。两个随机过程 D_s 和 Y_s 是相同的并独立分发，具有任意边缘概率密度函数（Probability Density Function，PDF）$f_{D,s}(t)$ 和 $f_{Y,s}(y)$。两种特殊情况是周期模式（如固定 IDT）和泊松过程（如指数分布 IDT）。

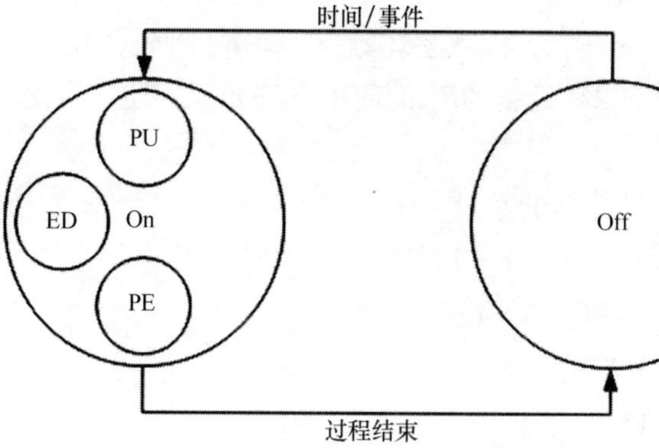

图 3.1　通用的 M2M 流量模型实体

针对状态之间的相互作用，定义了半马尔可夫模型（Semi- Markov Model，SMM）[2,p. 352ff]。因此，这里定义状态之间的过渡概率$p_{s,\sigma}$，其中到当前状态的过渡概率$p_{s,s}=0$。过渡概率布置在过渡概率矩阵 P 中。此外，为每个状态引入随机逗留时间或保持时间T_s，具有任意独立的分布$f_{T,s}(t)$[25]。两种特殊情况是指数（即对应于普通马尔可夫模型）和恒定（如固定计时器）。此外，这种描述对于一些状态很普遍。例如，PU 状态仅用于固定持续时间的短瞬时访问，而优选的则是解析处理。这基于以下几个原因，SMM 模型有利于 M2M 建模：①它们允许捕获广谱的通信量特征[26]，特别是接近消失数据速率；②如果端信息可用（如状态的确切数目可知），它们支持增强建模[27]；③建立了高级拟合机制[28]，即使只有原始流量测量，也可以保证良好的拟合质量。

模型的输入参数汇总于表 3.6，其中“•”表示拟合到期望 M2M 流量模式的参数，而完成项是特定状态常量。由此，Deg(•) 表示简并分布，对应于一个恒定值，而 ΔT 表示模型的最小时间分辨率。注意，特定状态常量符合以下两种特殊情况，①状态内不产生流量，如 OFF 状态；②逗留时间很短且仅有一个数据块发送，如 PU 和 ED 状态。

表 3.6　流量模型输入参数

状态 s	$f_{D,s}(t)$	$f_{Y,s}(y)$	$f_{T,s}(t)$	P			
OFF	Deg(∞)	Deg(0)	•	0	•	•	•
PU	Deg(∞)	•	Deg(ΔT)	•	0	•	•
ED	Deg(∞)	•	Deg(ΔT)	•	•	0	•
PE	•	•	•	•	•	•	0

如前所述，每个机器生成的流量（吞吐量）略有减少。然而，未来的设置将涉及多达数百或数千台设备[8]，因此整体数据速率R_{tot}将是优化应用和基础设施的关注点。一种估计 N 个 M2M 设备的R_{tot}的简单方法如下所述。因此，需要一组确定的或随机的参数。

- N：M2M 设备/传感器的数量。
- s，σ：状态指数（如 OFF = 1，PE，PU，ED = 4）
- S：状态的数量，假设 $S = 4$。
- $f_{D,s}$：状态 s 中 IDT 的分布。
- $f_{Y,s}$：状态 s 中 PS 的分布。
- $f_{T,s}$：状态 s 中保持时间的分布。
- ρ_{OH}：信令开销相对于底层协议造成数据之比（如 TCP/UDP［用户数据报协议，User Datagram Protocol］和 IPv4/IPv6）。
- $p_{s,\sigma}$：状态过渡概率（如$p_{\mathrm{OFF,PU}}$）。
- P：状态过渡概率矩阵。
- $\overline{D}_s$：状态 s 中的平均 IDT。
- $\overline{Y}_s$：状态 s 中的平均 PS。
- $\overline{T}_s$：状态 s 中的平均逗留时间。
- π_s^θ：嵌入式马尔可夫链的静止状态概率（即通过在状态过渡情况下采样连续 SMM 模型获得马尔可夫模型）。
- π^θ：嵌入式马尔可夫链的静止状态概率向量。
- π_s：SMM 的静止状态概率。
- R_s：状态 s 中的平均数据传输速率。
- R_{tot}：总平均数据传输速率。

从定义$f_{D,s}$、$f_{Y,s}$和$f_{T,s}$分布开始，对应的平均值$\overline{D}_s$、$\overline{Y}_s$ 和 $\overline{T}_s$ 可以很容易地通过积分来计算。此外，每个状态 s 的平均数据传输速率根据下式计算

$$R_s = \overline{Y}_s / \overline{D}_s \tag{3.3}$$

从指定的矩阵 P，嵌入式马尔可夫链 π^θ 的静止状态概率可以通过求解本征值问题计算得到：

$$\pi^\theta = \pi^\theta P, \text{在} \sum_{s=1}^{S} \pi_s^\theta \text{时} \tag{3.4}$$

它们被进一步用于计算 SMM 的实际状态概率[24, p353]，通过

$$\pi_s = \frac{\pi_s^\theta \, \overline{T}_s}{\sum_{\sigma=1}^{S} \pi_\sigma^\theta \, \overline{T}_\sigma} \tag{3.5}$$

总预计数据传输速率可通过对所有 M2M 设备 n 求和进行计算

$$R_{tot} = \rho_{OH} \sum_{n=1}^{N} \sum_{s=1}^{S} \pi_{s,n} R_{s,n} \tag{3.6}$$

在所有机器都是相同的情形时，简化与 N 相乘。

注意，这个模型是复制单个机器，反过来并不意味着机器之间的任何相关性都可以被捕获。例如，假设数百个温度传感器分布在一个小区域，其上的温度在一定的时间点均匀地超过阈值。在这种情况下，所有的传感器会同时触发，导致网络中强烈拥堵。这种情况我们的模型是无法捕获的，因为它们要求所有传感器的联合建模。

虽然各种 M2M 应用场景存在异构要求和特征，但是它们可分为两种主要的 M2M 通信场景，如参考文献［1］中所定义：M2M 设备间的直接通信或从 M2M 设备到一组 M2M 服务器/用户的通信。下面描述了两个不同通信场景的 M2M 应用，并评估了它们的流量模式[9]。

1. 自动驾驶

下面将举例说明如何将上述状态或状态感知模型用于现实世界，作为源流量模型。选定应用是自动驾驶（Auto-Pilot，AP）。该场景包括车辆碰撞检测和防撞（特别是公路上），以及在发生事故的情况下如何执行紧急措施。这是基于配备嵌入到汽车和周围环境中，并在自动驾驶系统中使用的传感器 M2M 设备。这些 M2M 设备（汽车、道路标识单元、高速公路摄像头）将信息发送到后端防撞系统。后端系统分发通知到碰撞位置附近的所有车辆，与此同时还有受影响汽车中所需的相关控制潜在制动的信息。所有接收的汽车中，基于接收信息的自动驾驶系统完全或部分地接管控制（激活制动、改变驱动方向、收紧安全带、提醒乘客）。如果汽车中没有这样的系统，就通知并指示驾驶员。另外，根据事故的接近程度，会发送不同的命令到汽车，即汽车更接近可能发生碰撞的地方，制动器会得到即时的命令，而更远的汽车只有司机得到通知。在这种情况下可以识别以下 3 个主要的流量模式。

- **PU**：从 M2M 设备到后端系统的低数据速率更新信息（GPS、速度、时间）和从后端系统到 M2M 设备的通知。
- **ED**：从 M2M 设备到后端系统的短时突发紧急数据包。
- **PE**：从 M2M 后端到 M2M 设备的制动命令。

我们假定汽车至少发送有关时间、位置和速度的信息，且这对应高达 1kB 的分组长度（从 M2M 设备到后端系统的各种测试中，数据包长度从 64B 变化到 1kB，通常为 100B，而车辆对车辆（V2V）通信是 149B）。数据包的频率通常是每秒 10 包（即每 100ms 发送一次）。高速行驶时，汽车应该每米发送一个数据包（GPS 精度）。速度为 160km/h（44.5m/s）时，汽车发送的数据包数目将是大约每秒 45 包（周期为 20～25ms）。所以，数据传输速率在低速时为 10kB/s 范围，而高速时高达 45kB/s。汽车数量各不相同，这取决于流量强度和调查道路的长度。在防撞中，监视的道路长度可接受值约 1km。另外，也可以是观察区域中有多达 50 辆汽车。在紧急情况下，来自汽车的数据包频率要更高。例如，每秒 100 个数据包（周期为 10ms），且数据传输速率应达 100kB/s。在发生事故或者可能碰撞的情况下，后端系统每 10ms 发送 ED，1 ~ 2kB 的短脉冲串数据包到汽车，对应于每车 100 ~ 200kB/s。汽车数量高度依赖于每天的时间和每周的不同时间。在繁忙时段，可以假设 1km 道路上汽车的最大数量应有 50 辆，而对于这种情况，必须考虑蜂窝容量限制。如果道路上一切正常，后端系统可以周期性地（大约每 1 秒）发送一些 1kB 数据包长度的通知信息到汽车。于是，每千米高速公路上有 50 个终端具有注册到网络的传感器，它们与应用服务器连续地交换数据。

表 3.7 给出了高速公路高峰时段的流量分析，结果需要针对不同日/周的时间间隔进行缩放。其中 D_{OH} 是 TCP/IPv4（40B）、分组数据会聚协议（Packet Data Convergence Protocol，PDCP）（2B），RLC（Radio Link Control，无线链路控制）-AM(4B)和媒体访问控制（MAC）报头大小（4B）的总和，估计为 50B。该情形下节点的典型数量取决于所考虑的区域及其密度，并被假定为 50。汽车速度分布如下：10% 为低速司机，60% 是中速司机，而 30% 是高速司机。

表 3.7　AP DL 场景的流量参数

状态 s	$f_{D,s}(t)$	$f_{Y,s}(y)$	$f_{T,s}(t)$	**P**			
OFF	Deg(∞)	Deg(0)	EXP(2)	0	0.5	0	1
PU	Deg(∞)	Deg(1000)	Deg(ΔT)	0.4	0	0	0
ED	Deg(∞)	Deg(1000)	Deg(ΔT)	0.6	0.5	0	0
PE	Deg(0.1)	Deg(1000)	Deg(1)	0	0	1	0

注：数值单位为秒和字节。

图 3.2 所示为 AP 参考模型的状态图。当一切正常时，感应设备会定期进入 PU 状态发送更新信息，并从后端碰撞检测系统接收通知。当事故发生时，它进入到 ED 状态并触发事件（即避免碰撞）；在这之后，它进入 PE 状态并与后端系统交换信息。

2. 基于传感器的报警或事件探测

在一些应用中，传感器不经常地传送少量数据，如高风险交通、气象警报、建筑物稳定性、植物中的关键参数等。当然，电源的类型（如果传感器总是开或者关着）、密度和其他参数则取决于应用。另一种应用类型是事件探测需要快速反应。一个例子是通过管道（气/油）压力降的检测；该重要信息应立即发送到控制中心，以防止可能的事故。在监控和安全领域，保持不被发现的离散传感器也可以有很好的应用。这种类型应用的例子可以是入侵探测传感器或监控探头的自动

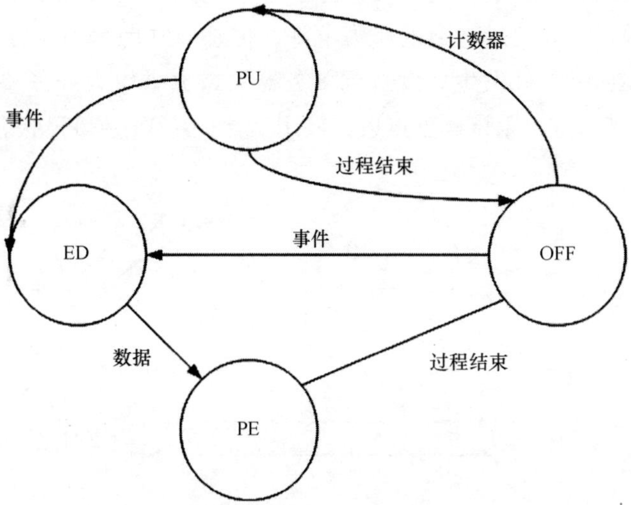

图 3.2　AP 参考模型的状态转换图

网络（有或没有运动或模式探测，安装或不安装在机器人上等），它们可能以完全自动化的方式，定期发送报告到控制中心并与其进行交互，直到探测到临界事件需要人为的干预。根据应用类型，某些情况下可能需要部署专用网络，或者它们可以运行在标准的LTE/LTE- A网络中，或者针对特定需要部署的网状网络的顶部。只有操作环境可以决定确切的网络架构。对于该场景，流量也遵循以下两种不同的模式。

- **PU**：周期性，从传感器到控制中心的非常低数据传输速率信息（GPS、照片、文字、时间）。
- **ED**：事件驱动，从控制中心到相应主管部门/机构的非常低数据传输速率报警信号。

表 3.8 给出了针对基于传感器的报警或事件探测场景的流量参数。可以看出烟雾检测器产生 PU 的频率比湿度和温度传感器更加频繁，因为这种类型传感器的关键是时间，并且需要非常快速的反应时间。

表 3.8　交通参数 UL 基于传感器的报警方案

状态 s	$f_{D,s}(t)$	$f_{Y,s}(y)$	$f_{T,s}(t)$	P			
OFF	Deg(∞)	Deg(0)	Deg(30min)	0	0.5	1	1
PU	Deg(∞)	Deg(1000)	Deg(ΔT)	0.5	0	0	0
ED	Deg(∞)	Deg(2000)	Deg(ΔT)	0.5	0.5	0	0
PE	Deg(∞)	Deg(0)	Deg(1)	0	0	0	0

注：数值单位为秒和字节。

参考模型如图3.3所示。传感器定期进入PU状态来发送保持活动的消息。当探测到一个事件时，如通过管道的压力下降，传感器立即变换到（P）ED状态来发送报警信息。如果事件发生后发送到服务器的数据量较大（如检测到移动后传输一组图像或视频流），则该模型可以扩展用于支持从ED到PE状态的转变。

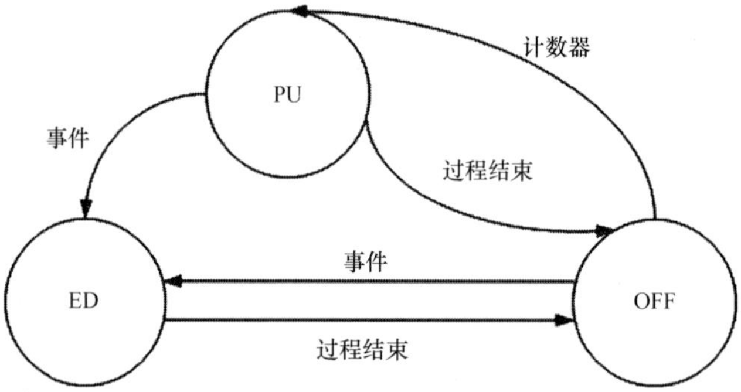

图3.3 基于传感器报警和事件探测的状态转换图

3. 虚拟比赛

许多可能的M2M游戏例子之一是虚拟比赛（如使用真实自行车的虚拟自行车比赛［Bicycle Race，BR］）。对手们都在不同的位置上，有可能几千米之外。开始时，选手们对比赛对应的长度（即10km或20min）达成一致。通过传感器（GPS、温度、湿度、速度、地形配置等）进行测量并在对手之间交换信息。应用程序使用这些来计算参与者的相应位置，并显示他们对应的比赛状态（如“你领先10m”）。竞争者的数目可能会超过2个，所有参赛者必须相互交换信息，应用必须为所有参与者显示其他竞争对手的状态。对于比赛人数较多时（几百或更多），必须使用相应的应用服务器。在比赛过程中，他们被告知自己的位置以及彼此间的距离（如“你是第三，落后第二10m，领先第四15m”）。

这里可以看到一个流量模式PU：当比赛越接近结束时用越短的低数据传输速率更新信息（即单调递减IDT）。

包含GPS和传感器数据的数据包为1kB量级。D_{OH}是50B，类似于AP场景。考虑这种场景下（自行车）的典型速度（很少高于50km/h＝13.9m/s），数据包应该大约每100ms交换一次，对应于1.4m的分辨率。此外，可以假设在比赛期间参赛者具有低和中速的周期，分别对应10km/h和30km/h。这依赖于道路起伏，可以假设，20%的比赛时间内骑手们处于低速，60%的比赛时间内处于中速，最后20%的比赛时间内他们骑行非常快。如果只有2个（或很少）参赛者，就不需要应用服务器。在大量参赛选手（或团队竞争）的情况下，会有应用服务器的需求。

应用程序应该知道相对于比赛终点所有参赛者的位置，并当竞争者接近终点时，数据包应该每 70ms 发送一次，对应于 1m 的分辨率（GPS 精度）。数据传输速率通常不高于 10kB/s（比赛的最后阶段约为 15kB/s）。本场景中考虑的参赛者典型数目为小于 100 个。

由于应用从比赛开始就不断发送数据而没有任何触发，我们可以把它当作 PU 流量。对于小和中等数目的参赛者，实际吞吐量不是关键，因为单个用户产生的流量很小。

表 3.9 给出了虚拟比赛方案的流量参数。应当注意，相同的流量模式可通过仅使用 PU 状态来实现，即恒定数据包时间 100ms，1000B 的 PS 和无穷大的滞留时间。

表 3.9 UL 虚拟比赛场景的流量参数

状态 s	$f_{D,s}(t)$	$f_{Y,s}(y)$	$f_{T,s}(t)$	P			
OFF	Deg(∞)	Deg(0)	Deg(100ms)	0	1	1	1
PU	Deg(∞)	Deg(1000)	Deg(ΔT)	1	0	0	0
ED	Deg(∞)	Deg(0)	Deg(ΔT)	0	0	0	0
PE	Deg(∞)	Deg(0)	Deg(ΔT)	0	0	0	0

注：数值单位为秒和字节。

图 3.4 所示为虚拟比赛参考模型不同状态的状态图。该图中有两种状态：PU 与 OFF 状态。因此，参赛者周期性地进入 PU 状态发送其数据到应用服务器，并从应用服务器接收其排名信息。

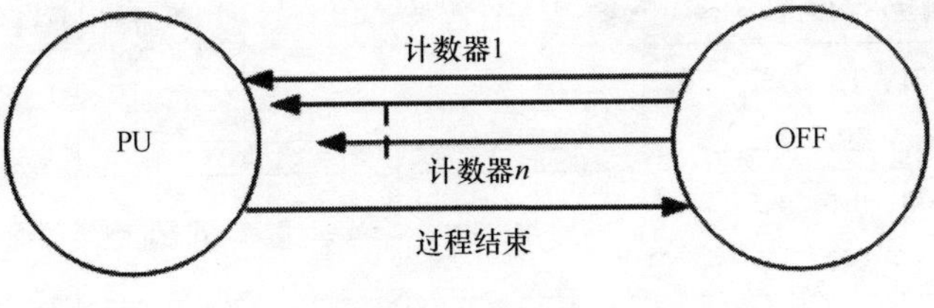

图 3.4 虚拟比赛的状态转换图

3.3 M2M 流量对当代网络（HSDPA）的影响

为评估 M2M 流量与传统（起源于人）流量共存时，对当代移动网络可能造成的影响，已经在真实的 HSDPA 网络进行了一系列的模拟。M2M 流量通信已经通过运行安装在 Android 操作系统中并与远程服务器通信的手机流量生成应用程序进行了模拟[9,29]。几种流量模式已从前述场景中选定。

1）BR。

- 虚拟 M2M 游戏，其中两个或两个以上的玩家进行数据、速度等的交换。
- **模型选择：**采用从 0.1 ~ 0.5s 的均匀分布到达间隔时间进行 1kB 数据包交换。

2）AP。

- 根据车辆速度的时间间隔，客户端发送位置数据，而服务器执行计算、碰撞检测等，并发送回控制信息。
- **模型选择：**采用从 0.025 ~ 0.1s 的均匀分布到达间隔时间向服务器发送 1kB 数据包，服务器每秒响应 1kB 信息。

3）团队跟踪（TT，team tracking）应用中 GPS 保持活动信息。

- 根据活动情况，团队成员客户端发送位置数据。
- **模型选择：**采用从 1 ~ 25s 的均匀间隔时间分布范围发送 0.5 kB 数据包。

与 6 个 M2M 客户端手机一起，使用了 4 个手机运行在线游戏（Online-Gaming，OG）流量模型（开放竞技台［Open Arena，OA］和团队要塞［Team Fortress，TF］）。有关这些测量的更多信息可以在参考文献［9，29］中找到。TCP 用于传输。上述应用的吞吐量变化很大（见表 3.10），通常为小于 1 ~ 320kB/s。应用 UL 和 DL 流量模式都已经在网络 UL 中进行了测试。

表 3.10　流量特征

手机	数据包长度分布， 数据包到达时间之间分布	应用	平均 PS （比特）	数据包间 平均时间/s	最大吞吐 量/（kB/s）	最小吞吐 量/（kB/s）
1	高斯（0.04121；0.004497）kB， 均匀（0.069；0.103）s	OG，OA，UL	40	0.086	6.68	1.82
2	高斯（0.07473；0.013085）kB， 均匀（0.031；0.042）s	OG，TF，UL	75	0.0365	33.27	5.21
3	高斯（0.16836；0.08381）kB， 均匀（0.041；0.047）s	OG，OA，DL	170	0.044	94.32	0.17
4	高斯（0.23511；0.07748）kB， 均匀（0.039；0.046）s	OG，TF，DL	240	0.0425	117.39	0.17
5	恒定（1）kB， 均匀（0.1；0.5）s	M2M，BR，UL	1024	0.3	80.00	16.00
6	恒定（1）kB， 均匀（0.1；0.5）s	M2M，BR，DL，	1024	0.3	80.00	16.00

（续）

手机	数据包长度分布，数据包到达时间之间分布	应用	平均 PS（比特）	数据包间平均时间/s	最大吞吐量/(kB/s)	最小吞吐量/(kB/s)
7	恒定（1）kB，均匀（0.025；0.1）s	M2M，AP，UL	1024	0.0625	320.00	80.00
8	恒定（1）kB，均匀（0.999；1.001）s	M2M，AP，DL	1024	1	8.01	7.99
9	恒定（0.5）kB，均匀（1；25）s	M2M，TT（GPS 保持活动），UL	512	13	4.00	0.16
10	恒定（0.5）kB，均匀（1；25）s	M2M，TT（GPS 保持活动），UL	512	13	4.00	0.16

服务基站（NodeB）已在测试过程中升级，且网络已现代化，使得能够彻底了解 M2M 流量对不同网络配置的可能效果，但是普通用户流量顶层使用了相同的流量模式。标准网络相关于数据和语音流量的关键性能指标（Key Performance Indicator，KPI）和计数器已经从网络运营支撑系统（Operations Support System，OSS）受到监控和汇聚。如参考文献［30，31］所定义，从最终用户角度、可访问性、保持性和完整性来看，QoS 的主要领域已通过 KPI 分析，同时在电话中通过流量捕获应用记录了延迟。

分析表明，主要影响领域预计为当用户请求时，在规定的容差和其他给定条件内的可达性，即得到服务的能力。不仅分组交换可达性受到影响，而且也有 CS 可达性。

服务 NodeB 坐落在高度城市化的地区，在第一次测试案例中具有相当有限的资源，但就一般用户的流量有稳定的表现。具有 UL 为主流量的 6 个 M2M 和 4 个 OG 测试用户的加入导致了严重的 KPI 退化，分组交换可达性降至 0%，CS 可达性低于 80%。活跃 PS 连接数量增加，建立无线载体的尝试次数也同样增加。这些情况下，对于少量（相对于流量）的并发 HSDPA 用户缺乏处理能力和许可被确定为主要瓶颈。

然而，KPI 表明，缺乏建立服务需要的资源是对触发信令拥塞最为严重的影响。初始缺乏是 NodeB 拒绝分组交换服务请求的一个原因，但 CS 可达性的下降主要是由于机器用户反复的 PS 请求导致信令拥塞而引发。

进一步的测试案例证明，随着处理能力和并发 HSDPA 用户数目的增加，可达性重回 100%，或接近 100% 的正常水平。无线接入承载（Radio Access Bearer，RAB）建立尝试也恢复了正常的日常波动。然而，由于 UL 一般比设计用于面向 DL 流量的现代网络中的 DL 更为关键，因此只有进一步增加容量才能得到针对延迟的令人满意的结果。虽然第一次升级后，主要的 KPI 就返回它们的正常水平，但是许多用户仍然被下推到公共信道，提供非常低的吞吐量并因而有很高的延迟。这可以通过网络KPI看出，但从网络性能来看并没有达到报警点。所以，针对蜂窝中涉及一定客户端数量的延迟关键的M2M应用，蜂窝需要支持连接的请求数目，并要有容纳用于UL吞吐量需求的足够冗余容量。稳定的可达性是终端用户QoS的必要而非充分条件。

真正大规模M2M应用的部署提供进一步确认模拟所得结果和推广结论，揭示正反馈的底层机制的时机。客户端应用发送的数据包是非常零星的，所以客户端调制解调器通常在空闲状态，建立无线资源控制（Radio Resource Control，RRC）连接，仅发送一个数据包，然后再返回到空闲状态。随着使用连接数量和庞大的RAB建立尝试次数的增加，PS及CS可达性受到影响。在这种情况下，大量用户从空闲状态到RRC连接状态导致了信令拥塞，这会因为缺乏DL信道化代码导致新连接的拒绝以及M2M用户的重复请求而进一步恶化。

从分析得出的主要结论如下：

- M2M用户的持久性，在NodeB缺少任何必需资源来分配RAB，即提供服务的情况下，会导致反复尝试，产生信令信道拥塞，然后导致可达性进一步降低和更多尝试——一种正反馈机制。在3G网络中，虽然语音具有优先权，但是由于技术的固有性质，也会影响语音服务。人类用户不会表现出像设备这样的持久性。
- 影响大小取决于M2M用户数对对于基站的容量。
- 流量模式本身对网络具有影响。数据包之间的时间很长的零星流量客户端将驻留在空闲状态，当它们要发送数据包时，也就是获得RRC连接时，会产生信号。允许终端保持RRC连接闲置较长时间的状态可能会改善这种情况。
- M2M用户的庞大数量会导致最开始的信号拥堵，而任何的资源匮乏只会使情况恶化。
- 可达性改进是满足最终用户QoS要求的必要而非充分条件。对延迟关键的应用，蜂窝需要有足够的空闲资源来支持UL吞吐量需求。
- 流量聚合可以解决巨大数量连接和信号拥堵的问题，但延迟要求仍然需要通过在这方面的性能评估和增加资源从而达到令人满意的水平来解决。

3.4 总结

本章给出M2M流量建模最新的概述。相比于通信中H2H互动，基于M2M的应用在流量和设备数量上有不同的性质。流量主要为 UL 方向，而设备数量预期超过人力驱动设备几个数量级。

目前，3GPP 和 IEEE 的标准化机构得到的流量模型针对接入网中的过载场景。因此，他们考虑纯粹的 UL 流量和每蜂窝设备数量超过 10000。虽然这是在很短时间内针对连接级别模拟提供用户流量大样本的好方法，但并未考虑应用流量的实际结构。最近的研究活动将焦点从针对所有用户的单一模型转变为源流量方法，其中每个设备建模为基于 SMM 的流量源。这些模型允许模拟不同类型的 M2M 设备，但要以 M2M 域中每节点增加的计算复杂性成本增加为代价。

现代网络可能受到哪怕只有少数 M2M 用户（如 10 个）的强烈影响。该影响并不限于分组交换域，因而延伸到电路交换用户（如语音用户）。

在移动蜂窝网络的当前状态下，每设备源方法在 IP 网络中是受青睐的模拟或仿真方法。

参考文献

1. 3GPP TS 22368. 2012. *Service Requirements for Machine-Type Communications*. 3GPP, Sophia-Antipolis, France, 25p.
2. Orrevad, A. 2009. *M2M Traffic Characteristics (When Machines Participate in Communication)*. KTH School of Information and Communication Technology, Stockholm, Sweden, 56p.
3. Holma, H. and A. Toskala. 2010. *WCDMA for UMTS: HSPA Evolution and LTE*. Wiley, West Sussex, England, 628p.
4. Laner, M. et al. 2012. Users in cells: A data traffic analysis. In *Proceedings of the Wireless Communications and Networking Conference (WCNC '12)*, Paris, France, 5p.
5. 3GPP TS 23.888. 2011. *System Improvements for Machine-Type Communications*. 3GPP, Sophia-Antipolis, France, 172p.
6. Zubair Shafiq, M. et al. 2012. A first look at cellular machine-to-machine traffic: Large-scale measurement and characterization. In *Proceedings of the SIGMETRICS '12*, London, United Kingdom, 12p.
7. ITU-T Study Group 2. 2006. *Teletraffic Engineering Handbook*. ITU, Geneva, Switzerland, 321p.
8. 3GPP TS 37868. 2012. *Study on RAN Improvements for Machine Type*. 3GPP, Sophia-Antipolis, France, 28p.
9. LOLA Project (Achieving Low-Latency in Wireless Communications). 2011. *D3.5 Traffic Models for M2M and Online-Gaming Network Traffic*. http://www.ict-lola.eu/. Accessed January 1, 2014.
10. Ekstrom, H. 2009. QoS control in the 3GPP evolved packet system. *IEEE Communication Magazine* 47(2):76–83.
11. 3GPP TS 36888. 2012. *Study on Provision of Low-Cost MTC UEs Based on LTE*. 3GPP, Sophia-Antipolis, France, 43p.

12. 3GPP TS 43868. 2012. *GERAN Improvements for Machine-Type Communications*. 3GPP, Sophia-Antipolis, France, 16p.
13. IEEE 802.16p. 2012. *Machine-to-Machine (M2M) System Requirements Document (SRD)*. IEEE, Piscataway, NJ, 7p.
14. ETSI TS 103 092. 2012. *Machine-to-Machine Communications (M2M): OMA DM Compatible Management Objects for ETSI M2M*. ETSI, Sophia-Antipolis, France, 21p.
15. ETSI TR 102 935. 2012. *Machine-to-Machine Communications (M2M): Applicability of M2M Architecture to Smart Grid Networks—Impact of Smart Grids on M2M Platform*. ETSI, Sophia-Antipolis, France, 58p.
16. ETSI TS 103 093. 2012. *Machine-to-Machine Communications (M2M): BBF TR-069 Compatible Management Objects for ETSI M2M*. ETSI, Sophia-Antipolis, France, 22p.
17. ETSI TS 102 921. 2012. *Machine-to-Machine Communications (M2M): mIa, dIa, and mId Interfaces*. ESTI, Sophia-Antipolis, France, 538p.
18. ETSI TS 102 690. 2011. *Machine-to-Machine Communications (M2M): Functional Architecture*. ETSI, Sophia-Antipolis, 280p.
19. ETSI TR 103 167. 2011. *Machine-to-Machine (M2M): Threat Analysis and Counter Measures to M2M Service Layer*. ETSI, Sophia-Antipolis, France, 62p.
20. ETSI TS 102 689. 2010. *Machine-to-Machine Communications (M2M): M2M Service Requirements*. ETSI, Sophia-Antipolis, France, 34p.
21. ETSI TR 102 691. 2010. *Machine-to-Machine Communications (M2M): Smart Metering Use-Cases*. ETSI, Sophia-Antipolis, France, 49p.
22. LOLA Project (Achieving Low Latency in Wireless Communications). 2010. *D2.2 Target System Architectures*. http://www.ict-lola.eu/. Accessed January 1, 2014.
23. Hafsaoui, A., N. Nikaein, and C. Bonnet. 2013. Analysis and experimentation with a realistic traffic generation tool for emerging application scenarios. Emutools'13, Cannes, France, 6p.
24. Nelson, R. 1995. *Probability, Stochastic Processes, and Queueing Theory: The Mathematics of Computer Performance Modeling Book*. Springer-Verlag, Heidelberg, Germany, 583p.
25. Rabiner, L. R. 1989. A tutorial on hidden Markov models and selected applications in speech recognition. *Proceedings of the IEEE* 77(2):257–286.
26. Yu, S.-Z., Z. Liu, M. S. Squillante, C. Xia, and L. Zhang. 2002. A hidden semi-Markov model for Web workload self-similarity. *Proceedings of the Performance, Computing, and Communications Conference (PCC)*, 8p.
27. Adas, A. 1997. Traffic models in broadband networks. *IEEE Communication Magazine* 35(7):82–89.
28. Yu, S.-Z. 2010. Hidden semi-Markov models. *Journal of Artificial Intelligence* 174(2):215–243.
29. Drajic, D., M. Popovic, N. Nikaein, S. Krco, P. Svoboda, I. Tomic, and N. Zeljkovic. 2012. Impact of online games and M2M applications traffic on performance of HSPA radio access networks. *International Workshop on Extending Seemlessly to the Internet of Things (esIoT)*, 5p.

30. ITU-T Recommendation E.800. 1994. *Terms and Definitions Related to Quality of Service and Network Performance Including Dependability*. ITU, Geneva, Switzerland, 30p.
31. 3GPP TS 32.450. *3rd-Generation Partnership Project. Technical Specification Group Services and System Aspects—Telecommunications Management: Key Performance Indicators (KPI) for E-UTRAN—Definitions (Release 8)*. 3GPP, Sophia-Antipolis, France, 17p.

chapter 4

第4章

大规模 M2M 网络的实际分布编码

Yuexing Peng，Yonghui Li，
Mohammed Atiquzzaman，Lei Shu

4.1 简介

人与人（Human-to-Human，H2H）通信的市场将很快饱和，因为约70%的世界人口已通过移动电话连接[1]。无线通信的下一个时代将通过延伸无线连接到机器来驱动，目前只有500亿台机器的1%具有连接能力[2]。未来机器类型通信（Machine Type Communication，MTC）市场将通过该技术实现的各种各样的应用而引发。机器端到端（Machine to Machine，M2M）应用大致可分为九大类：家居、汽车、电子医疗、遥测、车队管理、跟踪、财务、维护和安全性[3]。

基于上述典型应用，M2M 通信可通过以下特征进行表征[3,4]。

- **分散和动态变化的拓扑结构**：典型的 H2H 通信网络是分层结构并集中管理。与此相反，许多 M2M 通信是基于无线自组装或网格模式并且不具有集中式中心，等价终端彼此之间直接通信。许多情况下电池供电的随机分布终端可能会在大部分时间休眠，并基于休眠机制随机唤醒，甚至因电力不足无法唤醒而导致拓扑结构变化。
- **少量数据脉冲**：对于以人为主的通信，语音流量的特征在于持续分钟量级的连接，而互联网有关的人类通信（网络浏览、文件下载等）与大数据块相关联。相反，许多 M2M 应用将不经常地产生小而突发的数据包。
- **范围更广的服务类型和 QoS 要求**：根据 Liu 等人[5]，M2M 服务可以归类为移动流、智能计量、定期监测、紧急警报和移动销售终端（Point of Sale，POS），QoS 级别数目可以从通用移动电信系统（Universal Mobile Telecommunication System，UMTS）/互联网协议（Internet Protocol，IP）网络的4/6增加至 M2M 通信的7。
- **高能源效率**：在许多 M2M 应用中，电池供电的 MTC 终端难以充电，因此需要有严格的能源消耗要求。例如，部署在动物身上用于跟踪目的传感器的电池寿命预期比动物寿命要长。结果是在这些类型的应用中，高能量效率成为 M2M 通信设计的首要目标。
- **更好的连接**：连接 MTC 终端的数量可以比人类用户的数量高几个量级，并且在一些应用中，MTC 终端可能必须安装在网络覆盖不好的区域。这样，当设计 M2M 通信网络时，就产生了高能效、数目庞大的固定和移动 MTC 终端的大量的连接问题。
- **很少或没有人工干预**：大多数 M2M 通信需要大量的人力来配置和部署应用，从而导致人成为该领域中系统大规模部署和长期可持续发展的瓶颈。

理想的 M2M 通信是自配置、自优化和自我修复，并具有自我保护功能。

总之，M2M 通信的空中接口设计中的具体挑战是覆盖范围、电池寿命和终端成本[3]。为了应对上述挑战，人们在技术开发方面进行了许多努力，如群集、休眠、媒体接入控制（Medium Access Control，MAC）、FEC 代码、协同以及分布式编码。

- **群集**：将若干 MTC 终端分组成群集不仅能减小发射功率，而且能在簇头进行流量集中和数据压缩以便减小聚集数据的速率。很多工作集中在开发以能源效率、故障恢复和维护费用为性能表征的群集形成协议上。低能量自适应群集分类（Low Energy Adaptive Clustering Hierarchy，LEACH）和混合节能分布式群集（Hybrid Energy-Efficient Distributed Clustering，HEED）[6-13]是其中比较知名的协议实例。
- **休眠机制**：让节点进入休眠是众所周知的节约能源技术。休眠模式下的节点除了稍后用来唤醒自身的低功率计时器外，关闭了其他所有功能，因此只消耗在主动模式下能量的极小部分。文献中已经提出了多种节能的休眠调度方案[14-16]。
- **MAC**：现行的 MAC 协议大致可以分为两个基本类别：调度协议和基于竞争的协议。调度协议（如频分多址（Frequency-Division Multiple Access，FDMA）、时分多址、码分多址、空分多址（Space-Division Multiple Access，SDMA）和正交 FDMA）致力于通过调度数据流量到不同的频率、时间、编码或空间上分离的子信道，从而尽量减少干扰。基于竞争的协议（如 ALOHA 和载波侦听多路访问（Carrier-Sense Multiple Access，CSMA））竞争共享的信道而不是预先分配的信道[17]。M2M 通信在以下 3 个方面区别于传统 H2H 通信方式：由于严格的功耗限制对能源效率和频谱效率有更高要求、非常密集部署的节点以及由于节点无线自组装方式分布的随机网状网络拓扑结构。因此，针对 M2M 通信已经提出了许多 MAC 协议，如 S-MAC[18]、T-MAC[19]、WiseMAC[20]、D-MAC[21]及其他[22]。
- **FEC 代码**：FEC 技术已广泛用于提供可靠的通信。虽然使用 FEC 潜在地降低了进行可靠通信时所需的传送功率，但另一方面，由于需要两侧使用编解码器而导致了所需处理能量的增加。上述权衡已被广泛研究用以实现使用 FEC 获得低功耗系统[11,23-34]。已证明当节点间距离超过某个阈值时，有 FEC 的系统能够比没有 FEC 的系统在使用更少功率下提供客观可靠的系统功能[23]。简单 FEC 技术（包括汉明码、里德-索罗门码、博斯-乔赫里-霍克文黑姆（Bose-Chaudhuri-Hocquenghem，BCH）码和卷积码的能源效率）已经通过考虑节省发射功率和解码复杂性在给定误码率（Bit Error Ratio，

BER）下进行了分析[23-30]。最近已开展了强大FEC方案的研究，以在提供可靠的通信同时保持高效节能，如低密度奇偶校验（Low-Density Parity Check，LDPC）码[11,31,32]和turbo码[11,33,34]。

- **协同**：众所周知，FEC在加性白高斯噪声和快衰落信道中是非常高效的，但在慢衰落信道中则不是很高效，因为当衰落持续时间比包的持续时间更长时，编码提供的时间分集不能帮助处理深度衰落。M2M网络中许多应用具有短的数据突发，并且通常MTC终端的位置是固定的，这导致短数据突发经历慢衰落。为了对抗慢衰落，人们使用了协同技术来获得协同分集和空间分集，如分布式空间-时间编码[35-37]和分布式波束形成[38,39]。然而，这些虚拟的多输入多输出（Multiple-Input Multiple-Output，MIMO）技术通常需要严格的同步、协作节点之间链路的全部信道状态信息，以及复杂的协议来协调协同节点，这造成了在M2M网络中应用的巨大挑战。
- **分布式信道编码（Distributed Channel Coding，DCC）**：这是协同和FEC的组合，类似于信道能力获取Turbo码，具有实现协同分集和编码增益的潜力，同时在微小MTC终端（如传感器）上保持简单编码并且迁移复杂Turbo解码到包含足够的处理能力和能量的MTC基站（Base Station，BS）[40-42]。参考文献［40］提出了分布式Turbo代码（Distributed Turbo Code，DTC）用于WSN中高度相关的源数据。参考文献［41］提出了用于多源、多中继、单目标M2M应用的分布式Turbo乘积代码（Distributed Turbo Product Code，DTPC）。参考文献［42］提出基于软信息中继的DTC方法以缓解错误解码的传播。

本章专注于物理层中的基于群集与协同的分布式FEC方案。根据上述的M2M要求，FEC有以下优点：①弹性地支承M2M的变化拓扑而无须干预；②低计算复杂度下的良好纠错能力；③高能量效率；④弹性地支承一系列关于QoS、数据块大小和多址接入方案的宽泛要求，而对同步很少或没有任何限制。

4.2 相关工作

4.2.1 基于单用户的协同编码

Zhao等人[43]基于Turbo码原理，提出了DTC方案。在该方案中，源节点广播其通过递归系统卷积（Recursive Systematic Convolutional，RSC）码编码的数据到中继节点（Relay Node，RN）和目标节点（Destination Node，DN）。在RN处，信息解码，通过交织器，并重新由另一个RSC编码器编码。编码信息在随后的时隙中传输，从而产生兼有交织器和分集增益的DTC。DTC方案已在过去几年中得到了很大的重视[26-36]。Zhang等人设计了用于全双工中继系统的DTC方案[44]及分配给DTC的时隙[45]。参考文献［46］中提出了双用户编码协同方案。为应对硬信息转发DTC方案中的误差传播效应（Hard-Information Forward，HIR），人们提出了基于解码放大转发的DTC[47,48]和基于软信息转发（Soft-Information Forward，SIR）的DTC[49]。其他各种分布式编码方案（如分布式的LDPC方案[50-52]和DTPC方案[53]）也已开发并得到不同应用。大多数基于单用户的协同编码方案虽然得到近似通道容量编码增益，但只是设计用于具有单个RN的网络，并不能扩展到大规模M2M网络。

4.2.2 基于多用户的协同编码

为了克服此限制，已提出各种基于多用户的协同编码。Xia等人[41]设计了基于DTPC用于多源、多中继、单目标无线网络的多用户协作编码方案。该方案很复杂，可能不适用于许多处理能力有限、能耗要求严格的微小节点M2M应用。Youssef等人[42]提出了一种编码方案，其中RN将来自多个SN恢复的信息比特进行联合编码，而DN进行Turbo解码。不过，该方案中分量块代码必须随协同SN数量的变化而变化，这在许多M2M应用中是不实际的。在RN进行的重编码是用于长度等于所有协作SN信息比特总数量的信息序列，对很长的信息比特序列进行重编码操作可能会导致很大的处理延迟，因此降低了M2M应用的QoS。从M2M应用的角度来看，最理想的是充分利用编码增益和基于多用户的协作分集，并灵活支持动态拓扑结构和大范围的QoS需求，而又不引入任何额外的计算复杂度和处理延时。

4.2.3 建议的编码方案

为了满足M2M通信的这些要求，本章提出了基于集群、协同和分布式编码的灵活GMSJC框架。GMSJC的主要特点如下。

- **灵活支持不同的M2M拓扑而无须人工干预：**提出的GMSJC方案可以灵活支持不同簇大小，这意味着在宽范围的应用中编解码器的结构保持不变。
- **低计算复杂度的纠错能力：**提出的GMSJC方案不仅实现了通过SN中简单编码方案构建Turbo码的能力逼近编码增益，而且获得通过多终端协同正比于协同SN数目的空间分集增益。
- **高能效：**对于给定的目标链路质量，提出的GMSJC方案由于显著的SNR增益可以降低发射功率，对MTC终端来说计算复杂度低。这通过在MTC终端上执行简单的编码/解码，但在 MTC BS 上进行复杂的多终端联合 turbo 解码而实现。

- **支持各种数据包大小和不同多址接入方案的宽范围 QoS 要求，而很少或没有同步的限制**：提出的 GMSJC 方案具有通用结构以灵活支持具有不同数据分组大小的各种简单 FEC（如 GMSJC 的构成代码可以是卷积码或线性循环码）。

4.3 信号模型

图 4.1 所示是一个大型 M2M 通信网络，用于各种典型 M2M 应用，如智能家庭、公司和大厦的智能遥测和维护、自然保护的智能监控，以及道路车辆和供应链的智能交通。由于大数据包可以在 H2H 通信中处理，我们在这项研究中专注于短时但突发数据包的 MTC 流量。根据服务类型和位置，将 M2M 通信网络细分为若干簇，每个包含许多传输感测数据到 MTC 基站的 MTC 终端。

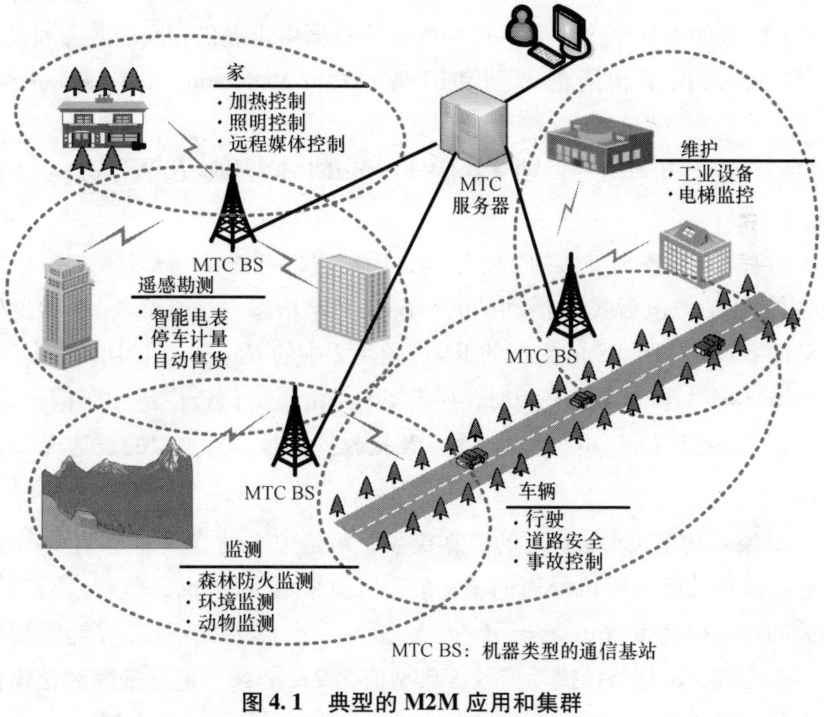

图 4.1　典型的 M2M 应用和集群

在每个应用中，根据 QoS 要求和位置，随机的本地 MTC 终端通过常规聚类算法被分成几个簇，称为“协同簇”（Cooperative Cluster，CC），如 LEACH[54]、

HEED[55]和鲁棒集群（RCCT）[56]。在每个 CC 中，选择一个 MTC 终端作为 CH[57]。为不失一般性，我们做了如下假设。

1）休眠调度算法，如连接 K 邻近（Connected K-Neighborhood，CKN）[58]用来节约能源。当 MTC 终端切换到休眠模式时，它不会感应。

2）所有 MTC 终端能够改变其发射功率以满足目标误码性能。

3）所有 MTC 终端都采用半双工工作模式。

4）为简单起见使用了 CSMA。也就是说在 CC 内，MTC 终端首先发送数据传输请求，然后在请求批准和信道授予后发送它们感测的数据。注意，提出的方案并不仅限于 CSMA。事实上，方案的唯一要求是信号由 MTC 终端发送，且 CH 可辨别，因此可以采用各种 MAC 方案，也不需要严格的同步。

5）所有信道是准静态的瑞利衰落信道，即衰落在帧内是恒定的，但在帧之间是独立变化的。这个假设是合理的，因为本研究关注短时间突发，而信道在短数据突发期间变化缓慢。在 CC 内，CH 帮助 RN 转发来自所有活动 MTC 终端的信号，而所有其他 MTC 终端则称为“SN”。

6）同一 CC 中的所有 SN 经历大致相等的平均 SNR，因为 CC 包含具有相同 QoS 和服务的近邻 MTC 终端，而 CC 中所有传感器由于提供相同的服务和经历相同的平均 SNR，采用了相同的调制和编码方案（Modulation and Coding Scheme，MCS）。

7）所有 SN 传送具有相同功率的信号，而 RN 通常传送比 SN 更高功率电平的信号。

由于所有 CC 表现出类似的拓扑结构，因此可以考虑单一 CC。如图 4.2 所示，CC 的通用拓扑结构包括 K 个活动的 SN$\{S_k\}$，$k=1, 2, \cdots, K$，一个帮助转发从所有活动的 SN 到 MTC BS 的数据的 RN（图 4.2 中的 R）和一个 DN（图 4.2 中的 D）。当假设 CSMA 和半多路复用时，所有 SN 经由正交信道广播编码信号 x_k，$k=1, 2, \cdots, K$，到 RN 和 DN。在 RN 和 DN 接收的信号具有类似的表达式如下

$$y=\sqrt{P_t}hx+\boldsymbol{n} \tag{4.1}$$

式中，P_t 是发射功率，x 是发送的数据突发，$\boldsymbol{n}$ 是独立的且具有单侧功率密度 N_0 的单一分布零均值高斯随机噪声向量。h 是信道系数，$h=pq$，包含衰落项 p 和与距离相关的路径损耗系数 q，$q=(d_0/d)^{\alpha}$。式中，d_0 是基准距离，d 是发射和接收节点之间的距离，α 是路径损耗指数，典型值为 $2\leqslant\alpha\leqslant 6$。链路的瞬时信噪比可以表示为

$$\gamma=\frac{|h|^2P_t}{N_0}=|h|^2\Gamma_t \tag{4.2}$$

式中，$\Gamma_t = \dfrac{P_t}{N_0}$是发送 SNR。如假设 CC 中所有 SN 具有相同平均 SNR、发射功率和 MCS 的特征，那么所有 SN 到 RN 的链路都具有 $\Gamma_{SR} \triangleq E\{|h_{SR}|^2\}\dfrac{P_{t,S}}{N_0}$的相同平均 SNR，而所有 SN 到 DN 的链路都具有 $\Gamma_{SD} \triangleq E\{|h_{SD}|^2\}\dfrac{P_{t,S}}{N_0}$的相同平均 SNR。而当 RN 调整其发射功率以灵活支持不同应用时，RN 到 DN 链路的平均 SNR 则为 $\Gamma_{RD} \triangleq E\{|h_{RD}|^2\}\dfrac{P_{t,R}}{N_0}$。

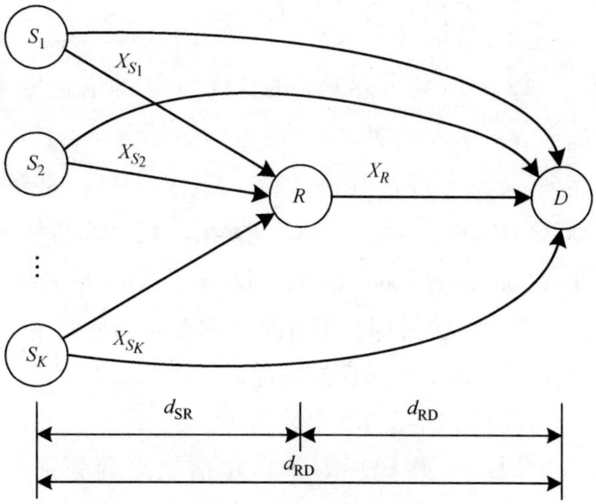

图 4.2　CC 中的传输图

4.4 灵活的 GMSJC

在提出的方案中，简单 FEC 应用于所有 SN，简单解码和多终端联合编码应用于 RN，而复杂的联合多终端 Turbo 解码应用于 DN。GMSJC 的过程如图 4.3 所示，包括以下 3 个步骤：在所有 K 个 SN 上的简单 FEC 编码，RN 上的 GMSJC 编码，以及 DN 上的 GMSJC 解码。为不失一般性采用系统代码用于简化，可以很直观地扩展到非系统代码。

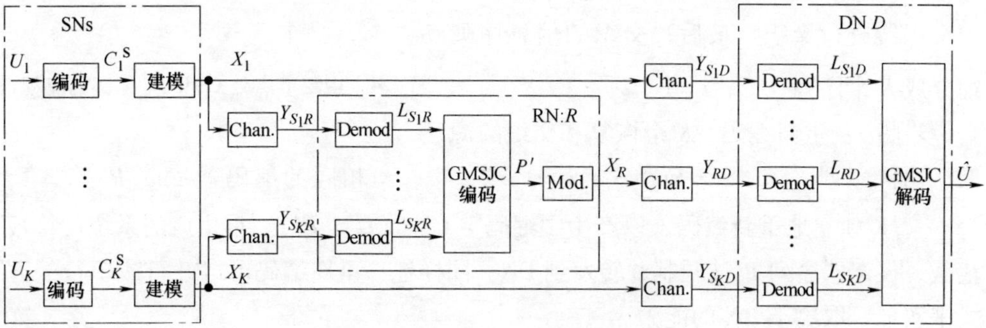

图 4.3　GMSJC 方案的流程图

4.4.1 GMSJC 的过程

每个 SN 将其感测到的长度为 M 的信息位序列 U_i 编码，以产生长度为 N、误码率 $R=M/N$ 的码字 $C_i^S=(U_i,P_i)$。式中，$U_i=[U_i(1)U_i(2)\cdots U_i(M)]$ 是源比特序列，而 $P_i=[P_i(1)P_i(2)\cdots P_i(N-M)]$ 是奇偶位序列。码字随后被调制并广播到 RN 和 DN。一旦从 SN 接收到信号，RN 将解调所有的编码符号，以获得对数似然比（Log-Likelihood Ratio，LLR）形式的软信息序列 L_{S_iR}，$i=1$，…，K[59]。这些 LLR 信息序列馈送到 GMSJC 编码器来产生新的码字，其奇偶位部分 $P'=[P'(1)P'(2)\cdots P'(K(N-M))]$ 被调制并随后转发到 DN。

GMSJC 编码的流程如图 4.4 所示。

步骤 1：解码。K 个 LLR 信息序列分别由解码器 Dec_S_i，$i=1$，2，…，K 单独解码，得到源信息比特序列的估值 $\tilde{U}_i$，$i=1$，2，…，K。由于在所有的 K 个 S 中都采用相同的 MCS，所有的 K 个解码器 Dec_S_i，$i=1$，2，…，K 基本上具有相同的解码器结构。解码可以串行或并行的方式来实现，这取决于 RN 的能力。当 RN 比 SN 强大得多，并且对大小、价格和能力限制很少时，多个解码器实现并行解码可以加快 RN 上的处理。否则，串行方式的解码更合适。

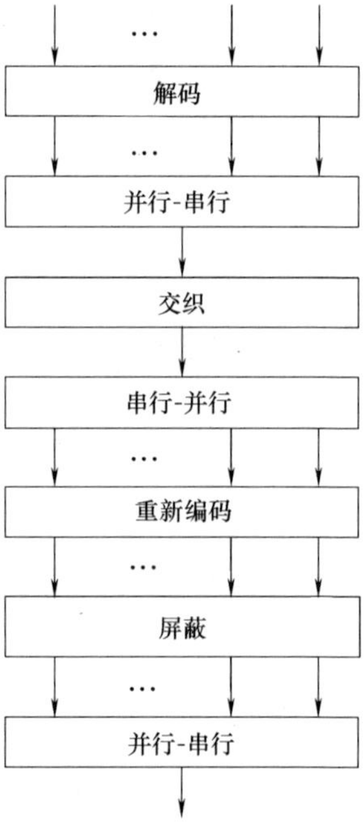

图 4.4　中继节点处 GMSJC 编码的流程

步骤 2：交织。预测的源信息序列首先进行并行到串行的转换，然后通过尺寸为 MK 的交织器进行交织。最后，交织的信息序列细分成 K 个序列 $\tilde{U}'_i$，$i=1$，2，…，K。

步骤 3：重新编码。K 个恢复和交织的源信息比特序列被 K 个与 Enc_S_i，$i=1$，2，…，K 相同的编码器 Enc_R_i，$i=1$，2，…，K 独立地重新编码，以产生中继码字 $\boldsymbol{C}^R=(\boldsymbol{U}',\ \boldsymbol{P}')$。重生成的系统比特被裁截，仅奇偶序列 $\boldsymbol{P}'$ 被调制并转发到 DN。同样地，重新编码可以并行或串行的方式来实现，取决于 RN 的能力。

一旦接收来自 SN 和 RN 的信号，DN 实施解调而 GMSJC 进行解码。在描述 GMSJC 解码算法前，首先介绍 GMSJC 码字的结构。

4.4.2 GMSJC码字的结构

GMSJC码字的结构如图4.5所示。其中K个源比特序列U_i，$i=1$，2，…，K由K个SN独立编码来生成K个具有P_i作为奇偶位序列的码字$C_i^S=(U_i,P_i)$，$i=1$，2，…K。$\boldsymbol{C}^S=(C_1^S,C_2^S,\cdots,C_K^S)$被称为“源代码字”。解码后，RN重生成并交织$K$个源比特序列，然后再将它们重新编码以获得中继码字

$$\boldsymbol{C}^R=(U_1',U_2',\cdots,U_K',P_1',P_2',\cdots,P_K')=(\boldsymbol{U}',\boldsymbol{P}')$$

式中$\boldsymbol{U}'=(U_1',U_2',\cdots,U_K')$是交织源比特序列，$\boldsymbol{P}'=(P_1',P_2',\cdots,P_K')$是$\boldsymbol{U}'$的奇偶位序列。DN上，GMSJC码字$\boldsymbol{C}^D=(U,P,\boldsymbol{P}')$自然形成，并包括$\boldsymbol{U}=(U_1,U_2,\cdots,U_K)$和$\boldsymbol{P}=(P_1,P_2,\cdots,P_K)$。类似于块Turbo码（Block Turbo Code，BTC）[60]，K个SN上的编码类似BTC编码中的行编码，而中继码字的结构类似于BTC编码中的列编码。虽然它们结构相似，但是GMSJC码字在以下两个方面不同于BTC码字：

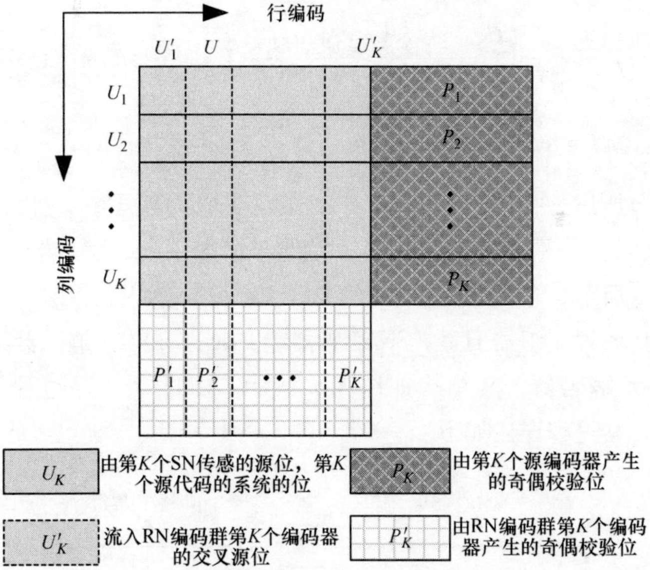

图4.5 GMSJC代码结构

1）GMSJC码字中不存在奇偶位上的奇偶校验。该功能可灵活支持CC上的动态拓扑结构，因为活动MTC终端数量是变化的。众所周知，传统BTC代码中列编码将调整其编码方案适应系统比特率的大小，即群集M2M网络中CC内的活动MTC终端数目。

2）BTC中构成码是线性块编码，而在GMSJC方案中，线性块编码和卷积码都

可以是构成码，使得 GMSJC 码字有更灵活的结构以支持更广泛的 QoS 要求范围。

根据在 SN 和 RN 中使用的构成码，存在 3 种类型的 GMSJC 码字。当 SN 和 RN 都采用 RSC 码或线性块编码时，GMSJC 方案中分别自然形成并行级联卷积码（Parallel Concatenated Convolutional Code，PCCC）或并行级联块编码（Parallel Concatenated Block Code，PCBC）码字。当 SN 和 RN 使用不同类型的 FEC 方案时，在 BS 形成并行级联混合码（Parallel Concatenated Hybrid Code，PCHC）码字。例如，当 $\boldsymbol{C}^{\mathrm{S}}$ 和 $\boldsymbol{C}^{\mathrm{R}}$ 分别是 RSC 和 BCH 码时，在目标端形成 PCHC 码字。这里只关注 SN 和 RN 中都采用相同 MCS 的简单情况，即 GMSJC 方案只构成 PCBC 和 PCCC 型码字。我们将通过在每个 SN 和 RN 调整编码方案到信道条件并瞄准 BER 和能源效率性能的最佳的 GMSJC 方案设计预留到下一阶段。

4.4.3 DN 上 GMSJC 的解码

从 K 个 SN 接收到噪声信号 $\{Y_{S_iR}\}$，$i=1,\cdots,K$ 和从 RN 接收到 Y_{RD} 后，DN 进行软解调以获得 LLR 形式的软信息[59]。

$$L_{\mathrm{S_iD}}(m)=\log\frac{P_{\mathrm{r}}(C_{S_i}(m)=1\mid y_{S_i\mathrm{D}},h_{S_i\mathrm{D}})}{P_{\mathrm{r}}(C_{S_i}(m)=0\mid y_{S_i\mathrm{D}},h_{S_i\mathrm{D}})}(i=1,\cdots,K,m=1,\cdots,M)\tag{4.3}$$

$$L_{\mathrm{RD}}(n)=\log\frac{P_{\mathrm{r}}(C_{\mathrm{R}}(n)=1\mid y_{\mathrm{RD}},h_{\mathrm{RD}})}{P_{\mathrm{r}}(C_{\mathrm{R}}(n)=0\mid y_{\mathrm{RD}},h_{\mathrm{RD}})}(n=1,\cdots,K(N-M))\tag{4.4}$$

如 4.4.2 节所述，提出的 GMSCJ 方案构建 Turbo 型码字，然后在 DN 上使用 Turbo 码原理进行多终端联合迭代解码。类似于标准 Turbo 解码器，该解码器的一般结构如图 4.6 所示，包括 SN 解码器组 DEC_S、RN 解码器组 DEC_R、交织器 Π，以及长度为 KM 的解交织器 Π^{-1}。SN 解码器组 DEC_S 和 RN 解码器组 DEC_R 都包括 K 个相同单元解码器，其结构如图 4.7 所示。GMSCJ 解码过程类似于典型的 Turbo 解码[61]，其过程详述如下。

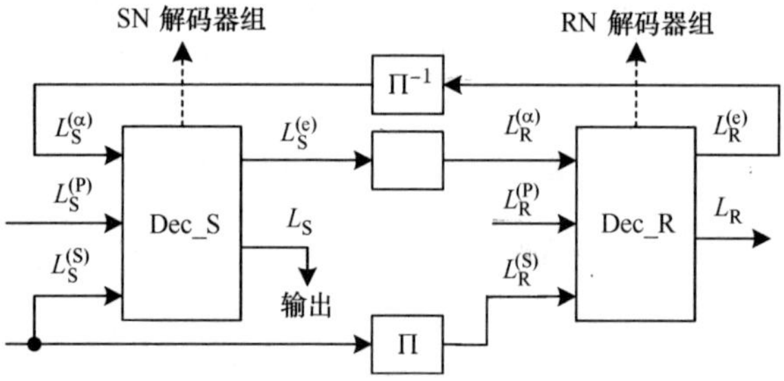

图 4.6　GMSJC 解码器结构

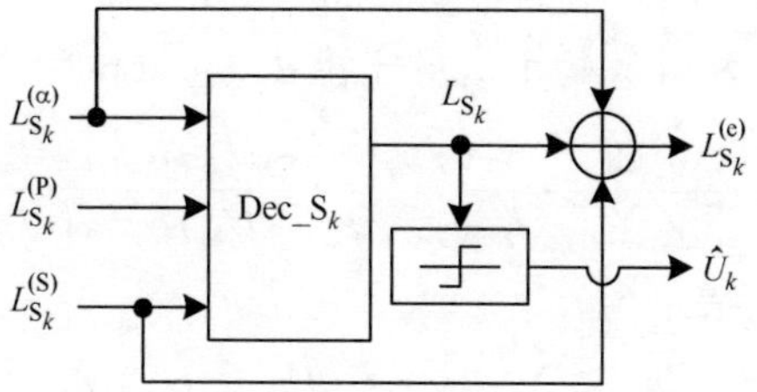

图 4.7　SN 解码器组第 k 个元素解码的结构

步骤 1：假定信道软信息序列 $\boldsymbol{L}_S^{(S)}$ 和 $\boldsymbol{L}_S^{(P)}$，根据 4.3 和 4.4 中的分选方程，通过系统和奇偶比特给出的 $\boldsymbol{L}_{SD} = \{L_{S_1D}(1),\cdots,L_{S_1D}(M),\cdots,L_{S_kD}(m),\cdots,L_{S_KD}(M)\}$ 所获得，而先验信息序列 $\boldsymbol{L}_S^{(\alpha)}$，交织从 RN 解码器组 DEC_R 输出的外部信息 $\boldsymbol{L}_R^{(e)}$ 且第一次迭代中为 0，SN 解码器组 DEC_S 计算 $\boldsymbol{L}_S$，$\boldsymbol{U} = (U_1, U_2, \cdots, U_K)$ 的 LLR 信息。计算方法不同于在 SN 和 RN 上采用 FEC 方案时的方法。一般而言，使用最大后验（Maximum A Posteriori，MAP）型方法。

步骤 2：SN 解码器组 DEC_S 通过下式根据 $\boldsymbol{L}_S$ 计算外部信息 $\boldsymbol{L}_S^{(e)}$

$$\boldsymbol{L}_S^{(e)} = \boldsymbol{L}_S - \boldsymbol{L}_S^{(\alpha)} - \boldsymbol{L}_S^{(S)} \tag{4.5}$$

并将它们反馈到 RN 解码器组 DEC_R，作为其交织之后的先验信息序列 $\boldsymbol{L}_R^{(\alpha)}$。

步骤 3：RN 解码器组 DEC_R 通过与 SN 解码器组 DEC_S 相同的方式计算出外部信息 $\boldsymbol{L}_R^{(e)}$，假设信道软信息序列 $\boldsymbol{L}_R^{(S)}$；$\boldsymbol{L}_{RD} = \{L_{RD}(1), L_{RD}(2), \cdots, L_{RD}(K(N-M))\}$ 的 LLR 信息 $\boldsymbol{L}_S^{(S)}$、$\boldsymbol{L}_R^{(P)}$ 及 $\boldsymbol{L}_S^{(e)}$ 交织版本的先验信息序列 $\boldsymbol{L}_R^{(\alpha)}$。

步骤 4：在最后一次迭代中，输出 $\boldsymbol{L}_S$ 并硬性规定作为解码结果。

以第 k 个 SN 解码器组的单元解码器为例来介绍解码算法。如图 4.7 所示，单元解码器的输入是 $\boldsymbol{L}_{S_k}^{(\alpha)}$、$\boldsymbol{L}_{S_k}^{(S)}$ 和 $\boldsymbol{L}_{S_k}^{(P)}$，这分别是与系统及奇偶校验比特相关联的先验信息序列和软信息序列。第一次迭代时 $\boldsymbol{L}_{S_k}^{(\alpha)}$ 的各元素初始值为 0。采用经典的软解码算法，如 log-MAP[61] 用于卷积元素代码，或 Chase-Pyndiah 算法[60] 用于区块单元代码，单元解码器计算出软信息 $\boldsymbol{L}_{S_k}$。在每次迭代中，外部信息 $\boldsymbol{L}_{S_k}^{(e)} = \boldsymbol{L}_{S_k} - \boldsymbol{L}_{S_k}^{(\alpha)} - \boldsymbol{L}_{S_k}^{(S)}$ 用作 RN 解码器组交织后的先验信息。在最后一次迭代中，$\boldsymbol{L}_{S_k}$ 被硬性确定并输出源比特序列的估值 $\hat{\boldsymbol{U}}_k$。

下面考虑两种情况：GMSJC 码字的组件代码是 RSC 或块编码。

1）RSC 码作为组件代码。一般而言，基于 BCJR[62] 的 MAP 型解码算法被广泛采用，如软输出维特比算法（Soft Output Viterbi Algorithm，SOVA）[63]、log-MAP[64] 和 max-log-MAP[64]。本章专注于 MAP 算法。

用 O_m 表示第 k 个单元编码器在时间 m 时的状态；用 d_m 表示源信息比特

$U_k(m)$，它与从 $m-1$ 到 m 步骤的转换相关联，而用 y_m 表示在 DN $y_{S_kD}(m)$ 上接收的第 m 个信号。MAP 算法计算每个信息比特 d_m 的 LLR 后验概率为

$$L_S(d_m)=\log\frac{\sum_{O_m}\sum_{O_{m-1}}\gamma_1(y_m,O_{m-1},O_m)\alpha_{m-1}(O_{m-1})\gamma_m(O_m)}{\sum_{O_m}\sum_{O_{m-1}}\gamma_0(y_m,O_{m-1},O_m)\alpha_{m-1}(O_{m-1})\gamma_m(O_m)} \tag{4.6}$$

其中 MAP 的前向递归可表示为

$$\alpha_m(O_m)=\frac{\sum_{O_{m-1}}\sum_{i=0}^{1}\gamma_i(y_m,O_{m-1},O_m)\alpha_{m-1}(O_{m-1})}{\sum_{O_m}\sum_{O_{m-1}}\sum_{i=0}^{1}\gamma_i(y_m,O_{m-1},O_m)\alpha_{m-1}(O_{m-1})} \tag{4.7}$$

$$\alpha_0(O_0)=\begin{cases}1 & O_0=0\\ 0 & \text{其他情况}\end{cases} \tag{4.8}$$

而后向递归为

$$\beta_m(O_m)=\frac{\sum_{O_{m+1}}\sum_{i=0}^{1}\gamma_i(y_{m+1},O_m,O_{m+1})\beta_{m+1}(O_{m+1})}{\sum_{O_m}\sum_{O_{m+1}}\sum_{i=0}^{1}\gamma_i(y_{m+1},O_m,O_{m+1})\alpha_m(O_m)} \tag{4.9}$$

$$\beta_M(O_M)=\begin{cases}1 & O_M=0\\ 0 & \text{其他情况}\end{cases} \tag{4.10}$$

分支转换概率由下式给出

$$\gamma_i(y_m,O_{m-1},O_m)=P_r(d_m=i,y_m,O_m\mid O_{m-1}) \tag{4.11}$$

$L_S(m)$，$m=1，2，\cdots，M$ 获得后，外部信息 $L_S^{(e)}(m)$，$m=1，2，\cdots，M$ 通过下式计算

$$L_S^{(e)}(m)=L_S(m)-L_S^{(\alpha)}-L_S^{(S)}(m=1,2,\cdots,M) \tag{4.12}$$

众所周知 MAP 算法由于复杂的算术运算实施起来过于复杂，因而更多人关注在对数域实施的 MAP 算法。

2）线性块码用作组件代码。通常使用列表类型 Chase 算法[65]。本章采用 Chase-Pyndiah 算法[60]，并用 SN 解码器组中第 k 个单元解码器 DEC_S_k 作为例子，介绍软输入、软输出解码算法。给定先验信息 $L_{S_k}^{(\alpha)}$ 和信道的软信息 $L_{S_k}^{(S)}$ 和 $L_{S_k}^{(P)}$，解码器 DEC_S_k 生成一列候选码字，其接近 $L_{S_k}^{(in)}\triangleq L_{S_k}^{(\alpha)}+L_{S_k}^{(S)}+L_{S_k}^{(P)}$，然后计算外部信息 $L_{S_k}^{(e)}$。基于该先验信息和信道软信息，Chase-Pyndiah 算法如下。

解码器选择 n_t 个最不可靠的独立位置，并使用 Berlekamp-Massey（BM）算法解码对应所有 n_t 值可能模式的 2^{n_t} 个测试序列[66]。n_t 常常选为 $\mathrm{ceil}([d_0-1]/2)$，其中 d_0 是码字的最小汉明权重，而 $\mathrm{ceil}(x)$ 表示不小于 x 的最小积分。成功解码的码字存储在集 C 中，其中 $c^{j,1}$ 和 $c^{j,0}$ 分别是以欧几里德距离表示的位置 j 中 $c_j=1$ 和 $c_j=0$ 时最接近 $L_{S_k}^{(in)}$ 的码字。在 $L_{S_k}^{(e)}$ 中位置 j 的外部信息可以计算为

$$L_{S_k}^{(e)}(j) = \frac{2}{\sigma_n^2}\sum_{i=1,i\neq j}^{M} L_{S_k}^{(\alpha)}(i)(1-2c_i^{j,0})t_i \tag{4.13}$$

式中，σ_n^2 是噪声方差，

$$t_i = \begin{cases} 0, 当\ c_i^{j,1} = c_i^{j,0} \\ 1, 当\ c_i^{j,1} \neq c_i^{j,0} \end{cases}$$

$c_i^{j,1}$ 和 $c_i^{j,0}$ 分别是在 $c^{j,1}$ 和 $c^{j,0}$ 中位置 i 对应的位（1 和 0）。

4.5 性能分析

相比于非协同分布式编码方案，提出的 GMSJC 方案由于分别在 RN 的多终端联合编码和在 DN 的多终端联合解码实现了额外编码增益和完全空间分集，有必要分析该方案取得的增益。此外，必须权衡误码性能提高和额外能量消耗，这是 M2M 网络核心因素之一。本章首先通过距离谱法分析编码增益，然后通过成对误码概率（Pairwise Error Probabilit，PEP）方法推导出空间分集，最后通过在给定目标块误码率性能方面计算发射功率的节约来进行能源效率开发。

4.5.1 基于距离频谱的误码概率性能分析

如前所述，在 GMSJC 中，码字 C^D 由在 K 个 SN 上产生的 K 个码字 C^S 和在 RN 上产生的码字 C^R 的奇偶部分组成。假设 C^S 的输入冗余权重枚举函数（Input-Redundancy Weight Enumerating Function，IRWEF）是

$$A^S(W, Z_S) = \sum_{w,j} A_{w,j}^S W^w Z_S^j \tag{4.14}$$

式中，$A_{w,j}^S$ 表示 C^S 中的码字数目通过汉明权重 w 的输入信息字产生，其奇偶校验位具有汉明权重 j、W 和 Z_S 虚拟变量。表示 C^S 的条件权重枚举函数（Conditional Weight Enumerating Function，CWEF）为

$$A_w^S(Z_S) = \sum_j A_{w,j}^S Z_S^j \tag{4.15}$$

C^S 的权重枚举函数（Weight Enumerating Function，WEF）为

$$B^S(H) = \sum_{d=d_0}^{N} B_d^S H^d \tag{4.16}$$

式中，B_d^S 是具有汉明权重 d 的码字数目，d_0 是 C^S 的最小汉明权重，H 是虚拟变量，而 N 是码字长度。WEF 通过下式连接到 IRWEF

$$B^S(H) = A^S(W = H, Z_S = H) \tag{4.17}$$

其有

$$A^S(H,H) = \sum_{w,j} A_{w,j}^S H^{w+j} = \sum_k B_k^S H^k \tag{4.18}$$

式中，$B_k^{\mathrm{S}} = \sum_{w+j=k} A_{w,j}^{\mathrm{S}}$。

由于在 RN 采用相同的 FEC 方案，因此 C^{R} 具有和 C^{S} 相同的 WEF、CWEF 和 IRWEF。根据 C^{S} 和 C^{R} 的 CWEF，可以计算出 C^{D} 的 CWEF 为[10]

$$A_w^{\mathrm{D}}(Z_{\mathrm{S}}, Z_{\mathrm{R}}) = \frac{(A_w^{\mathrm{S}}(Z_{\mathrm{S}}))^K (A_w^{\mathrm{R}}(Z_{\mathrm{R}}))^K}{\binom{KM}{w}} \triangleq \sum_{i,j} A_{w,i,j}^{\mathrm{D}} Z_{\mathrm{S}}^i Z_{\mathrm{R}}^j \tag{4.19}$$

式中，M 是码字 C^{S} 和 C^{R} 的信息比特数目，而 KM 是交织器的大小，同时也是码字 C^{D} 中信息比特的数目。C^{D} 的 IRWEF 写成

$$A^{\mathrm{D}}(W, Z_{\mathrm{S}}, Z_{\mathrm{R}}) = \sum_{w,i,j} A_{w,i,j}^{\mathrm{D}} W^w Z_{\mathrm{S}}^i Z_{\mathrm{R}}^j \tag{4.20}$$

码字 C^{D} 的 WEF 可以表示为

$$B^{\mathrm{D}}(H) = \sum_{d=d_f}^{K(2N-M)} B_d^{\mathrm{D}} H^d \tag{4.21}$$

式中，

$$B_d^{\mathrm{D}} = \sum_{w+i+j=d} A_{w,i,i}^{\mathrm{D}}$$

是 C^{D} 中具有汉明权重 d 的码字数目，而 d_f 和 $K(2N-M)$ 分别是 C^{D} 的最小汉明权重和码字长度。

按照参考文献［67］中的方法，具有高斯白噪声信道上代码的 ML 软解码比特差错概率（Bit Error Probability，BEP）的上限计算为

$$\begin{aligned} P_b(\mathrm{e}) &\leqslant \sum_{d=d_f}^{K(2N-M)} \sum_{w+i+j=d} \frac{w}{M} A_{w,i,i}^{\mathrm{D}} e^{-\frac{dR_c E_b}{N_0}} \\ &= \sum_{d=d_f}^{K(2N-M)} \mathrm{D}_d e^{-\frac{dR_c E_b}{N_0}} \end{aligned} \tag{4.22}$$

式中，$R_c = M/(2N-M)$ 是编码速率，E_b 是每个信息比特的能量，

$$\mathrm{D}_d \triangleq \sum_{w+i+j=d} \frac{w}{M} A_{w,i,i}^{\mathrm{D}}$$

表 4.1 针对提出的 GMSJC，列出了具有（7，4）汉明组件代码的码字的 D_d，同时也给出了（7，4）汉明码。从计算结果可以看到，主宰性能（具有低汉明权重的）项的多重性随 K 增加而减小。结果是，BEP 性能将增强。采用上限（见式 4.22），得到 GMSJC 码字 BEP 上的最大值，K 从 1 增加到 10 时，可以实现 1.5dB 的增益，如图 4.8 所示。

表 4.1　具有（7，4）汉明码和统一交织器单元码的 GMSJC 系数 D_d

汉明距离	汉明代码	具有 K 个协同节点的 GMSJC					
		1	2	3	4	5	10
3	0.187 5	0.026 786	0.010 227	0.005 357	0.003 289	0.002 223	0.000 759 11
4	1.875	0.482 143	0.265 909	0.182 143	0.138 158	0.111 166	0.062 246 96

（续）

汉明距离	汉明代码	具有 *K* 个协同节点的 GMSJC					
		1	2	3	4	5	10
5	3.75	1.446 429	1.063 636	0.910 714	0.828 947	0.778 162	0.684 716 6
6	1.125	1.205 357	0.952 597	0.815 972	0.731 037	0.673 343	0.555 747 15
7	0.062 5	3.839 286	3.114 123	2.779 021	2.577 206	2.441 703	2.167 885 28
8	0	9.964 286	6.631 169	5.449 001	4.829 721	4.446 975	3.742 660 97
9	0	23.705 36	16.453 73	13.674 95	12.214 66	11.318 29	9.695 106 85
10	1	33.392 86	32.855 84	30.849 9	30.012 23	29.871 25	32.181 208 4
11		21.508 93	51.556 66	52.503 67	52.246 87	52.280 33	55.212 149 8
12		12.321 43	104.044 5	113.328 2	117.619 3	121.751 5	141.764 11
13		7.160 714	192.4252	219.463 9	231.044 9	241.006 2	284.666 583
14		4.401 786	311.545 5	418.307 6	463.480 6	497.018	619.217 601
15		6.267 857	379.400 6	737.146 5	894.474	1 006.37	1 397.456 46
16		1.232 143	316.259 1	1 207.757	1 620.004	1 899.887	2 794.701 88
17		0.044 643	227.272 9	2 018.098	3 016.754	3 716.139	6 008.746 79
18		0	148.853 6	3 120.65	5 357.442	6 958.087	12 150.339 1
19		0	95.663 47	4 271.702	9 176.278	12 834.21	24 735.142 2
20		1	74.214 94	4 865.357	14 962.1	23 065.88	50 105.236 7
21			36.592 37	4 466.27	23 221.97	40 217.85	98 787.894 9
22			19.912 99	3 580.551	34 737.55	69 045.82	195 597.622
23			11.907 31	2 607.016	48 259.55	114 435.3	379 820.744
24			6.257 143	1 810.496	60 524	182 762.8	731 953.053
25			8.509 091	1 270.257	66 622.14	279 713.8	1 396 117.5
26			1.206 818	789.639 9	63 660.24	408 644	2 627 672.63
27			0.030 682	485.208 3	54 407.37	567 758.3	4 902 691.96
28			0	289.765 9	426 36.86	736 698.4	9 029 345.18
29			0	163.054	315 21.24	877 856.2	16 440 127.2
30			1	114.426	224 97.15	947 404.6	29 566 108.2

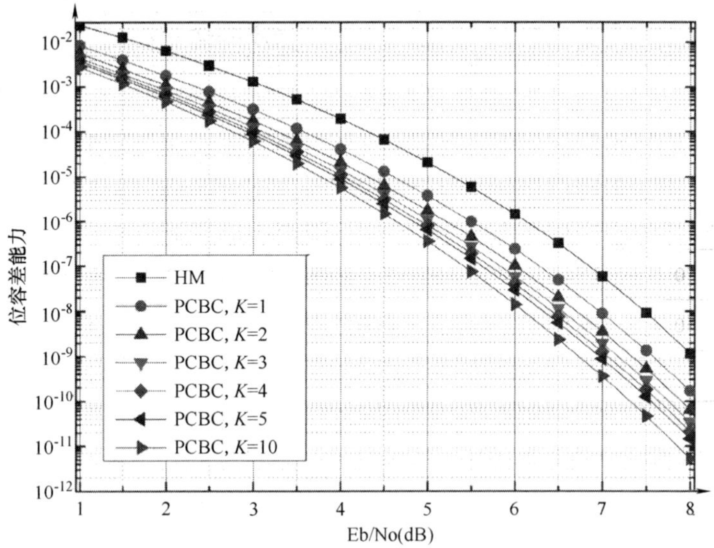

图 4.8　整个 AWGN 通道中，GMSJC 的 BEP 的最大值

4.5.2　基于 PEP 的空间分集性能分析

基于 GMSJC 的 WEF，我们分析了由于多终端协同的空间分集增益。为简单起见，假设所有的 SN 具有非常良好的信道条件，从而 RN 可以正确地解码来自 SN 的信号。

由于使用了线性码，可以假设全零码字来导出误差概率性能。当发送全零码字时，即解码器确定，优先在整个 $\gamma=\{\gamma_{S_1D},\gamma_{S_2D},\cdots,\gamma_{S_KD},\gamma_{RD}\}$ 的瞬时 SNR 值上具有汉明权重 d 的另一错误码字的 PEP 由下式给出[68]

$$P(d\mid\gamma)=Q\left(\sqrt{2\sum_{i=1}^{K}d_i\gamma_{S_iD}+2d_R\gamma_{RD}}\right) \tag{4.23}$$

在式（4.23）中，d_i 和 d_R 是具有汉明权重 d 的错误码字的汉明权重，分别从第 i 个 SN 和 RN 发送，使得

$$d=d_R+\sum_{i=1}^{K}d_i$$

值得注意的是，d_1，…，d_K，d_R 独立于 SNRγ。

在整个 γ 的衰落分布上对式（4.23）取平均，可以获得无条件 PEP 为

$$P(d)=\int_0^\infty\cdots\int_0^\infty P(d\mid\gamma)P(\gamma)d\gamma \tag{4.24}$$

式中，$P(\gamma)=P(\gamma_R)\cdot\prod_{i=1}^{K}P(\gamma_i)$ 是瞬时信噪比矢量 γ 的（$K+1$）维联合概率密度函数。对高斯 Q 函数使用如下的另一种表述[45]

$$Q(x)=\int_0^{\pi/2} \mathrm{e}^{-\frac{x^2}{2\sin^2\theta}}d(x \geqslant 0) \tag{4.25}$$

并将式（4.25）代入式（4.23）和式（4.24）中，得到

$$P(d)=\frac{1}{\pi}\int_0^{\frac{\pi}{2}}\prod_{i=1}^{K}\left[\int_0^{\infty}\mathrm{e}^{-\frac{d_i\cdot\gamma_{S_iD}}{\sin^2\theta}}p(\gamma_{S_iD})d\gamma_{S_iD}\right]$$

$$\left[\int_0^{\infty}\mathrm{e}^{-\frac{d_R\cdot\gamma_{RD}}{\sin^2\theta}}p(\gamma_{RD})d\gamma_{RD}\right]\mathrm{d}\theta \tag{4.26}$$

基于评估瑞利衰落的动量产生函数[69]和拉普拉斯变换来求解方程（见式4.26）中积分的辅助，无条件 PEP 上限可以是

$$\begin{aligned}P(d)&=\frac{1}{\pi}\int_0^{\frac{\pi}{2}}\prod_{i=1}^{K}\left(1+\frac{d_i\Gamma_{SD}}{\sin^2\theta}\right)^{-1}\left(1+\frac{d_R\Gamma_{RD}}{\sin^2\theta}\right)\mathrm{d}\theta\\&\leqslant\frac{1}{2}\prod_{i=1}^{K}(1+d_i\Gamma_{SD})^{-1}(1+d_R\Gamma_{RD})\end{aligned} \tag{4.27}$$

式中，Γ_{SD}和Γ_{RD}分别是γ_{S_iD}和γ_{RD}的期望值。显然在式（4.27）中，分集阶数是$K+1$，意味着提出的方法实现了全分集次序。

给定 PEP 与码字的距离范围，可以得到 BEP P_b 上的平均上限，近似为

$$\begin{aligned}P_b&\leqslant\sum_{d=d_f}^{K(2N-M)}B_d^{C_D}P(d)\\&\leqslant\frac{1}{2}\sum_{d=d_f}^{K(2N-M)}B_d^{C_D}\prod_{i=1}^{K}(1+d_i\Gamma_{SD})^{-1}(1+d_R\Gamma_{RD})^{-1}\\&\leqslant\frac{1}{2}\sum_{d=d_f}^{K(2N-M)}B_d^{C_D}\left[1+\frac{\Gamma_{SD}}{K+1}\left(d-\frac{\Gamma_{RD}-\Gamma_{SD}}{\Gamma_{RD}\Gamma_{SD}}\right)\right]^{-K}\\&\qquad\left[1+\frac{\Gamma_{SD}}{K+1}\left(d+K\frac{\Gamma_{RD}-\Gamma_{SD}}{\Gamma_{RD}\Gamma_{SD}}\right)\right]^{-1}\end{aligned} \tag{4.28}$$

式（4.28）中最后的不等式通过应用拉格朗日乘数得出，而对以下两式达到上限，特别是

$$d_i=\frac{1}{K+1}\left(d-\frac{\Gamma_{RD}-\Gamma_{SD}}{\Gamma_{RD}\Gamma_{SD}}\right)(i=1,2,\cdots,K)$$

和

$$d_R=\frac{1}{K+1}\left(d+K\frac{\Gamma_{RD}-\Gamma_{SD}}{\Gamma_{RD}\Gamma_{SD}}\right)$$

4.5.3 能效性能分析

通常对于给定的 BER，采用 FEC 可以节省传输功率，这里以收发器解码过程

中带宽和更多功率消耗为代价的。当节约的传输功率小于编解码器的功耗时，采用的 FEC 并不节能。因此，有必要分析方案的能效性能。

根据参考文献［25］中开发的能效分析方法，N 比特消息传输消耗的能量由下式给出

$$E(N,d)=E_{\mathrm{TX}}(N,d)+E_{\mathrm{RX}}(N)+E_{\mathrm{enc}}+E_{\mathrm{dec}} \tag{4.29}$$

式中，E_{enc}和E_{dec}分别是由编码器和解码器消耗的能量。$E_{\mathrm{TX}}(N,d)$ 和 $E_{\mathrm{RX}}(N)$ 分别是由发射机和接收机电路消耗的能量。接收机电路所消耗的能量由下式给出

$$E_{\mathrm{RX}}(N)=N\cdot E_{\mathrm{elec}} \tag{4.30}$$

式中，E_{elec}是发射机/接收机电路消耗的能量。发射机消耗的能量由两部分组成：放大器消耗的功率和另一个发射机电路消耗的功率，由下式给出

$$E_{\mathrm{TX}}(N,d)=N\cdot E_{\mathrm{elec}}+N\cdot d^2\cdot E_{\mathrm{amp}} \tag{4.31}$$

式中，d 是发射机和接收机之间的距离，而 E_{amp}是放大器消耗的能量，直接正比于发射功率 P_{rad}。在给定信噪比下，提供一个期望的 BER 所需要的传送功率 P_{rad}由下式[28]计算

$$P_{\mathrm{rad}}=\Gamma+\text{衰减}+\text{热噪声}+\text{接收机噪声系数}-G_{\mathrm{FEC}} \tag{4.32}$$

式中，Γ 是给定的信噪比，衰减是信道对发射信号的影响，热噪声和接收机噪声系数是接收机的效应，而 G_{FEC}是编码增益。所有这些参数的单位是分贝。对相同无线场景中的两个方案，能耗差距是 ΔE_{amp}（分贝），可以通过下式计算

$$\begin{aligned}\Delta E_{\mathrm{amp}}&=E_{\mathrm{amp}}^{(2)}-E_{\mathrm{amp}}^{(1)}\\&=G_{\mathrm{FEC}}^{(1)}-G_{\mathrm{FEC}}^{(2)}\\&=-\Delta G_{\mathrm{FEC}}\end{aligned} \tag{4.33}$$

在式（4.33）中，$E_{\mathrm{amp}}^{(i)}$和 $G_{\mathrm{FEC}}^{(i)}$分别是第 i 个方案中放大器所消耗的能量和编码增益。从式（4.34）看，很明显由放大器消耗能量的差距是两个编码方案之间的差异。

通过式（4.29）到式（4.33），很容易计算出 SN 和 RN 消耗的能量，从而计算得出每个信息比特的能量消耗。SN 消耗的能量通过下式计算

$$\begin{aligned}E_{\mathrm{SN}}(N,d)&=E_{\mathrm{TX}}(N,d_{\mathrm{SD}})+E_{\mathrm{enc}}\\&=N(E_{\mathrm{elec}}+d_{\mathrm{SD}}^2E_{\mathrm{amp}})+E_{\mathrm{enc}}\end{aligned} \tag{4.34}$$

RN 消耗的能量由下式给出

$$\begin{aligned}E_{\mathrm{RN}}(N,M,d)&=E_{\mathrm{RX}}(N)+E_{\mathrm{dec}}+E_{\mathrm{enc}}+E_{\mathrm{TX}}(N-M,d_{\mathrm{SD}})\\&=E_{\mathrm{dec}}+E_{\mathrm{enc}}+(2N-M)E_{\mathrm{elec}}+(N-M)d_{\mathrm{RD}}^2E_{\mathrm{amp}}\end{aligned} \tag{4.35}$$

GMSCJ 消耗的能量推导为

$$\overline{E}_{\mathrm{GMSCJ}}=\frac{1}{KM}[E_{\mathrm{SN}}(KN,d_{\mathrm{SD}})+E_{\mathrm{RN}}(KN,KM,d_{\mathrm{RD}})]$$
$$=\frac{1}{M}\left\{2E_{\mathrm{enc}}+E_{\mathrm{dec}}+(3N-M)E_{\mathrm{elec}}+(N-M)d_{\mathrm{RD}}^{2}E_{\mathrm{amp,RN}}^{(\mathrm{GMSCJ})}+Nd_{\mathrm{SD}}^{2}E_{\mathrm{amp,SN}}^{(\mathrm{GMSCJ})}\right\} \quad (4.36)$$

4.6 性能评估

4.6.1 模拟系统和参考方案

如图 4.1 所示，模拟的 M2M 网络细分为几个 CC。假设 CC 中所有节点使用相同的 MCS，且 RN 处的发送功率假定比 SN 处的大 5dB，即 $\Gamma_{\mathrm{RD}}=\Gamma_{\mathrm{SD}}+5\mathrm{dB}$。主要模拟参数列于表 4.2。

表 4.2 模拟参数

调　制	QPSK
在 SN 的 FEC	案例 1：海明码（7，4） 案例 2：BCH（31，21，2） 案例 3：RSC（1，5/7）瓦特 N = 128
RN 在交织	随机交织
SNR 设置	$\Gamma_{\mathrm{RD}}=\Gamma_{\mathrm{SD}}+5\mathrm{dB}$ $\Gamma_{\mathrm{SR}}=50\mathrm{dB}$
在 CC 活跃的 SN	K = 1，2，5，10

建议的方案与以下 3 种参考方案进行比较。

1）NoRN_S 方案：所有 SN 通过简单 FEC 来编码其 M 信息比特到 N 比特码字，并直接发送码字到 DN 而无须 RN 的帮助。

2）NoRN_T 方案：所有 SN 划分其 KM 位信息序列为 K 组，并通过复杂的 PC-CC 或 PCBC 编码器编码每组信息比特为（$2N-M$）位码字。所有 K 码字直接传输到 DN 而无须 RN 的辅助。该方案由于基于单终端的 turbo 编码和解码可实现额外的编码增益。NoRN_T 与建议的 DMSCTC 方案有相同的距离谱。

3）DTC 方案[43]：所有 SN 划分其 KM 信息比特为 K 组，然后通过简单的 FEC 编码器编码各比特组为 N 比特码字。所有 K 码字都广播到 RN 和 DN。RN 单独处理 K 码字，并获得长度 $N-M$ 奇偶序列的 K 组群。DN 实现基于单一终端的 Turbo 解码。DTC 方案实现了不仅有相对于 NoRN_T 方案的额外编码增益，而且有协同增益。DTC 也有与 GMSJC 相同的距离谱。

表 4.3 比较了这些参考方案和建议方案。

表 4.3　4 种方案的比较

方　案	FEC 在 sn	长度 FEC	协作节点	交错大小	协同增益
NoRN_S	HM、BCH、RSC	N	—	—	1
NoRN_T	PCBC、PCCC	$2N$	—	KM	1
DTC	HM、BCH、RSC	KN	RN	KM	2
GMSJC	HM、BCH、RSC	N	RN 和 K 的 SN	KM	$K+1$

4.6.2　模拟结果

模拟 BER 结果如图 4.9 ~ 图 4.11 所示。所需 SNR 和建议的 DMSCTC、NoRN_T和 DTC 方案相比 NoRN_S 方案的 SNR 增益列于表 4.4 中，目标 BER 为 10^{-3}。从模拟结果可以得到以下结论。

1）GMSJC 在所有 SNR 范围内优于其他 3 个方案，并且增益随着活动传感器数量增加而增加。

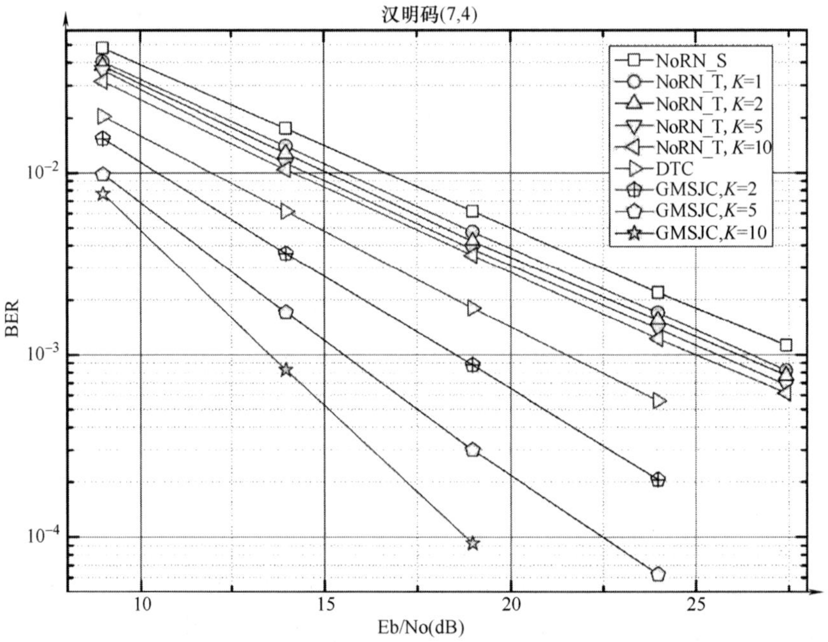

图 4.9　当分量码是汉明码（7，5）时 BER 与每比特 SNR 的关系

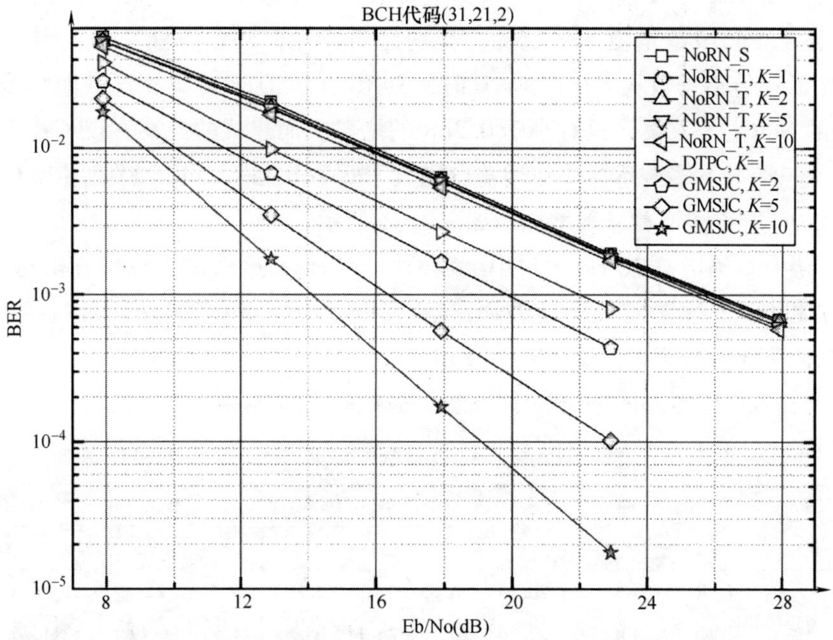

图 4.10　当分量码是 BCH 代码（31，21，2）时 BER 与每比特 SNR 的关系

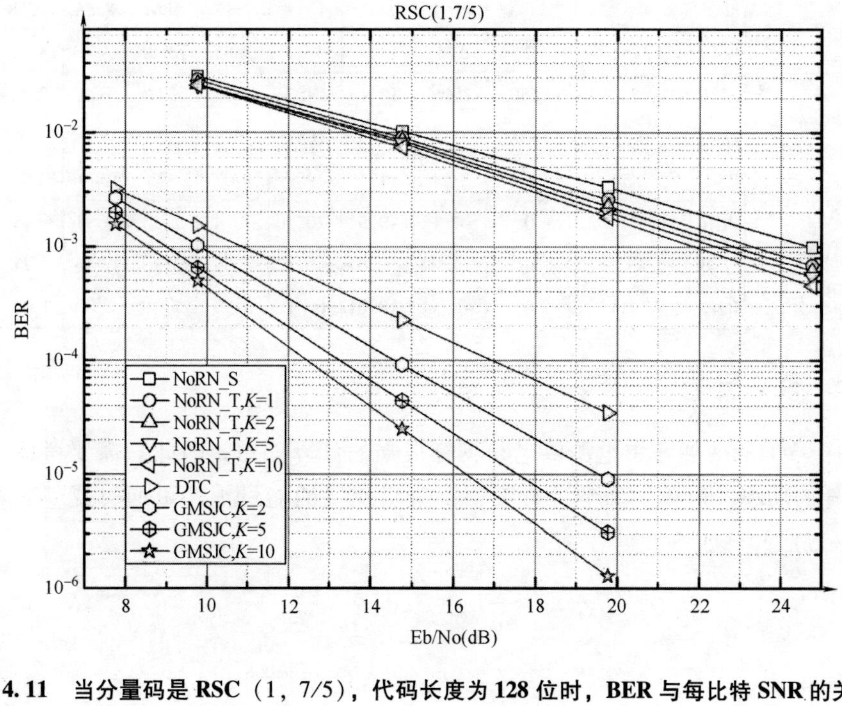

图 4.11　当分量码是 RSC（1，7/5），代码长度为 128 位时，BER 与每比特 SNR 的关系

2）通过 GMSJC 实现的信噪比增益主要来自多传感器协同分集增益，传感器上 FEC 的额外编码增益是微不足道的，特别是当组件代码是线性块编码时。例如，当 CC 中活动传感器数从 $K=3$ 增加 6 时，NoRN_T 和 DTC 方案相比汉明和 BCH 码组件码的 NoRN_S 方案，只有小于 0.2dB 的增益，而建议的方案实现了在 BCH 和汉明组件码情况下多传感器协作增益分别大于 6.7dB 和 4.2dB。当使用 RSC 码时，通过 GMSJC 取得的增益显著增加，如图 4.11 所示。

3）协同编码增益也可以通过中继辅助协同实现，这通过比较具有相同码字的 NoRN_T 和 DTC 获得的信噪比增益而清晰可见。从图 4.9 ~ 图 4.11 可以看到，DTC 的 SNR 增益约比 NoRN_T 高 0.5 ~3.5dB。

因此，多传感器协同编码和中继能显著改善 M2M 网络的误码性能。

表 4.4　能效模拟结果

方　案		NoRN_S	NoRN_T			DTC			DMSCTC	
			$K=1$	$K=3$	$K=6$	$K=1$	$K=3$	$K=6$	$K=3$	$K=6$
目标 BER 为 10^{-3}dB 所要求 SNR	BCH（31，21，2）	26.15	26.05	25.83	25.61	25.37	22	19.85	16.35	14.1
	汉明（7，4）	27.10	26.56	26.14	25.58	24.97	21.49	18.52	15.52	13.5
	RSC（1，7/5）	24.74	23.34	22.87	22.42	21.89	10.88	9.83	9	8.55
NoRN_S 上 SNR 增益（dB）	BCH（31，21，2）	0	0.1	0.32	0.54	0.78	4.15	6.3	9.8	12.05
	汉明（7，4）	0	0.54	0.96	1.52	2.13	5.61	8.58	11.58	13.6
	RSC（1，7/5）	0	1.4	1.87	2.32	2.85	13.86	14.91	15.74	16.19
每比特能量消耗（nW）	BCH（31，21，2）	1550	2006	1911	1822	1729	923	629	376	293
	汉明（7，4）	1838	2333	2130	1887	1656	900	560	387	322
	RSC（1，7/5）	2100	2324	2101	1909	1707	375	349	332	324
NoRN_S 上能量增益（dB）	BCH（31，21，2）	0	−1.12	−0.91	−0.70	−0.47	2.25	3.91	6.15	7.23
	汉明（7，4）	0	−1.04	−0.64	−0.12	0.45	3.10	5.16	6.77	7.56
	RSC（1，7/5）	0	−0.44	−0.01	0.41	0.90	7.48	7.80	8.01	8.12

4.6.3　能效分析

由于 MTC BS 通常由电源供电并具有很强的计算能力，因此只需要考虑 SN 和 RN 消耗的功率。对于 3 个参考方案，每信息比特的能量消耗可通过式（4.29）~式（4.35）计算如下。

$$\overline{E}_{\text{NoRN\_S}} = \frac{1}{M}E_{\text{SN}}(N,d_{\text{SD}}) = \frac{1}{M}\{NE_{\text{elec}} + Nd_{\text{SD}}^2 E_{\text{amp,SN}}^{(\text{NoRN\_S})} + E_{\text{enc}}\} \tag{4.37}$$

$$\overline{E}_{\mathrm{NoRN\_T}} = \frac{K}{KM}\{2E_{\mathrm{enc}} + E_{\mathrm{TX}}(2N-M, d_{\mathrm{SD}})\}$$
$$= \frac{1}{M}\{2E_{\mathrm{enc}} + (2N-M)E_{\mathrm{elec}} + (2N-M)d_{\mathrm{SD}}^2 E_{\mathrm{amp,SN}}^{(\mathrm{NoRN\_T})}\} \quad (4.38)$$

$$\overline{E}_{\mathrm{DTC}} = \frac{1}{KM}[E_{\mathrm{SN}}(KN, d_{\mathrm{SD}}) + E_{\mathrm{RN}}(KN, KM, d_{\mathrm{RD}})]$$
$$= \frac{1}{M}\{2E_{\mathrm{enc}} + E_{\mathrm{dec}} + (3N-M)E_{\mathrm{elec}} + Nd_{\mathrm{SD}}^2 E_{\mathrm{amp,SN}}^{(\mathrm{DTC})} + (N-M)d_{\mathrm{RD}}^2 E_{\mathrm{amp,RN}}^{(\mathrm{DTC})}\} \quad (4.39)$$

式中，$E_{\mathrm{amp,SN}}^{(i)}$和$E_{\mathrm{amp,RN}}^{(i)}$，$i \in \{\mathrm{NoRN\_S,\ NoRN\_T,\ DTC}\}$ 分别是 SN 和 RN 上的放大器分别消耗的能量。当通过分析或模拟得到每个方案的编码增益时，可以计算得出针对所有参考方案的能量效率性能。

为计算4个参考方案的功率效率，使用参考文献［25］中的参数来计算式（4.30）~式（4.33）中设备的消耗功率，而相关能源效率分析的参数列于表4.5。可以从表4.4列出的详细能源效率数据得到如下结论。

表4.5　能源效率分析参数

$d_{\mathrm{SD}}^2 = d_{\mathrm{RD}}^2$	10000m²
E_{enc}，E_{dec}	BCH（31，21，2）：1nW，3nW 海明（7，4）：1nW，1nW RSC（1，7/5）：18nW，75nW
E_{elec}	50nJ/B
$E_{\mathrm{amp,SN}}^{(\mathrm{NoRN\_S})}$	100pJ/B/m²

1）提出的 GMSJC 方案在模拟情景下实现了比参考方案更高的能效。例如，具有海明（7，4）和6个活动传感器的 GMSJC 方案实现了超过 NoRN_S、NoRN_T 和 DTC 方案分别最多为7.56dB、8.68dB 和2.4dB 的能源效率增益。

2）当 CC 中有更多活动传感器时，因为通过边际额外计算复杂度实现了更多的协同增益和编码增益，所以提出的 GMSJC 方案能实现节能。

3）协同编码增益并不总比简单的编码方案能效更高。如表4.4所示，当群集中活动传感器数目是2时，具有 BCH 组件代码（31，21，2）的 DTC 方案比 NoRN_S方案能量效率低0.47dB。这是由于通过 SN 编码和解码操作所消耗的能量不能通过编码增益获得的节能所补偿。类似的结果也在 NoRN_T 方案中观察到了，它比 NoRN_S 方案能源效率更低，而这是因为复杂的编码和解码，传输功率节约相比额外能源消耗更少。

4.7 结论

本章开发了用于大规模集群 M2M 通信网络的灵活 GMSJC 方案。与现有 DCC 方案不同，GMSJC 方案在所有 MTC 终端都采用简单的 FEC 方案，并在 CH 上实施低复杂度多终端联合编码，但是在 MTC BS 上依赖于复杂的多终端 Turbo 解码。这不仅实现了容量接近编码增益而且实现了完全分集，并可以灵活地支持多种 QoS 要求和 M2M 网络的动态拓扑结构，因为它可以采用不同的简单 FEC 作为其组件代码，且随着 CC 中协作终端数目的改变，并不需要调整 RN 上的代码方案。进行了误码概率、协作分集阶数和能源效率的理论分析。分析和模拟都验证了提出的 GMSJC 方案在应用于大规模 M2M 通信网络时，实现了卓越的传输质量和能源节约。

致谢

作者感谢内华达大学 Mei Yang 教授提供多种编码方案的能耗数据。

这项工作的一部分得到了中国自然科学基金委（项目编号 61171106）、中国国家基础研究计划（973 计划）（项目编号 2012CB 316005）以及中部大学基础研究经费的部分资助。

参考文献

1. Machine-to-machine communications. 2011. http://www.etsi.org/website/document/events/etsi%20M2M%20Presentation%20during%20MWC%202011.pdf.
2. Loms, N. 2009. Online gizmos could top 50 billion in 2020. http://www.businessweek.com/globalbiz/content/jun2009/gb20090629_492027.htm. Accessed June 29, 2009.
3. Beale, M. and Y. Morioka. 2011. Wireless machine-to-machine communication. In *Proceedings of the European Microwave Conference (EuMA)*, Manchester, United Kingdom, October 10–13, p. 115–118.
4. Chen, Y. 2012. Challenges and opportunities of Internet of things. In *Proceedings of the Asia and South Pacific Design Automation Conference (ASP-DAC)*, Sydney, Australia, January 30–February 2, 2012, p. 383–388.
5. Liu, R., W. Wu, H. Zhu, and D. Yang. 2011. M2M-oriented QoS categorization in cellular network. In *Proceedings of the Wireless Communication, Networking, and Mobile Computation Conference (WiCOM)*, Wuhan, China, September 23–25, 2011, p. 1–5.

6. Krishna, M. and M. N. Doja. 2012. Self-organized energy-conscious clustering protocol for wireless sensor networks. In *Proceedings of the Advanced Communication Technology Conference (ICACT '12)*, Pyeongchang, Korea, February 19–22, 2012, p. 521–526.
7. Wei, S., H. Hsieh, and H. Su. 2012. Enabling dense machine-to-machine communications through interference-control clustering. In *Proceedings of the Wireless Communication and Mobile Computation Conference (IWCMC)*, Limassol, Cyprus, August 27–31, 2012, p. 774–779.
8. Babaie, S., A. K. Zadeh, and M. G. Amiri. 2010. The new clustering algorithm with cluster member bounds for energy dissipation avoidance in wireless sensor network. In *Proceedings of the Computer Design and Applications Conference (ICCDA '10)*, Qinghuangdao, China, June 25–27, 2010, p. 613–617.
9. Younis, S., M. Krunz, and S. Ramasubramanian. 2006. Node clustering in wireless sensor networks: Recent developments and deployment challenges. *IEEE Network* 20:20–25.
10. Younis, O. and S. Fahmy. 2004. A hybrid, energy-efficient, distributing clustering approach for *ad hoc* sensor networks. *IEEE Transactions on Mobile Computation* 3:660–669.
11. Sankarasubramanian, Y., I. Akyildiz, and S. McLaughilin. 2003. Energy efficiency-based packet size optimization in wireless sensor network. In *Proceedings of the 1st IEEE SNPA*, p. 1–8.
12. Xia, D. and N. Vlajic. 2007. Near-optimal node clustering in wireless sensor networks for environment monitoring. In *Proceedings of the Advanced Information Networking and Applications Conference (AINA '07)*, Ontario, Canada, May 21–23, 2007, p. 632–641.
13. Ishmanov, F. and S. W. Kim. 2009. Distributed clustering algorithm with load balancing in wireless sensor network. In *Proceedings of the World Congress on Computer Science and Information Engineering (CSIE '09)*, Los Angeles, March 31–April 2, 2009, p. 19–23.
14. Deng, J., Y. S. Han, W. B. Heinzelman, and P. K. Varshney. 2005. Scheduling sleeping nodes in high-density cluster-based sensor networks. *Proceedings of Mobile Network Applications* 10:825–835.
15. Wang, L. and Y. Xiao. 2006. A survey of energy-efficient scheduling mechanisms in sensor networks. *Mobile Network Applications (MONET)* 11:723–740.
16. Peng, M., Y. Xiao, and P. Wang. 2009. Error analysis and Kernel density approach of scheduling sleeping nodes in cluster-based wireless sensor networks. *IEEE Transactions on Vehicular Technology* 58, p. 5105–5114.
17. Wang, J., Y. Zhao, D. Wang, and T. Korhonen. 2007. Collision avoidance multiple access in wireless sensor networks. In *Proceedings of the IFIP Conference on Networking and Parallel Computation*, Shanghai, China, September 18–21, 2007, p. 529–534.
18. Wei, Y., J. Heidemann, and D. Estrin. 2002. An energy-efficient MAC protocol for wireless sensor networks. In *Proceedings of INFOCOM*, New York, June 23–27, 2002, p. 1567–1576.

19. Dam, T. and K. Langendoen. 2003. An adaptive energy-effiecient MAC protocol for wireless sensor networks. In *Proceedings of the ACM Conference on Embedded Network Sensor Systems*, Los Angeles, November 2003, p. 171–180.
20. Enz, C., A. El-Hoiydi, J. Decotignie, and V. Peiris. 2004. WiseNET: An ultra low-power wireless sensor network solution. *IEEE Computers* 37:62–70.
21. Lu, G., B. Krishnamachari, and C. Raghavendra. 2004. An adaptive energy-efficiency and low-latency MAC for data gathering in wireless sensor networks. In *Proceedings of the International Parallel and Distributed Process Symposium (IPDPS '04)*, New Mexico, April 26–30, 2004, pp. 863–875.
22. Mišić, V. B. and J. Mišić. 2006. Medium access in *ad hoc* and sensor networks. In Hossein Bidgoli, ed., *The Handbook of Computer Networks*, New York: John Wiley and Sons, p. 1057–1082.
23. Shih, E., S. Cho, N. Ickes, R. Min, A. Sinha, A. Wang, and A. Chandrakasan. 2001. Physical layer–driven protocol and algorithm design for energy-efficient wireless sensor networks. In *Proceedings of the ACM SIGMOBILE*, Rome, Italy, June 16–21, 2001, p. 272–286.
24. Abughalieh, N., K. Steenhaut, and A. Nowe. 2010. Low-power channel coding for wireless sensor networks. In *Proceedings of SCVT '10*, Enschede, Netherlands, November 24–25, 2010, p. 1–5.
25. Balakrishnan, G., M. Yang, Y. Jiang, and Y. Kim. 2007. Performance analysis of error control codes for wireless sensor networks. In *Proceedings of ITNG '07*, Las Vegas, Nevada, April 2–4, 2007, p. 876–879.
26. Li, L., R. G. Maunder, B. M. Al-Hashimi, and L. Hanzo. 2010. An energy-efficient error correction scheme for IEEE 802.15.4 wireless sensor networks. *IEEE Transactions on Circuit Systems 2: Express Briefs* 57:233–237.
27. Islam, M. R. 2010. Selection of error control/correction codes in wireless sensor network. In *Proceedings of ICECE '10*, Dhaka, Bangladesh, December 18–20, 2010, p. 674–677.
28. Sadeghi, N., K. Iniewski, S. Howard, V. C. Gaudet, S. Kasnavi, and C. Schlegel. 2006. Analysis of error control code use in ultra low-power wireless sensor networks. In *Proceedings of ISCAS '06*, Island of Kos, Greece, May 21–24, 2006, p. 3558–3561.
29. Kashani, Z. H. and M. Shiva. 2006. BCH coding and multi-hop communication in wireless sensor networks. In *Proceedings of WOCN '06*, Bangalore, India, April 11–13, 2006, p. 1–5.
30. Kashani, Z. H. and M. Shiva. 2006. Channel coding in multi-hop wireless sensor networks. In *Proceedings of ITST '06*, Chengdu, China, June 21–23, 2006, p. 965–968.
31. McDonagh, J., M. Sala, A. O'hAllmhurain, V. Katewa, and E. Popovici. 2007. Efficient construction and implementation of short LDPC codes for wireless sensor networks. In *Proceedings of the European Conference on Circuit Theory and Design (ECCTD)*, Siville, Spain, August 27–30, 2007, p. 703–706.
32. Shukair, M. and K. Namuduri. 2009. LDPC-like belief propagation algorithm for consensus building in wireless sensor networks. In *Proceedings of the 43rd Annual Conference on Information Science Systems (CISS '09)*, Baltimore, Maryland, March 18–20, 2009, p. 805–810.

33. Yamazato, T., H. Okada, M. Katayama, and A. Ogawa. 2004. A simple data relay process and turbo code application to wireless sensor networks. In *Proceedings of the ISWCS '04*, Mauritius, September 20–22, 2004, p. 398–402.
34. Abughalieh, N., K. Steenhaut, B. Lemmens, and A. Nowe. 2011. Parallel concatenation vs. serial concatenation turbo codes for wireless sensor networks. In *Proceedings of the IEEE Symposium on Communications of Vehicular Technology in the Benelux (SCVT)*, Ghent, Belgium, November 22–23, 2011, p. 1–6.
35. Asaduzzaman and H. Y. Kong. 2009. Coded diversity for cooperative MISO-based wireless sensor networks. *IEEE Communication Letters* 13:516–518.
36. Zhou, Z., S. Zhou, S. Cui, and J. Cui. 2008. Energy-efficient cooperative communication in a clustered wireless sensor network. *IEEE Transactions on Vehicular Technology* 57:3618–3628.
37. Cui, S., A. J. Goldsmith, and A. Bahai. 2004. Energy efficiency of MIMO and cooperative MIMO in sensor networks. *IEEE Journal on Selected Areas in Communications* 22:1089–1098.
38. Ochiai, H., P. Mitran, H. V. Poor, and V. Tarokh. 2005. Collaborative beamforming for distributed wireless *ad hoc* sensor networks. *IEEE Transactions on Signal Processing* 53:4111–4124.
39. Hult, T. and A. Mohammend. 2007. Cooperative beamforming for wireless sensor networks. In *Proceedings of EuCAP '07*, Edinburgh, Ireland, November 11–16, 2007, p. 1–4.
40. Chen, J. and A. Abedi. 2011. Distributed turbo coding and decoding for wireless sensor networks. *IEEE Communication Letters* 15:166–168.
41. Xia, Z., Y. Qu, H. Yu, and Y. Xu. 2009. A distributed cooperative product code for multi-source, multi-relay, single-destination wireless network. In *Proceedings of APCC '09*, Shanghai, China, October 8–10, 2009, p. 736–739.
42. Youssef, R. and A. Amat. 2011. Distributed serially concatenated codes for multi-source cooperative relay networks. *IEEE Transactions on Wireless Communication* 10:253–263.
43. Zhao, B. and M. Valenti. 2003. Distributed turbo-coded diversity for relay channel. *Electronics Letters* 39:786–787.
44. Zhang, Z. and T. Duman. 2005. Capacity-approaching turbo coding and iterative decoding for relay channels. *IEEE Transactions on Communication* 53:1895–1905.
45. Zhang, Z. and T. Duman. 2007. Capacity-approaching turbo coding for half-duplex relaying. *IEEE Transactions on Communication* 55:1895–1905.
46. Janani, M., A. Hedayat, T. Hunter, and A. Nosratinia. 2004. Coded cooperation in wireless communications: Space-time tranmisssion and iterative decoding. *IEEE Transactions on Signal Processing* 52:362–371.
47. Li, Y., B. Vucetic, and J. Yuan. 2008. Distributed turbo coding with hybrid relaying protocols. In *Proceedings of PIMRC*, Cannes, France, September 15–18, 2008, p. 1–6.

48. Bao, X. and J. Li. 2007. Efficient message relaying for wireless user cooperation: Decode–amplify–forward (DAF) and hybrid DAF and coded cooperation. *IEEE Transactions on Wireless Communication* 6:3975–3984.
49. Li, Y., B. Vucetic, T. Wong, and M. Dohler. 2006. Distributed turbo coding with soft information relaying in multi-hop relay networks. *IEEE Journal on Selected Areas in Communications* 24:2040–2050.
50. Chakrabarti, A., A. Baynast, A. Sabharwal, and B. Aazhang. 2007. Low-density parity codes for the relay channel. *IEEE Journal on Selected Areas in Communications* 25:280–291.
51. Hu, J. and T. Duman. 2007. Low-density parity check codes over wireless relay channels. *IEEE Transactions on Wireless Communications* 6:3384–3394.
52. Islam, M. R., Md. A. Hoque, K. K. Islam, and Md. S. Ullah. 2010. Cooperative communication in wireless sensor network using low-density parity check codes. In *Proceedings of ICECE '10*, Dhaka, Bangladesh, December 18–20, 2010, p. 662–665.
53. Obiedat, E. and L. Cao. 2010. Soft-information relaying for distributed turbo product codes (SIR-DTPC). *IEEE Signal Processing Letters* 17:363–366.
54. Heinzelman, W. R., A. P. Chandrakasan, and H. Balakrishnan. 2002. An application-specific protocol architecture for wireless micro-sensor networks. *IEEE Transactions on Wireless Communications* 1:660–670.
55. Younis, O. and S. Fahmy. 2004. HEED: A hybrid, energy-efficient, distributed clustering approach for *ad hoc* sensor networks. *IEEE Transactions on Mobile Computing* 3:660–669.
56. Ghelichi, M., S. K. Jahanbakhsh, and E. Sanaei. 2008. RCCT: Robust clustering with cooperative transmission for energy-efficient wireless sensor networks. In *Proceedings of ITNG '08*, Las Vegas, Nevada, April 7–9, 2008, p. 761–766.
57. Singh, B. and D. K. Lobigal. 2012. A novel energy-aware cluster head selection based on particle swarm optimization for wireless sensor networks. *Human-Centric Computing and Information Sciences* 2:1–28.
58. Nath, S. and P. B. Gibbons. 2007. Communicating via fireflies: Geographic routing on duty-cycled sensors. In *Proceedings of the International Conference on Information Processing in Sensor Networks (IPSN)*, Cambridge, Massachusetts, April 25–27, 2007, p. 440–449.
59. Wang, C. 2002. A bandwidth-efficient binary turbo-coded waveform using QAM signaling. In *Proceedings of Communications, Circuits, and Systems (ICCCAS)*, Chengdu, China, June 27–July 1, 2002, p. 37–41.
60. Pyndiah, R. M. 1998. Near-optimal decoding of product codes: Block turbo codes. *IEEE Transactions on Communications* 46:1003–1010.
61. Papaharalabos, S., P. Sweeney, and B. G. Evans. 2007. SISO algorithms based on max-log-MAP and log-MAP turbo decoding. *IET Communications* 1:49–54.
62. Bahl, L., J. Cocke, F. Jelinek, and J. Raviv. 1974. Optimal decoding of linear codes for minimizing symbol error rate. *IEEE Transactions on Information Theory* IT-20:284–287.

63. Hagenauer, J. and P. Hoeher. 1989. A Viterbi algorithm with soft-decision outputs and its applications. In *Proceedings of GLOBECOM '89*, Dallas, November 27–30, 1989, p. 1680–1686.
64. Robertson, P., E. Villebrun, and P. Hoeher. 1995. Comparsion of optimal and sub-optimal MAP decoding algorithms operating in the log domain. In *Proceedings of the International Conference on Communications (ICC)*, Seattle, Washington, June 18–22, 1995, p. 1009–1013.
65. Chase, D. 1972. Class of algorithms for decoding block codes with channel measurement information. *IEEE Transactions on Information Theory* IT-18:170–182.
66. Massey, J. L. 1969. Shift register synthesis and BCH decoding. *IEEE Transactions on Information Theory* IT-15:122–127.
67. Benedetto, S. and G. Montorsi. 1996. Unveiling turbo codes: Some results on parallel concatenated coding schemes. *IEEE Transactions on Information Theory* 42:409–428.
68. Hunter, T. 2004. Coded cooperation: A new framework for user cooperation in wireless networks. PhD dissertation, University of Texas at Dallas, Dallas, p. 22–28.
69. Simon, M. K. and M. S. Alouini. 2000. *Digital communication over fading channels: A unified approach to performance analysis*. New York: John Wiley and Sons, p. 419–431.

chapter 5

第5章

M2M 通信中 IEEE 802.15.4 网络的效率评估

Chao Ma，Jianhua He，Hsiao-hwa Chen 和 Zuoyin Tang

5.1 简介

M2M 技术使得很少或根本没有人为干预的机器设备之间直接通信[1-4]，可以支持广泛的应用，如智能电网、智能家居、消费电子、医疗保健监测、安全和监控、自动化和监控、远程维护和控制以及汽车[3,4]。在将来可以看到 M2M 技术在机器中使用的数量得到大幅增加。无线网络将在支持机器设备访问网络和 M2M 通信中起到关键作用。

在针对设备之间的低功耗和低数据率通信中，IEEE 802.15.4 标准已经得以标准化，与 IEEE 802.11 标准相反，它主要开发了用于终端用户的通信[5,6]。相比另一个面向设备目标的规范（即蓝牙[7]），802.15.4 标准可以提供更低功耗和更灵活的组网。采用 802.15.4 技术可以实现 M2M 通信低的设备和运行成本，这使得 IEEE 802.15.4 成为许多 M2M 应用中无线网络技术的有力候选，如家庭自动化、智能电网和消费电子。

在未来，M2M 应用有望支撑起巨大数量的机器设备，这将对任何提供对这些机器设备有效通信和访问的无线网络构成挑战。本章的目的是研究 802.15.4 技术如何有效地支持大规模 M2M 网络。通过 802.15.4 网络支持大量 M2M 设备具有诸多挑战。一个挑战是可能发生过多的帧冲突，导致非常低的网络吞吐量和能量效率。此外，随着 M2M 设备数量的增加和 802.15.4 技术的渗透，多个 802.15.4 网络可能被密集部署，或许会存在隐藏终端。隐藏终端的存在将进一步削弱 802.15.4 网络支持 M2M 通信的能力。针对 802.11 网络的隐藏终端问题已被广泛研究，但几乎还没有针对 802.15.4 网络中相关问题工作的报道。

本章介绍可以用来评估针对 M2M 通信的 802.15.4 网络吞吐量和节能性能的分析和仿真工具。隐藏终端的影响、由于随机信道接入的帧冲突，以及由于低信道质量导致的帧损坏都用于性能评价。问题可能出现在用于支持大量机器设备的多个并存 802.15.4 网络的密集部署中。关于分析方法，网络吞吐量可以通过给定的 MAC 参数，信号与干扰加噪声之比（Signal-to-Interference-plus-Noise Ratio，SINR）以及设备数量进行预测。结果表明，802.15.4 网络在两个具有代表性的网络场景中支持 M2M 通信的能力和不协调多网络运营对系统性能的影响。

文献中，对单一 802.15.4 网络基于仿真的评价已有广泛报道，包括参考文献［8］和［9］。此外，人们也提出了许多分析模型用于通过使用饱和或不饱和的流量来捕获单个 802.15.4 网络的吞吐量和能量消耗性能。Mišić等人[10]提出了一种马尔可夫模型来评估具有不饱和的下行链路和上行链路流量的 802.15.4 网络吞吐量。

然而，他们的分析模型与模拟结果匹配并不是很好。参考文献［11］中提出了一种简化马尔可夫模型，其中几何形状分布被用来近似随机退避计数器的均匀分布。但近似导致了对吞吐量预测中很大程度上的不准确性。802.15.4 的能量和吞吐量性能在参考文献［12］中进行了分析。如参考文献［13］中指出，建议的模型并没有充分模仿 802.15.4 的行为。参考文献［13］提出了具有独立信道感测概率假设的简单马尔可夫模型。该模型可以有效地预测信道感测概率，但不能准确预测吞吐量性能。参考文献［14］提出三维马尔可夫模型用来评估时隙载波侦听多路访问（Carrier Sense Multiple Access，CSMA）的吞吐量。然而，参考文献［14］未能正确转换建模状态。在参考文献［15］中，该模型被修订以提高精度。在参考文献［16］中，人们在分析模型添加信道误码率（Bit Error Rate，BER）来分析单个 802.15.4 网络的吞吐量性能。在参考文献［17］中，人们提出了针对饱和上行流量的时隙 CSMA 嵌入式二维马尔可夫模型。作者提出的二维马尔可夫链路模型可以准确预测单一网络的吞吐量和能量消耗。用于 M2M 通信的 IEEE 802.15.4 网络的不协调共存问题已在参考文献［18］和［19］中进行了分析，但没有研究具有信道位误码时的性能。

5.2 信道接入方案

双信道接入方案被指定为 IEEE 802.15.4 的标准[6]，即具有冲突避免的时隙 CSMA（CSMA with Collision Avoidance，CSMA-CA）算法用于信标模式和非时隙 CSMA-CA 算法用于非信标模式。本章主要介绍时隙 CSMA-CA 信道接入算法。802.15.4 时隙 CSMA-CA 算法在退避时隙的单元中操作。一个退避时隙具有 20 个符号的长度。除非另有说明，本章的其余部分中退避时隙简称为“时隙”。

根据数据帧成功接收的确认（ACK），时隙 CSMA-CA 算法可以在以下两种模式下运行：如果发送 ACK 帧，则为 ACK 模式；如果预计不会发送 ACK 帧，则为非 ACK 模式。本章主要介绍非 ACK 模式。在非 ACK 模式中，网络中的每个设备对于每次传输尝试保持有 3 个变量：NB、W 和 CW。NB 表示退避阶段，代表当一个设备试图在每个传输中发送数据帧时，CSMA-CA 过程中退避重试的次数。W 表示退避窗口，代表一个设备需要对每个退避阶段进行退避的退避时隙数目。CW 表示竞争窗口，代表空闲信道评估（Clear Channel Assessment，CCA）执行前，所需退避时段的数目。CW 在每次传输前设置为 2，在 CCA 中如果信道检测为忙时重置为 2。

每个设备开始新的传输尝试之前，NB 设置为 0，W 设置为 W_0。退避计数器从［0，W_0-1］选择一个随机数，并且它不感测信道，而是每个时隙都减小直到为 0。W_0 是初始退避窗口的大小。当退避计数器达到 0 时，执行第一个 CCA（表示为 CCA1)。如果 CCA1 中信道是空闲的，则 CW 减少 1，在 CCA1 之后执行第二个 CCA（表示为 CCA2）。如果 CCA1 和 CCA2 中信道都是空闲的，则帧将在下一时隙传输。如果 CCA1 或 CCA2 中的信道有一个忙，则 CW 复位为 2，NB 增加 1，而 W 加倍但不超过 W_x。W_x是最大退避窗口的大小，是系统配置参数。如果 NB 小于或等于允许的退避尝试次数 macMaxCSMABackoffs（表示为 m），则上述退避和 CCA 过程将重复。如果 NB 超过 m，则 CSMA-CA 算法结束。

5.3 模型假设

当多个 802.15.4 网络独立地邻近分布时，如果它们的操作并不协调，则可以有许多网络不互相干扰的场景。假设两个 802.15.4 网络部署很近，且考虑两种简单的代表性场景来专注于获得不协调操作对系统性能影响的理解。

两个网络标记为 NET1 和 NET2，用 N_1 和 N_2 分别来表示除了具有星形网络拓扑的体域网（Personal Area Network，PAN）协调器外的基本设备数量。每个网络的所有基本设备都在彼此的通信范围之内。每个网络中仅考虑从基本设备到协调器的上行链路流量。每个数据帧具有固定的长度，这需要 L 个时隙来传输通过信道。MAC 层帧中的数据有效载荷固定在 L_d时隙，这被作为 MAC 协议数据单元中的 MAC 有效载荷发送。假定两个网络都使用相同的 L 时隙通过信道来发送相等长度的数据载荷 L_d时隙。假设具有非 ACK 模式的饱和流量，这意味着每个设备始终具有发送到其协调器的帧。超帧被假定为只包含竞争访问阶段（CAP）以便仅关注我们的 CSMA-CA 分析。

5.3.1 场景 1

假设考虑的两个网络都在相同频率信道中操作，并且每个网络的通信范围是完全重叠的，如图 5.1a 所示。考虑前面提到的信标使能模式。每个网络有一个协调器，负责在超帧开始时广播信标帧。为简单起见，假定来自任何网络的信标都可以由所有属于该网络的基本设备正确地接收。两个网络共享整个信道频率，这意味着它们可以通过 CCA 检测彼此的传输。

5.3.2 场景 2

假定这两个网络共享信道频率，且它们的通信范围和信标使能模式完全重叠，如图 5.1b 所示。考虑每个网络的基本设备只能监听来自其所在网络中其他设备的传输，但是不能探测来自其他网络的传输，这意味对每个设备的 CCA 探测不受来自其他网络信道活动的影响。这是可能发生的，因为尽管它们在相同的频率信道工作，但是来自这两个网络的基本设备间距离太远从而难以彼此监听。针对网络的协调器可以检测到不仅是其所在网络而且是其他网络的所有基本设备的传输。在此假设下，隐藏终端会从相邻网络中出现。如果它们在信道访问部分重叠，则传输可以与来自其他网络的数据碰撞。

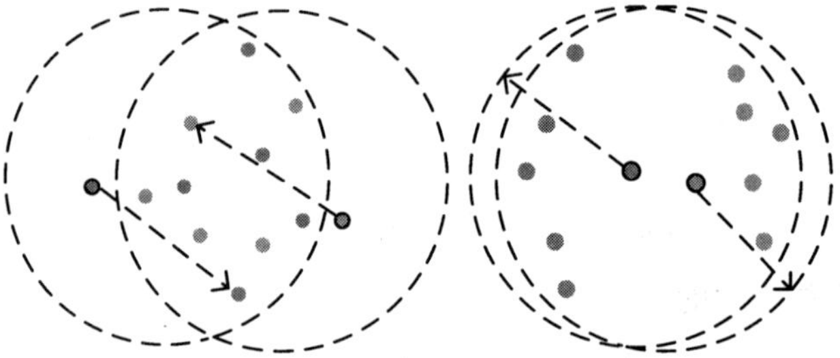

图 5.1　每个网络的通信范围完全重叠

5.4 系统模型

5.4.1 帧丢失概率

2.4GHz 的 IEEE 802.15.4 标准物理层使用偏移正交相移键控（Offset Quadrature Phase Shift Keying，O-QPSK）调制[6]。P_{rx}、P_{no}和P_{int}分别是 802.15.4 接收机中的信号功率、噪声功率和干扰功率。802.15.4 节点的 SINR 和 BER（表示为p_b）可以由下列公式计算：

$$\mathrm{SINR} = 10\log_{10}\frac{P_{rx}}{P_{no}+P_{int}} + P_{gain} \tag{5.1}$$

和

$$p_b = Q(\sqrt{2\alpha\mathrm{SINR}}) \tag{5.2}$$

式中，P_{gain}是处理增益（以 dB 为单位），$\alpha = 0.85$，而$Q(x)$ 是Q函数，代表标准正态随机变量获得比x大的概率。

采用 O-QPSK 调制和 250kbit/s 数据速率，比特通过每个符号进行调制，而符号速率为 62500 符号/s。由于每个时隙需要 20 个符号，因此可以得到每个数据帧 L 时隙有 $4\times20\times L=80L$ 位。通过误码率 p_b 和帧长度（L 时隙），可以用以下公式计算帧丢失概率（表示为 p_{corr}）：

$$p_{\text{corr}}=1-(1-p_b)^{80L} \tag{5.3}$$

5.4.2 帧碰撞概率

根据参考文献［15］中性能建模的思想，每个设备感测到的总体信道状态可以通过针对某个网络的更新过程来建模，它起始于空闲时段并紧跟固定长度 L 的时隙（帧传输）。例如，具有 $m=0$ 的马尔可夫链如图 5.2 所示[15]。它可以很容易地扩展到 $m>0$ 的情况。空闲时段取决于来自每个设备的随机退避时隙和发送活动。注意，空闲时隙的最大数目是 W_x-1 加上两个时隙 CCA。每个单独设备的时隙 CSMA-CA 操作可以通过具有有限状态的马尔可夫链进行建模。$p_{n,k}$表示从网络 n（n 表示网络标识，为 1 或 2）中某个设备而不是网络 n 中标记的基本设备的传输概率，从上一次传输后正好 k 个空闲时隙处开始，其中 $k\in[0,W_x+1]$[15]。在总体退避时隙中基本设备的传输概率可以通过为每个设备构建的马尔可夫链进行计算。为不失一般性，考虑 NET1 和 NET1 中的一个标记基本设备。针对标记的基本设

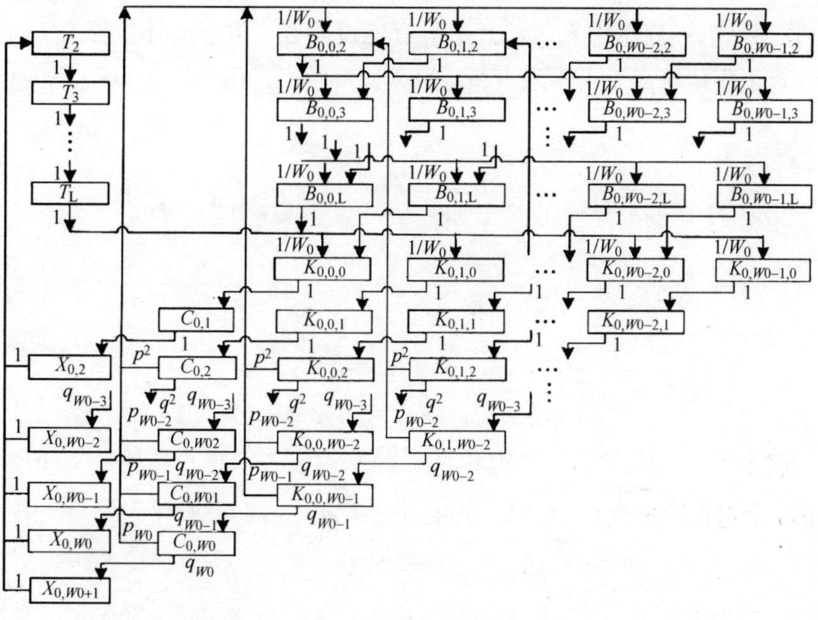

图 5.2　时隙 CSMA-CA 算法的马尔可夫链模型，在 M=0 的一个网络中具有非 ACK 模式

备，相应的马尔可夫链包含多个有限状态，并且每个对应于一个时隙中 CSMA-CA 算法的状态。这些有限状态将在下面进行介绍。用 $\overline{M}$ 表示在马尔可夫状态空间中一般状态 M 的稳态概率。为简单起见，忽略了下标“1”，这对应于马尔可夫状态中的 NET1。在下面的推导中，假定 NET1 和 NET2 使用同一套 MAC 参数，这很容易扩展到不同 MAC 参数组的情形。

1）忙状态：表示为 $B_{i,j,l}$，其中至少一个非标记基本设备的设备发送 L 时隙的一帧的第 l 部分，退避阶段和标记的基本设备退避计数器分别是 i 和 j，$i\in[0,m]$，$j\in[0,W_i-1]$ 且 $l\in[2,L]$，W_i 是 2^iW_0 和 W_m 中的最小值[15]。

$$\overline{B}_{0,j,2}=\sum_{k=2}^{W_0-1}p_k\overline{K}_{0,j+1,k}+\frac{1}{W_0}\sum_{k=2}^{W_0-1}p_k(\overline{K}_{m,0,k}+\overline{C}_{m,k}),i=0,j\in[0,W_0-1] \tag{5.4}$$

$$\overline{B}_{i,j,2}=\sum_{k=2}^{W_i-1}p_k\overline{K}_{i,j+1,k}+\frac{1}{W_i}\sum_{k=2}^{W_i-1}p_k(\overline{K}_{i-1,0,k}+\overline{C}_{i-1,k}),\quad i\in[1,m],j\in[0,W_i-1] \tag{5.5}$$

$$\overline{B}_{i,j,l}=\begin{cases}\overline{B}_{0,j+1,l-1}+\dfrac{\overline{B}_{m,0,l-1}}{W_0},i=0,j\in[0,W_i-1]\\ \overline{B}_{i,j+1,l-1}+\dfrac{\overline{B}_{i-1,0,l-1}}{W_i},i\in[1,m],j\in[0,W_i-1]\end{cases} \tag{5.6}$$

2）退避状态：表示为 $K_{i,j,k}$，其中具有退避阶段 i 中退避计数器为 j 的标记基本设备，自上次传输的 k 个空闲时隙后退避，其中 $i\in[0,m]$，$j\in[0,W_i-1]$，$k\in[0,W_i-1]$[15]。

$$\overline{K}_{0,j,0}=\overline{B}_{0,j+1,L}+\frac{\overline{B}_{m,0,L}+\overline{T}_L}{W_0},i=0,j\in[0,W_0-1] \tag{5.7}$$

$$\overline{K}_{i,j,0}=\overline{B}_{i,j+1,L}+\frac{\overline{B}_{i-1,0,L}}{W_i},i\in[1,m],j\in[0,W_i-1] \tag{5.8}$$

$$\overline{K}_{i,j,k}=\begin{cases}\overline{K}_{i,j+1,k-1},k\in[1,2]\\(1-p_{k-1})\overline{K}_{i,j+1,k-1},3\leqslant k\leqslant W_i-1\end{cases} \tag{5.9}$$

3）感测状态：表示为 $C_{i,k}$，其中标记的基本设备自上次传输的 k 个空闲时隙后，在第 i 个退避阶段执行 CCA2，其中 $i\in[0,m]$ 和 $k\in[1,W_i]$[15]。

$$\overline{C}_{i,k}=\begin{cases}\overline{K}_{i,0,k-1},k\in[1,2]\\(1-p_{k-1})\overline{K}_{i,0,k-1},k\in[3,W_i]\end{cases} \tag{5.10}$$

4）初始传输状态：表示为 $X_{i,k}$，其中标记的基本设备在退避阶段 $i\in[0,m]$开始传输一个帧，自上次传输的 $k\in[2,W_i+1]$ 个空闲时隙之后[15]。

$$\overline{X}_{i,k}=\begin{cases}\overline{C}_{i,k-1}, k=2\\(1-p_{k-1})\overline{C}_{i,k-1}, k\in[3,W_i+1]\end{cases} \tag{5.11}$$

5）传输状态：表示为 T_l，其中标记的基本设备发送帧的第 l 部分，$l\in[2,L]$。第一部分在状态 $X_{i,k}$ 中发送[15]。

$$\overline{T}_l=\begin{cases}\sum_{i=0}^{m}\sum_{k=2}^{W_i+1}\overline{X}_{i,k}, l=2\\\overline{T}_{l-1}, l\in[3,L]\end{cases} \tag{5.12}$$

对 CAP 中的非重叠部分，标记基本设备自上次传输的恰好 k 个空闲时隙后传输的传输概率 τ_k 可通过 $\tau_k=0$ 计算，适用于 $k\in[0,1]$ 和 $k\in[2,W_x+1]$[15]。

$$\tau_k=\frac{\sum_{i=0}^{m}\overline{X}_{i,k}}{\sum_{i=0}^{m}[\overline{X}_{i,k}+\overline{C}_{i,k}+\sum_{j=0}^{W_i-1}\overline{K}_{i,j,k}]} \tag{5.13}$$

对于场景 1，有了上述推导自传输概率 τ_k 的表达式（$\tau_{1,k}$和 $\tau_{2,k}$分别针对 NET1 和 NET2），可以对具有 $k\in[0,W_x+1]$ 的场景 1 中标记基本设备进行信道繁忙概率 p_k^I（$p_{1,k}^I$和 $p_{2,k}^I$分别针对 NET1 和 NET2）计算[18]：

$$p_{1,k}^I=1-(1-\tau_{1,k})^{N_1+N_2-1} \tag{5.14}$$

$$p_{2,k}^I=1-(1-\tau_{2,k})^{N_1+N_2-1} \tag{5.15}$$

由于针对所有稳态概率的平衡方程和 $p_{1,k}^I$和 $p_{2,k}^I$，导出 $k\in[0,W_x+1]$ 表达式已经推导出，用于标记基本设备的马尔可夫链可以进行数值求解。在此之后，可以计算出单独网络和整个系统的吞吐量。

对于场景 1，整个网络的吞吐量通过下式计算

$$S^I=L_d(N_1+N_2)\sum_{i=0}^{m}\sum_{k=1}^{W_i}\overline{C}_{1,i,k-1}(1-p_{1,k-1}^I)(1-p_{1,k}^I)(1-p_{corr}) \tag{5.16}$$

单独网络吞吐量则通过下式计算

$$S_n^I=\frac{S^I N_n}{N_1+N_2}, n=1,2 \tag{5.17}$$

为分析能耗，使用了归一化的能源消耗，在参考文献［12］中定义为传输一个时隙的有效载荷所消耗的平均能量。时隙中传输帧的能耗（表示为 E_t）和时隙中执行 CCA 的能耗（表示为 E_c）分别设定为 0.01 和 0.01135mJ[12]。用 η_n 代表针对具有 NET1 和 NET2 的场景 1 中归一化的能源消耗：

$$\eta_n^I=\frac{N_n}{S_n^I}\sum_{i=0}^{m}\{\sum_{l=2}^{L}E_cB_{n,i,0,l}+\sum_{k=0}^{W_i+1}[E_c(K_{n,i,0,k}+C_{n,i,k})+LE_tX_{n,i,k}]\},$$
$$n=1,2 \tag{5.18}$$

对于场景 2，信道访问操作不受来自其他网络信道活动的影响。网络中其他网络传输对场景 2 的唯一影响在于帧接收的结果。网络中从标记设备传送到协调器的

帧不与来自同一网络中其他设备的帧发生碰撞，但它仍有可能与来自其他网络的帧碰撞。图5.3所示为针对场景2的不协调操作。需要解决的问题是成功帧接收概率的计算，这依赖于来自两个网络的传输概率。

对场景2，NET1和NET2的信道繁忙概率分别是$p_{1,k}^{II}$和$p_{2,k}^{II}$：

$$p_{1,k}^{II}=1-(1-\tau_{1,k})^{N_1-1} \tag{5.19}$$

$$p_{2,k}^{II}=1-(1-\tau_{2,k})^{N_2-1} \tag{5.20}$$

用马尔可夫链模型可以计算出NET2的新传输概率$\tau_{2,k}$（见式5.13）。可以推导得出NET2中一次传输之前的精确k空闲时隙的概率，对于$k\in[0,1]$和对于$k\in[2,W_x+1]$，用$p_{2,\text{idle},k}=0$（标识符2表示NET2）表示[18]：

$$p_{2,\text{idle},k}=\begin{cases}1-(1-\tau_{1,k})^{N_2},k=2\\(1-(1-\tau_{1,k})^{N_2})\prod_{z=2}^{k-1}(1-\tau_{1,k})^{N_2},k\in[3,W_x+1]\end{cases} \tag{5.21}$$

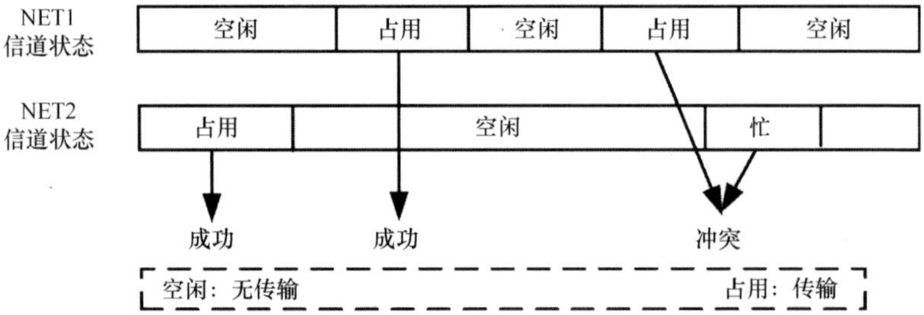

图5.3　对于场景2，来自两个不协调802.15.4网络的帧碰撞例子

对于来自NET2跟随k个空闲时隙的传输，存在来自NET1的独立传输与来自NET2的传输不会碰撞的概率$p_{2,\text{suc},k}$。注意，仅当来自NET2的空闲时隙k大于或等于NET1中发送数据长度L_1时，概率$p_{2,\text{suc},k}$大于0。来自NET1的帧与来自NET2的帧碰撞如图5.4所示。

可以由下式计算出$p_{2,\text{suc},k}$，$k\in[2,W_x+1]$[18]：

$$p_{2,\text{suc},k}=\begin{cases}0,k<L_1\\\dfrac{k-L_1+1}{k},k\geqslant L_1\end{cases} \tag{5.22}$$

来自NET1的传输不与来自NET2的传输碰撞的平均概率$p_{2,\text{suc},\text{avg}}$可以通过下式计算[18]：

$$p_{2,\text{suc},\text{avg}}=\frac{\sum_{k=2}^{W_x+1}k\cdot p_{2,\text{idle},k}\cdot p_{2,\text{suc},k}}{\sum_{k=2}^{W_x+1}(k+L_2)\cdot p_{2,\text{idle},k}} \tag{5.23}$$

式中，L_2是NET2中发送数据的长度。

最后，可由下式计算出对于场景 2 中 NET1 的吞吐量 S_1

$$S_1^{II} = N_1 L_d \sum_{i=0}^{m} \sum_{k=1}^{W_i} \overline{C}_{1,i,k-1}(1-p_{1,k-1})(1-p_{1,k})(1-p_{\text{corr}})p_{2,\text{suc},\text{avg}} \quad (5.24)$$

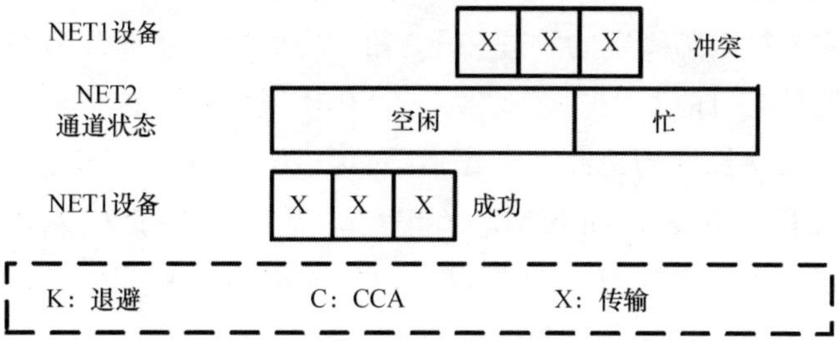

图 5.4　来自 NET1 的帧与来自 NET2 的帧碰撞

同样地，可以使用相同的方法来计算对于场景 2 中 NET2 的吞吐量 S_2：

$$S_2^{II} = N_2 L_d \sum_{i=0}^{m} \sum_{k=1}^{W_i} \overline{C}_{2,i,k-1}(1-p_{2,k-1})(1-p_{2,k})(1-p_{\text{corr}})p_{1,\text{suc},\text{avg}} \quad (5.25)$$

场景 2 的整体网络吞吐量通过 $S = S_1 + S_2$ 计算得出。场景 2 的归一化能量消耗对于 NET1 和 NET2 分别是

$$\eta_n^{II} = \frac{N_n}{S_n^{II}} \sum_{i=0}^{m} \{ \sum_{l=2}^{L} E_c B_{n,i,0,l} + \sum_{k=0}^{W_i+1} [E_c (K_{n,i,0,k} + C_{n,i,k}) + L E_t X_{n,i,k}] \},$$
$$n = 1,2 \quad (5.26)$$

5.5　数值结果与性能分析

离散事件仿真器已经被用于非协调 IEEE 802.15.4 网络，并验证了提出的分析模型。考虑频带在 2400～2483.5MHz、具有 O-QPSK 调制和 250kbit/s 数据速率的 IEEE 802.15.4 物理层（PHY）。采用 O-QPSK 调制，每个符号进行 4B 调制。对 PHY 有每秒 62500 符号的符号率。因为每个时隙需要 20 个符号，在 1s 内至多可以成功传输 3000 时隙的数据。该结果是基于默认的 NET1 MAC 参数获得：$W_0 = 2^3$，$W_x = 2^5$ 和 $m = 4$。为研究来自 NET2 的非协调操作影响，NET2 中 M2M 设备数目和 MAC 参数是变化的。数据帧中的报头 L_h 是 1.5 个时隙，具有 MAC 和 PHY 层报头的数据长度是 $L = L_d + L_h$。假设两个网络发送的帧具有相同数据长度 L。图中呈现的各个模拟结果来自 20 次模拟和 10^5 数据帧的平均传送。图 5.5给出了有帧丢失和没有帧丢失的结果。对于帧丢失的情况，SINR 设置为 6dB。

图 5.5 给出了对于场景 1，时隙 $L = 3$ 和 $L = 6$ 时 NET1 的吞吐量。对于 $L = 3$ 时，$L_d = 1.5$，而一个帧的数据长度是 15B。类似地，对于 $L = 6$ 时，$L_d = 5.5$，而

一个帧的数据长度是 55B。NET2 的 MAC 参数设定为与 NET1 的相同，而 NET2 中的基本设备数量是 5。可以看出分析结果和模拟结果正好吻合。正如图 5.5 中观察到的，不存在帧丢失（意味着 SINR 足够高）；数据帧越长，信道接入方案的吞吐效率越高。这主要是因为固定的物理和上层的 MAC 层。然而，当有帧丢失时，数据帧越长，帧就越有可能丢失。据观察，在 SINR 很低时，具有较短帧长度的吞吐量效率比具有较长帧长度的更高。考虑 NET1 中 20 个 M2M 设备的情况。NET1 没有帧丢失的吞吐量是 0.06，而 SINR = 6dB、$L=3$ 时吞吐量为 0.05，这意味着对 NET1，1s 共有至多 60 和 50 个数据信息可以传递成功。NET1 中的每个 M2M 设备可以分别在帧丢失和无帧丢失情形下实现在 1s 内至多 3 个和 2.5 个具有信息大小 $L=3$的数据信息传送。这些性能是 M2M 应用中可合理接受的。例如，智能计量应用中每个智能电表可能需要每隔 1s 发送几个计量数据信息。然而，当系统中存在更多 M2M 设备或 SINR 很低时，NET1 的吞吐量进一步下降，则 802.15.4 网络可能无法有效支持正常的 M2M 应用。

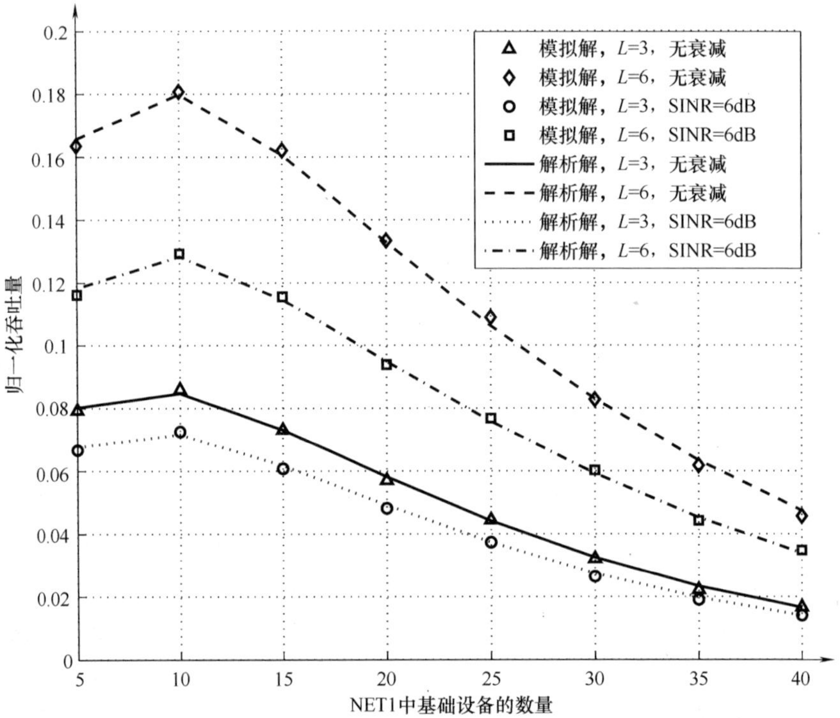

图 5.5　对于情形 1，在没有衰减和 SINR = 6 时，$L=3$ 和 $L=6$ 时隙 NET1 的吞吐量曲线；NET2 中有 5 个设备，BE_{min} 设为 3，初始回退窗口 W_0 设为 2^3

场景 2 中 NET1 的吞吐量如图 5.6 所示，其中 NET2 有 5 个设备。该图表明对

于 $BE_{min}=3$ 和 $L=3$，即使当 NET1 中只有 5 个基本设备且没有任何帧丢失时，NET1 的吞吐量也降到低于 0.04。对更大帧长度 $L=6$，NET1 吞吐量甚至进一步下降。

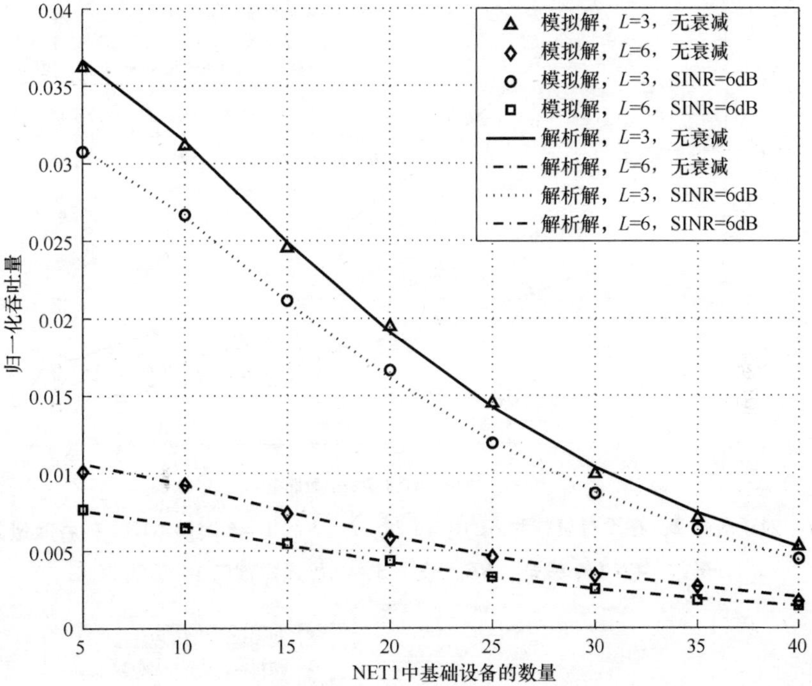

图 5.6　对于场景 2，在没有衰减和 SINR = 6 时，$L=3$ 和 $L=6$ 时隙 NET1 的吞吐量曲线；NET2 中有 5 个设备，BE_{min} 设为 3，初始回退窗口 W_0 设为 2^3

可以观察到，分析结果与模拟结果匹配非常好，这表明提出的分析模型具有准确性。考虑 NET1 中有 10 个 M2M 设备的情况，NET1 的吞吐量在无帧丢失时是 0.01，而在 SINR = 6dB 时是 0.007。这意味着，NET1 中每个 M2M 设备可以在有和没有丢失帧时分别成功发送至多 0.5 和 0.35 个数据信息。当 NET1 中有更多 M2M 设备时，NET1 的吞吐量进一步下降，此时即使信道中有帧丢失，802.15.4 网络也不能有效地支撑正常的 M2M 应用。上面的分析表明，对于场景 2，802.15.4 网络的非协调操作可以显著影响网络对 M2M 应用支持的有效性。

图 5.7 和 5.8 显示了当 NET2 中只有一个基本设备时，场景 2 中 NET1 的吞吐量。使用两组初始退避窗口（$BE_{min}=3$ 和 $BE_{min}=5$）来研究 NET2 上的 CSMA-CA 参数设置对 NET1 性能的影响。

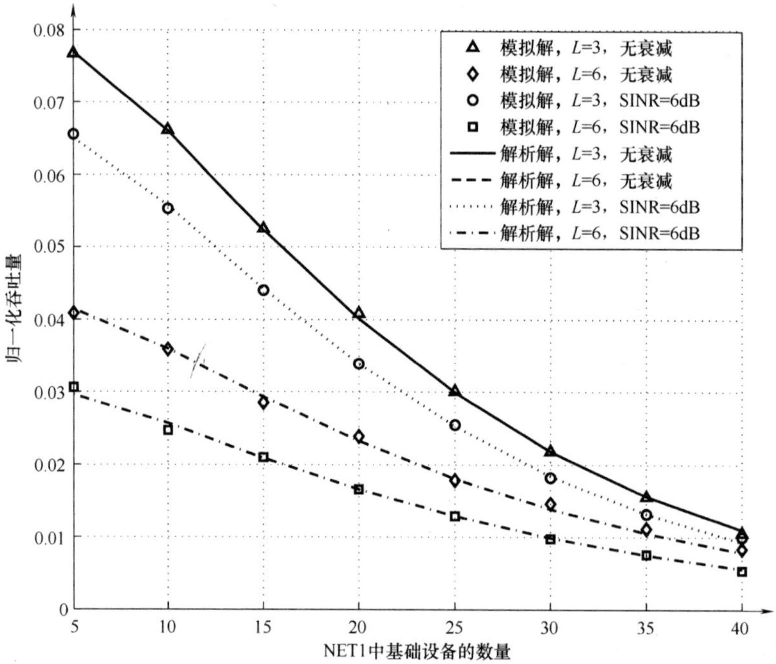

图 5.7　对于场景 2，在没有衰减和 SINR = 6 时，$L=3$ 和 $L=6$ 时隙 NET1 的吞吐量曲线；NET2 中有 1 个设备，$BE_{\min}$ 设为 3，初始退避窗口 W_0 设为 2^3

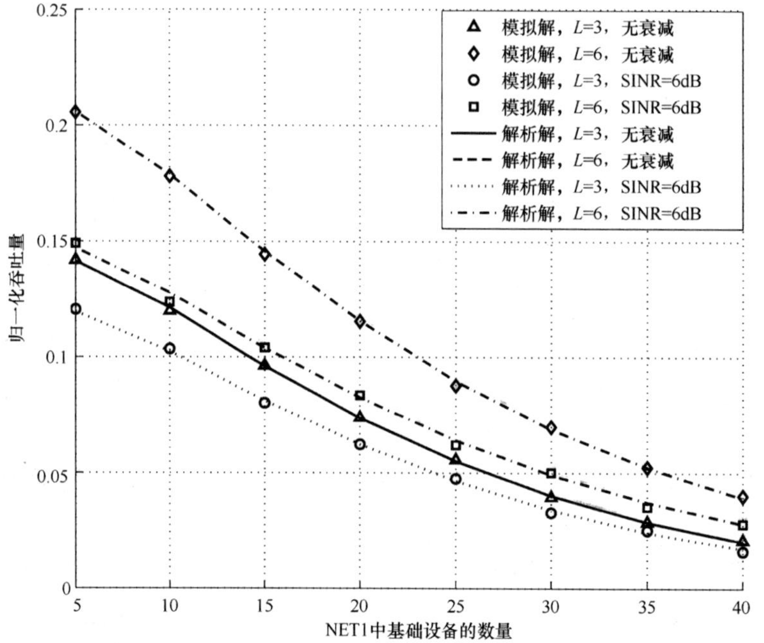

图 5.8　对于场景 2，在没有衰减和 SINR = 6 时，$L=3$ 和 $L=6$ 时隙 NET1 的吞吐量曲线；NET2 中只有 1 个设备，$BE_{\min}$ 设为 5，初始退避窗口 W_0 设为 2^5

对于 $BE_{min}=3$，NET1 的吞吐量相比场景 1 仍然是相当低，但比 NET2 中有 5 个基本设备的结果好得多，如图 5.6 所示。随着 NET2 的随机退避窗口增加（$W_0=2^5$），可以观察到当没有帧丢失时，具有更大帧长度 $L=6$ 的 NET1 吞吐量增加至 0.2。具有 $L=3$ 的 NET1 吞吐量比具有 $L=6$ 的吞吐量更低，这与我们在 NET2 中有 5 个基本设备时的观察相反，如图 5.6 所示。

据观察，随着 NET2 中随机退避窗口的增加，场景 2 中 NET1 的吞吐量显著改善。这可以通过以下事实解释，随着 NET2 中设备更大的随机退避窗口，来自 NET1 和 NET2 的帧之间将有更低的碰撞概率。注意，由于更大的退避窗口，这种改进可能以信息传送延迟的增加为代价而获取。

图 5.9 所示为当 NET2 只有一个基本设备和对于 NET2，$BE_{min}=5$ 时，场景 2 中 NET1 的能耗。随着 NET1 中的 M2M 设备增加，NET1 的能耗将急剧增加，并将几乎无法支持 M2M 应用。据观察，非协调操作和帧丢失都可以导致能量消耗的显著增加，因为更多数据消息可能发送时碰撞或丢失。

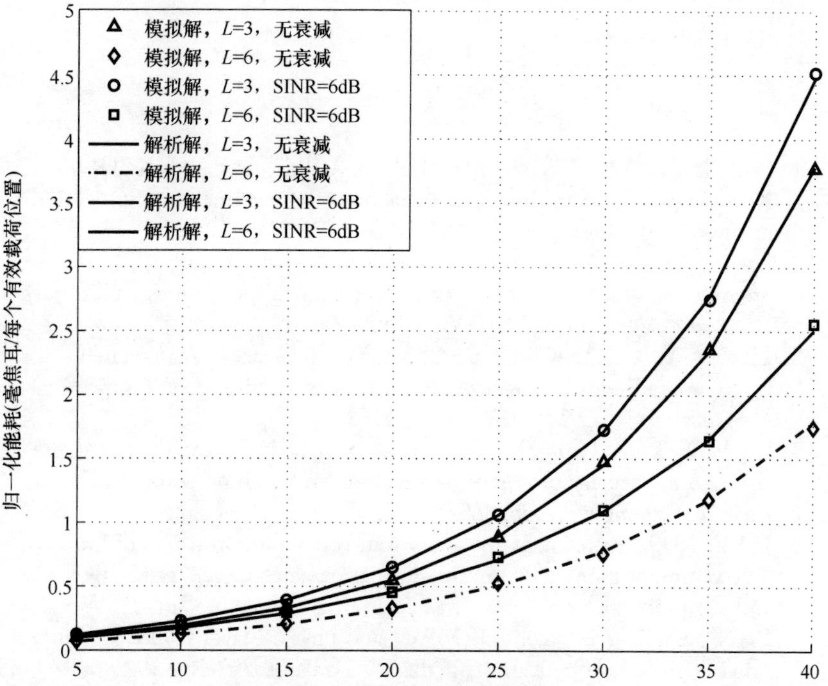

图 5.9　对于场景 2，在没有衰减和 SINR = 6 时，$L=3$ 和 $L=6$ 时隙 NET1 的能耗曲线；NET2 中只有 1 个设备，BE_{min} 设为 5，初始退避窗口 W_0 设为 2^5

5.6 结论

M2M 技术由于其降低成本和改善服务的巨大潜力，为用户开辟了新的机会。无线 M2M 网络可以在 M2M 技术中发挥重要作用。预计随着 M2M 设备数量的爆炸性增加，无线 M2M 网络将面临巨大的挑战。例如，大量 M2M 设备可能会产生过量的干扰，并由于来自无线信道的噪声可能有很低的 SINR。网络带宽可能不足以用于 M2M 设备共享，并且来自 M2M 应用的 QoS 要求也不能得到满足。本章开发了分析和仿真工具，用于研究 IEEE 802. 15. 4 网络支持 M2M 应用的有效性。尤其是，研究了隐藏终端和帧丢失对系统性能和 M2M 应用支持的影响。数据结果表明，随着 M2M 设备数量的增加，即使没有帧丢失，网络性能也可能会显著下降。对一些 M2M 应用，如果由于非协调网络操作存在隐藏终端，QoS 要求不太可能得到满足。在今后的工作中，计划研究更多场景下 802. 15. 4 网络的有效性，并考虑更多来自具体 M2M 应用的 QoS 要求。预计将针对共存 IEEE 802. 15. 4 网络提出协调方案以改善系统的性能。

参考文献

1. Fadlullah, Z. M., M. M. Fouda, N. Kato, A. Takeuchi, N. Iwasaki, and Y. Nozaki. 2011. Toward intelligent machine-to-machine communications in smart grid. *Communications Magazine (IEEE)* 49:60–65.
2. Hu, R. Q., Y. Qian, H.-H. Chen, and A. Jamalipour. 2011. Recent progress in machine-to-machine communications (guest editorial). *Communications Magazine (IEEE)* 49:24–26.
3. Lien, S.-Y. and K.-C. Chen. 2011. Massive access management for QoS guarantees in 3GPP machine-to-machine communications. *Communications Letters (IEEE)* 15:311–313.
4. Lu, R., X. Li, X. Liang, X. Shen, and X. Lin. 2011. GRS: The green, reliability, and security of emerging machine-to-machine communications. *Communications Magazine (IEEE)* 49:28–35.
5. IEEE. 1999. Supplement to IEEE standard for information technology: Telecommunications and information exchange between systems—Local and metropolitan area networks: Specific requirements: Part 11. Wireless LAN medium access control (MAC) and physical layer (PHY) specifications: High-speed physical layer in the 5-GHz band. *IEEE Std 802.11a-1999*.
6. IEEE. 2006. IEEE standard for information technology: Local and metropolitan area networks—Specific requirements: Part 15.4. Wireless medium access control (MAC) and physical layer (PHY) specifications for low-rate wireless personal area networks (WPANS). *IEEE Std 802.15.4-2006 (Revision of IEEE Std 802.15.4-2003)*. p. 1–320.
7. IEEE. 2005. IEEE standard for information technology: Tele-

communications and information exchange between systems—Local and metropolitan area network: Specific requirements: Part 15.1. Wireless medium access control (MAC) and physical layer (PHY) specifications for wireless personal area networks (WPANS). *IEEE Std 802.15.1-2005 (Revision of IEEE Std 802.15.1-2002)*. p. 1–580.

8. Jurcik, P., A. Koubaa, M. Alves, E. Tovar, and Z. Hanzalek. 2007. A simulation model for the IEEE 802.15.4 protocol: Delay/throughput evaluation of the GTS mechanism. In *15th International Symposium on Modeling, Analysis, and Simulation of Computer and Telecommunication Systems (MASCOTS '07)*, p. 109–116.
9. Koubaa, A., M. Alves, and E. Tovar. 2006. A comprehensive simulation study of slotted CSMA/CA for IEEE 802.15.4 wireless sensor networks. In *2006 IEEE International Workshop on Factory Communication Systems*, p. 183–192.
10. Mišić, J., S. Shafi, and V. B. Mišić. 2006. Performance of a beacon-enabled IEEE 802.15.4 cluster with downlink and uplink traffic. *IEEE Transactions on Parallel and Distributed Systems* 17:361–376.
11. Ramachandran, I., A. K. Das, and S. Roy. 2007. Analysis of the contention access period of IEEE 802.15.4 MAC. *ACM Transactions on Sensor Networks (TOSN)* 3:4.
12. Park, T. R., T. H. Kim, J. Y. Choi, S. Choi, and W. H. Kwon. 2005. Throughput and energy consumption analysis of IEEE 802.15.4 slotted CSMA/CA. *Electronics Letters* 41:1017–1019.
13. Pollin, S., M. Ergen, S. C. Ergen, B. Bougard, L. V. der Perre, F. Catthoor, I. Moerman et al. 2005. Performance Analysis of Slotted IEEE 802.15.4 Medium Access Layer. Belgium: Inter-University Micro-Electronics Center. Technical Report.
14. Tao, Z., S. Panwar, D. Gu, and J. Zhang. 2006. Performance analysis and a proposed improvement for the IEEE 802.15.4 contention access period. In *2006 Wireless Communications and Networking Conference (WCNC '06). IEEE*. Vol. 4, p. 1811–1818.
15. He, J., Z. Tang, H. H. Chen, and S. Wang. 2008. An accurate Markov model for slotted CSMA/CA algorithm in IEEE 802.15.4 networks. *Communications Letters (IEEE)* 12:420–422.
16. Che, Z., J. He, Y. Zhou, Z. Tang, and C. Ma. 2011. Modeling impact of both frame collisions and frame corruptions on IEEE 802.15.4 channel access for smart grid applications. In *U-and E-Service, Science, and Technology*. Springer, Berlin, p. 100–105.
17. Lee, T., H. R. Lee, and M. Y. Chung. 2006. MAC throughput limit analysis of slotted CSMA/CA in IEEE 802.15.4 WPAN. *Communications Letters (IEEE)* 10:561.
18. Ma, C., J. He, H.-H. Chen, and Z. Tang. 2012. Uncoordinated coexisting IEEE 802.15.4 networks for machine-to-machine communications. *Peer-to-Peer Networking and Applications* 264:1–11.
19. Ma, C., J. He, Z. Tang, W. Guan, and Y. Li. 2012. Investigation of uncoordinated coexisting IEEE 802.15.4 networks with sleep mode for machine-to-machine communications. *International Journal of Distributed Sensor Networks* 2012: 11pp.

chapter 6

第6章

无线 M2M 通信网络的可靠性

Lei Zheng 和 Lin Cai

6.1 简介

很多 M2M 应用的快速增长取决于无线通信网络的高可靠性。然而，由于广播的性质，无线通信容易出错，并可能遭受很高的随时间变化的比特误码率（Bit Error Rate，BER），在数据收集或分配中引起丢失或延迟从而抑制通信的可靠性。此外，M2M 应用的故障或损坏可能会导致通信不可靠，如灾害监测、医疗保健，以及智能电网中需求响应（Demand Response，DR）的控制。因此，理解和量化无线 M2M 网络通信的可靠性是非常关键的。

通常，与 M2M 通信的可靠性相关的问题有以下两种类型：设备可用性和传输可靠性。设备可用性是设备保持正常运行的概率。为解决这个问题，引入了通用移动电信系统（Universal Mobile Telecommunications System，UMTS）可靠性分析[1]。UMTS 网络的分层结构使用马尔可夫链建模以确定可靠性特性。参考文献［2，3］中，开展了针对广域测量系统（Wide-Area Measurement System，WAMS）的可靠性评估。该系统是通常应用于电力或其他系统进行基础设施的监测和控制的 M2M 通信系统。为了保护 M2M 通信免于设备故障，最可行的策略是采取冗余系统设计。采用多跳备份设备和多路径通信[4,5]的适当配置，不仅可以加强 M2M 通信可用性，而且可以降低设备故障或维修的成本[6]。

第二类可靠性问题与通信质量相关。以下几种常见的因素会影响通信可靠性，包括概率无线信道行为、媒体访问控制（Medium Access Control，MAC）中的碰撞或缓冲区溢出以及网络拓扑。

针对无线信道，存在一些内在损伤，如噪声，信道衰减（包括路径损耗、遮蔽和多径衰减），以及干扰。它降低接收信号的信号与干扰和噪声之比，从而危害通信可靠性。

对于 MAC，一般有以下两种类型的 MAC 协议：基于竞争（如 Aloha，载波感测多址接入，IEEE 802.11 分布式协调功能）和基于调度（如时间/频率/码分多址）。由于无须专用的协调器，基于竞争的协议很容易实现，并已被广泛地应用于具有突发流量的场景中，如传感器网络，IEEE 802.11 网络，以及蜂窝网络中上行链路信道的访问。然而，对于恒定比特率流量或高可靠性要求的应用，它们不是很理想，因为数据包可能由于碰撞被丢弃。相比基于竞争的协议，基于调度的协议在提供可靠的数据收集和分配中更有优势，因为网络中分配用于不同设备的无线电资源通常是彼此正交的，从而不会引起相互干扰。

此外，定义了如何构建无线网络（如使用单跳还是多跳架构）的网络拓扑，可能会影响通信的可靠性。对于无线链路，传输距离越长，接收到的信噪比（Signal-to-Noise Ratio，SNR）越低，因此链路可靠性越差。如果通过引入中继改变拓扑结构，则每跳的传输范围减小。为改善端到端的通信可靠性，这种拓扑结构的改变是可能的但却不是必须的，其取决于多跳通信的可靠性。

为了提供可靠的通信服务，针对无线网络开发了不同通信层中的不同方法，如物理层的自适应调制和编码（Adaptive Modulation and Coding，AMC）及信道编码[7,8]，链路层的自动重复请求和网络编码[9-12]，网络层健全的路由算法[4,5,13]，以及网络的拓扑控制[14]和交叉层设计[15]。改善无线网络通信可靠性的技术预期同样可用于无线M2M网络的配置。然而，在以一种可靠方式共享信息时允许更大的灵活性仍然构成了对无线M2M通信的挑战，特别是当其数据收集和分配的特定功能没有得到充分考虑时。例如，智能电网中的DR服务，不仅要求来自单一智能电表的准确信息，而且还依赖于其可以成功连接的智能电表数量[16,17]。

为增加对通信可靠性及其对M2M应用影响的理解，本章提出了一种通用模型，通过考虑无线M2M网络中的多随机效应（包括阴影、瑞利衰落、节点的随机位置以及网络的拓扑结构）来评估无线M2M通信网络的通信可靠性。

6.2 智能电网中通信对DR的影响

电力控制系统和通信技术的融合产生了智能电网[18]。随着先进计量基础设施的普及，消费者有望在未来的智能电网中发挥越来越重要的作用。有前景的智能电网应用包括智能电表、配网自动化、DR、设备诊断以及广域监视和控制[19]。其中DR预计将是杀手级应用，并会在电网系统中产生显著影响。以往的研究[20,21]已显示出其巨大的潜力和优势。

通信可靠性同时影响DR的准确性和有效性。本节采用参考文献［21］中提出的DR控制应用，研究了通信可靠性对M2M应用性能的影响。

6.2.1 DR控制策略

图6.1所示为智能电网中典型的无线通信网络，其中的N个节点（智能电表）装配在由中央数据聚合（Data Aggregator，DA）覆盖的服务区域内分布的房屋中。对于DR，智能电表定期将测量结果报告给DA，包括消耗负载、功率需求等的信息，并从它接收控制命令。

参考文献［21］中，基于温度优先列表性能的直接负载控制方案被用来聚合1000个加热，通风和空调（Heating，Ventilation，and Air Conditioning，HVAC）的负载（具有4℃的温度带宽和0℃的室外日平均温度）用于负载平衡服务。使用了两种类型的控制信号：调节信号和负载跟随信号。两种控制信号都归一化到±1MW。如参考文献［21］所示，如果可靠和准确的双向通信始终可用，其性能可以很好地满足负载平衡要求。

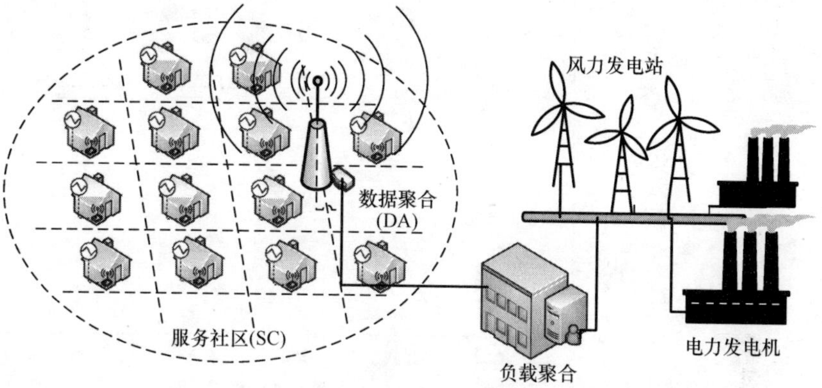

图 6.1　智能电网中的 DR

6.2.2　通信错误的影响

为了说明通信错误对 DR 程序有效性的影响，模拟了具有通信障碍时从 DA 到智能电表的控制命令提交[17]。假设发送到 1000 个 HVAC 单元的控制命令中有 ρ 百分比（ρ=0，1，2，3，4 和 10）是不正确的或丢失的，采用不同模式的通信错误进行了两种场景（情况 1 和情况 2）模拟：情况 1，在 1000 个 HVAC 单元中随机出现数据包丢失。情况 2，1000 个 HVAC 单元中只有前 100 会出现数据包随机丢失。假设，如果一个单元没有从中央控制器单元接收到命令，它将保持在其之前的状态，直至达到最大或最小的局部温度设定。控制误差（实际功率消耗和目标功率消耗之间的差）如图 6.2 所示。用户舒适度水平的偏离（见图 6.3）通过每天不同时间室内温度超过温度区域来测量。以下结论都是来自模拟结果。

如果通信故障随机发生在 1000 个 HVAC 单元中，DR 性能不会显著降低。这是因为，在每个时间间隔，只有一小部分 HVAC 单元必须打开或关闭。控制命令没有到达这些单元的概率可能很小。例如，如果 50 个单元需要从“开”切换到“关”且 ρ=4，那么平均而言，只有 2 个单元预计会不响应切换。这两个单元在接下来的时间间隔内接收不到命令的可能性非常低，也不会显著影响整体性能。

然而，如果通信障碍都集中在 100 个 HVAC 单元中，DR 系统的性能会显著降低。这是因为，在每个时间间隔，100 个 HVAC 单元的 10% 将接收不到命令。累积下来，一些单元可能几个时间间隔都不会收到命令，导致与其目标输出有较大的偏离。

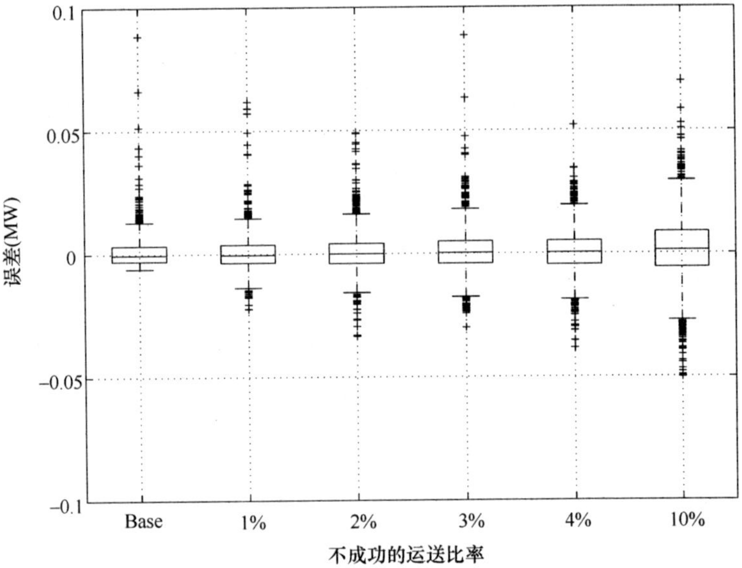

a) 负荷跟踪情况

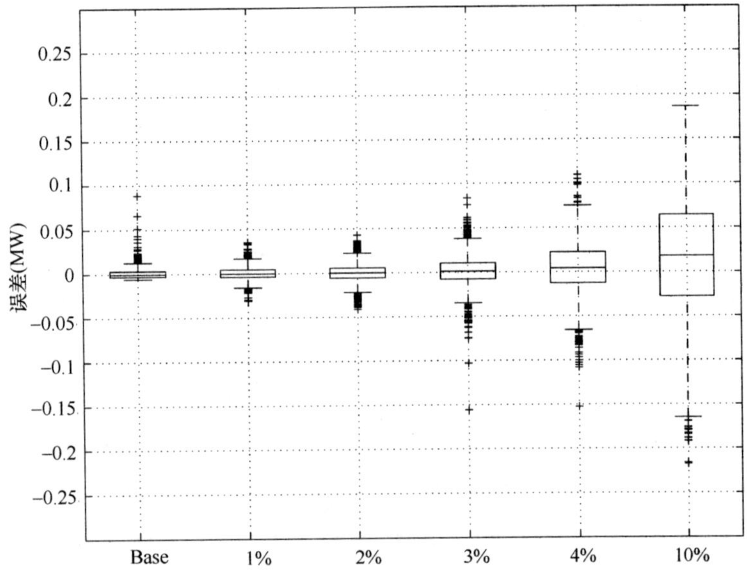

b) 负荷跟踪情况

图 6.2　通信误差对负荷

注：在图中，中间线方框表示控制误差样品的平均值；上方框和下方框平分布时超过 99.3% 的覆盖率。

（摘自 Zheng，L. et al.，IEEE Transactions on Smart Grid，v. 4，pp. 133-

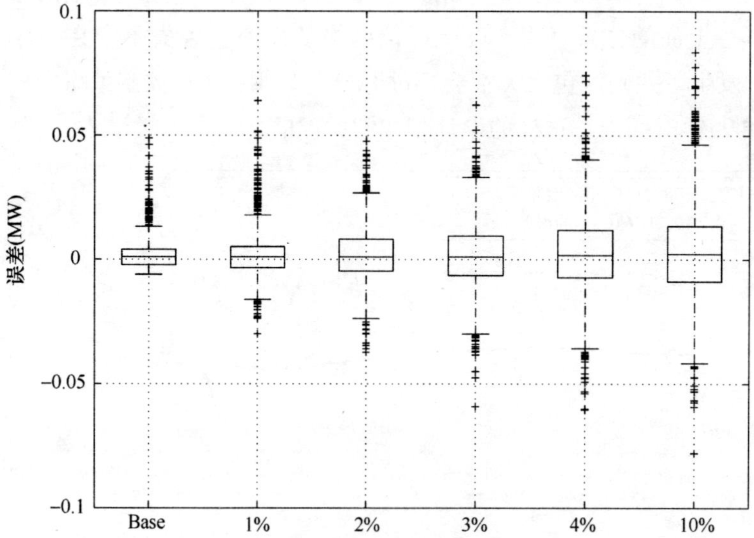

c) 调控情况

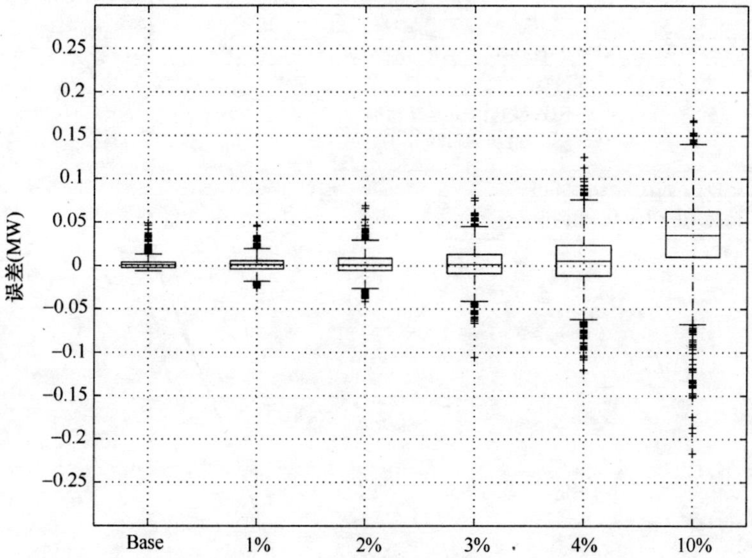

d) 调控情况

跟踪和调节信号的影响

均值分别表示样品的第 25 和第 75 个百分比，方框外的点代表样品数据在正态

140，2013.）

如果包丢失率小于4%，用户舒适水平几乎不受影响；否则，有些时候室温会超过 $[T^{-}, T^{+}]$ 范围。上面的分析表明，设计通信网络从而使包丢失不会在一小部分控制对象中同时发生，并确保包丢失不会超过10%，以保持 DR 控制策略的控制误差在0.05MW 和95%时间内，这样的设计是非常关键的。

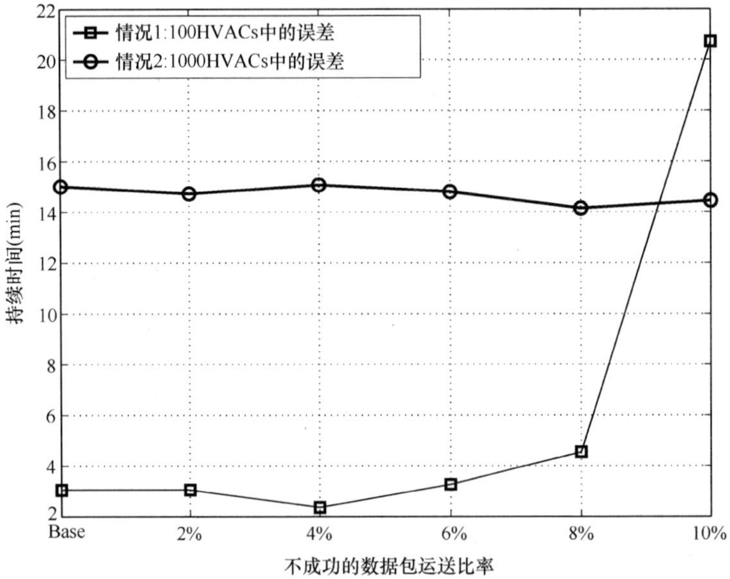

a) 负载跟踪

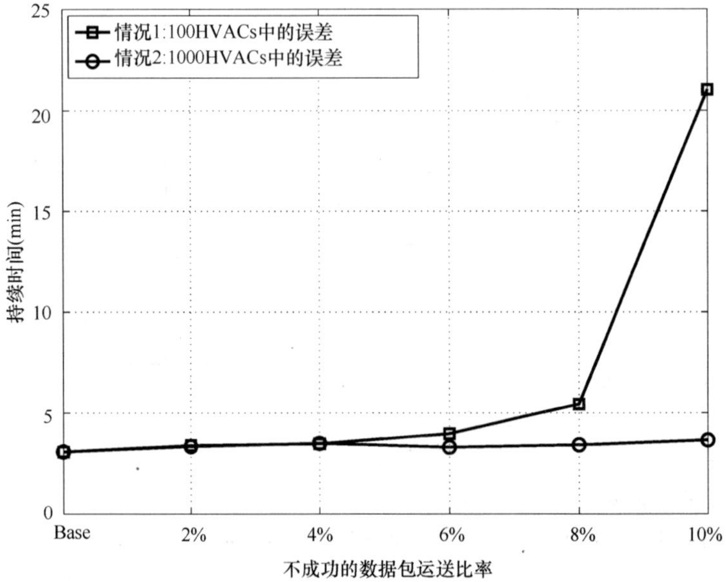

b) 调节

图 6.3　偏离舒适带的持续时间

（摘自 Zheng，L. et al.，IEEE Transactions on Smart Grid，v. 4，pp. 133-140，2013.）

请注意，通信质量可能对 DR 程序具有不同的影响，因为负载模型和控制策略可能对通信延迟或损失有不同程度的敏感性。由于实际通信系统的控制有效性，故障会始终存在并应适当进行控制。

6.3 无线通信网络的模型和分析

本节提出模型和分析来量化无线 M2M 通信的可靠性。

6.3.1 系统模型

这里考虑基于基础设施的无线接入网络，该网络具有中心基站或接入点(AP)。表 6.1 总结了本章所使用的符号。

表 6.1 本章使用的符号

符　号	说　明
x，y	发送和接收的信号
g	信道功率增益
n，N_0	高斯白噪声和功率
l，$[L^-, L^+]$	通信距离及其范围
pl，s	路径损耗和阴影效应
m，M	沿着路由路径的跳数和其最大值
P_t	发送功率
ε，K	取决于载波频率和天线增益的路径损耗分量和常数
σ	阴影效应的 STD
μ_a，σ_a	近似 SNR 分布的等效均值和 STD
C_e	欧拉常数
γ，Γ	SNR 和阈值，低于此值发生链路中断
N	勒让德/埃尔米特多项式的阶数
X_i^{gl}，W_i^{gl}	勒让德多项式的根及其权重
X_i^{gh}，W_i^{gh}	埃尔米特多项式的根及其权重
θ	包成功发送的比例
R，E	方形群集的边长和方形覆盖的面积
N_s	覆盖面积内的节点数
$f_S(s \mid l), f_g(g \mid s)$	给定通信距离的阴影效应 PDF 和给定阴影效应的信道增益
$f_\Gamma(\gamma \mid l), f'_\Gamma(\gamma \mid l) f_L(l)$	给定通信距离时 SNR 的 PDF 及其近似距离分布的 PDF
$P_0(\gamma \mid l)$	条件链路中断概率
$P_0(\gamma)$，$P_0^{(m)}(\gamma)$	单一或 m 跳的链路中断概率

（续）

符　号	说　明
$P_h(m)$	m 跳路由路径的概率
$P_s(\gamma)$	成功端对端传递的概率
$P_s^{lh}(\theta)$，$P_s^{mh}(\theta)$	单或者多跳网络中数据包传递比等于或大于 θ 的概率
ρ	假定的通信误码率
$[T^-, T^+]$	舒适的室内温度区域

6.3.1.1　可靠性指标

首先定义了不同层次的无线通信可靠性的性能指标。对于无线链路的可靠性，使用链路中断概率。对于包含多个链接的网络级的可靠性，通过包传送率进行可靠性评价。这两个性能指标分别在定义6.1和定义6.2中给出。

- **定义6.1**：链接中断概率是链路质量不足以支持通信要求的概率。在有损无线通信网络中，如果中断概率比预定阈值低，则认为链路是可靠的。
- **定义6.2**：给定要发送数据包的数量，包传送率定义为在目标端成功接收包的数量与发送包的数量之比。

根据可靠性性能指标的定义，以下几种常见因素会影响无线通信的可靠性：网络拓扑、MAC中的碰撞或缓冲溢出以及概率无线信道行为。这些因素的模型和假设如下所述。

6.3.1.2　网络拓扑结构和路由

如图6.4所示的两种情况，单跳和多跳网络架构都是本章要考虑的M2M通信网络。单跳无线网络覆盖一个圆形区域，其中信息包或控制命令直接在节点和接入点之间传递。例如，智能电网中用于DR的智能电表和DA。在多跳网络中，节点分布在一个方形区域，并组成具有集群头的方形集群用作中继，收集和传送来自或去往其集群成员的数据并转发去往或来自AP带有其他集群头的数据包。取决于相邻集群头之间的距离，可能会出现多跳转发，使用Manhattan Walk路由方案[22]和双向通信相同的路由路径。

6.3.1.3　MAC协议

基于竞争的MAC协议对于恒定比特率流量或要求高可靠性的应用是不理想的，因为在信道竞争过程中的碰撞可能导致数据包丢失。我们采取使用媒体共享方案的基于预留的MAC协议，如时分多路访问，并忽略由于缓冲器溢出导致的数据包丢失，因为网络中的流量负载通常比网络容量小。因此，这里研究的不可靠性主要起因于网络拓扑和无线信道行为。

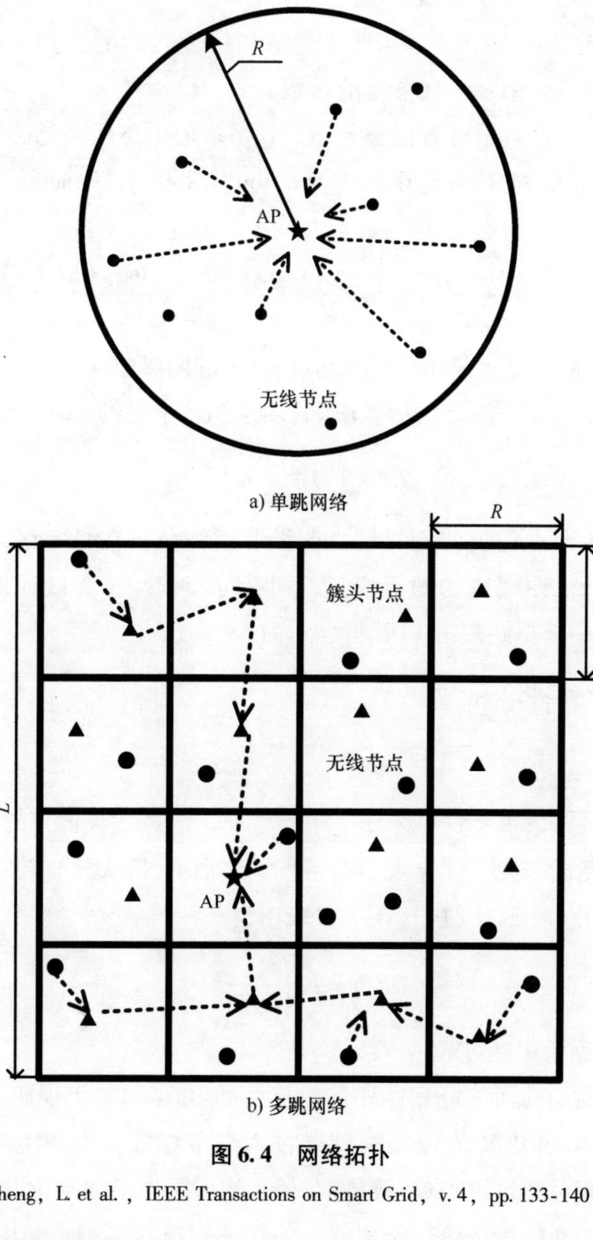

图 6.4　网络拓扑

（摘自 Zheng，L. et al.，IEEE Transactions on Smart Grid，v. 4，pp. 133-140，2013.）

6.3.1.4　无线信道模型

为了对实际的无线信道建模，考虑了路径损耗、对数正态阴影效应和瑞利快衰减，并且假设信道在分组发送时间内是静态的。对于分组传送，到达目标的信号是

$$y=\sqrt{g}\cdot x+n \tag{6.1}$$

式中，x 是发射的信号，n 是具有方差 N_0 的加性白高斯噪声，g 是指数分布的信道

功率增益，其平均值由于阴影效应独立变化。

对于路径损耗，$pl=Kl^{-\epsilon}$。其中，l 是源和目标之间的距离，ϵ 是路径损耗分量，K 是依赖于载波频率和天线增益的常数。

对于阴影效应，它遵循对数正态分布，其平均值由路径损耗确定。给定距离 l，对数正态阴影效应的概率密度函数（Probability Density Function，PDF）$f_S(\cdot)$ 如下

$$f_S(s\mid l)=\frac{10/\ln 10}{\sigma\sqrt{2\pi s}}\exp\left\{\frac{-\left[10\log_{10}(s)-10\log_{10}(Kl^{-\epsilon})\right]^2}{2\sigma^2}\right\} \tag{6.2}$$

式中，s 是阴影效应，而 σ 是用分贝（dB）表示的阴影效应的标准偏差。

对于瑞利衰减信道，给定阴影效应 s，信道功率增益的 PDF，$f_G(\cdot)$ 为

$$f_G(g\mid s)=\frac{1}{s}e^{-g/s} \tag{6.3}$$

此外也考虑了节点位置的随机性。假设节点为分布在指定区域中的泊松点过程，源和目标之间的距离成为随机变量，而其分布依赖于无线通信网络的拓扑结构[23]。此后网络中随机距离的 PDF 将表示为 $f_L(\cdot)$。

6.3.2 链路可靠性分析

6.3.2.1 中断概率

为评估无线链路的可靠性，采用了中断概率，这是接收信号的 SNR㊀小于中断阈值的概率。更精确来说，让 γ 表示符号 SNR，而 P_t 是从源节点发送的信号功率，$\gamma=(P_t/N_0)g$。中断概率 $P_o(\Gamma_o)$ 由下式给出[24]

$$P_o(\Gamma_o)=P_r\left\{\frac{P_t}{N_0}g\leqslant\Gamma_o\right\} \tag{6.4}$$

式中，Γ_o 是阈值称为中断 SNR。

注意，还有其他的通信可靠性评估指标，如 BER 和分组误码率（Packet Error Rate，PER）。BER 和 PER 依赖于物理层技术细节配置，如使用的调制和编码方案。因此，即便有可能，也很难获得针对任意物理层技术将 BER/PER 和 SNR 关联的一般表达式。中断概率是更普遍和独立的物理层技术。给定采用的物理层技术，可以很容易将中断概率映射到 BER 和 PER[24]。

㊀ 如 6.3.1 节所示，合理设计的基于预留的 MAC 协议可以在很大程度上消除因并发通信形成的干扰。因此，这里使用 SNR 而不是 SINR。

6.3.2.2 链路可靠性

如6.3.1节所示，信道增益取决于源和目标之间的距离。给定距离 l，同时考虑对数正态分布阴影效应（式6.2）和瑞利衰落（式6.3）的信噪比 PDF 是

$$f_{\Gamma}(\gamma \mid l)=\int_{0}^{\infty}\frac{N_0}{P_{\mathrm{t}}}f_G\left(\frac{N_0\gamma}{P_{\mathrm{t}}}\,\middle|\, s\right)f_S(s \mid l)\,ds \tag{6.5}$$

因此，基于具有中断信噪比阈值 Γ_0 的距离 l 的链路中断概率是

$$P_{\mathrm{o}}(\Gamma_{\mathrm{o}} \mid l)=\int_{0}^{\Gamma_{\mathrm{o}}}\int_{0}^{\infty}\frac{N_0}{P_{\mathrm{t}}}f_G\left(\frac{N_0\gamma}{P_{\mathrm{t}}}\,\middle|\, s\right)f_S(s \mid l)\,ds\,d\gamma \tag{6.6}$$

链路可靠性可以通过 $P_{\mathrm{o}}(\Gamma_{\mathrm{o}})$ 评估，表示指定的网络拓扑设置中用于任意链接的中断概率。让 $v=(5\sqrt{2}/\sigma)\log_{10}([s/K]l^{\epsilon})$

$$P_{\mathrm{o}}(\Gamma_{\mathrm{o}})=\int_{-\infty}^{+\infty}\frac{1}{\sqrt{\pi}}e^{-v^2}I_0(\Gamma_{\mathrm{o}},\alpha 10^{\frac{\sqrt{2}v\sigma}{10}})\,dv \tag{6.7}$$

其中

$$I_0(\Gamma_{\mathrm{o}},z(v))=\int_{L^-}^{L^+}\left(1-\exp-\frac{\Gamma_{\mathrm{o}}l^{\epsilon}}{z(v)}\right)f_L(l)\,dl \tag{6.8}$$

$$z(v)=\alpha 10^{\frac{\sqrt{2}v\sigma}{10}} \tag{6.9}$$

$\alpha=\dfrac{P_{\mathrm{t}}K}{N_0}$，而 $f_L(l)$ 是 PDF 源和目标之间限定于 $[L^-,L^+]$ 的随机距离。

6.3.2.3 链路中断概率的近似

在式（6.7）和式（6.8）中，链路中断概率的计算遇到双积分，使其很难获得解析结果，迫使我们寻找适当的近似。

近似1

具有给定 SNR 阈值的链路中断概率可以使用两层近似 N-点高斯正交来近似[25]。

对第一层，高斯-勒让德正交[25]可以用于计算式（6.8）中的内积分。因此，

$$I_0(\Gamma_{\mathrm{o}},z(v))\approx\sum_{i=1}^{N}a\omega_i^{gl}\cdot f_L(ax_i^{gl}+b)\cdot\left(1-\exp-\frac{(ax_i^{gl}+b)^{\epsilon}\Gamma_{\mathrm{o}}}{z(v)}\right) \tag{6.10}$$

式中，$a=(L^+-L^-)/2$，$b=(L^++L^-)/2$，x_i^{gl} 是 N 阶勒让德多项式的第 i 个根，而 ω_i^{gl} 是与 x_i^{gl} 相关联的权重。

证据6.1

高斯-勒让德正交可用于计算 $[-1,1]$ 内的积分 $f(x)$，即，

$$\int_{-1}^{1}f(x)\,dx=\sum_{i=1}^{N}\omega_i^{gl}\cdot f(x_i^{gl}) \tag{6.11}$$

对于区间 $[L^-,L^+]$，让 $f(x)=(1-e^{-\frac{x\epsilon\Gamma_o}{z(v)}})f_L(x)$，

$$\int_{L^-}^{L^+} f(x)dx = \frac{L^+-L^-}{2}\int_{-1}^{1} f\left(\frac{L^+-L^-}{2}x+\frac{L^++L^-}{2}\right)dx \tag{6.12}$$

因此，式（6.10）可以通过将式（6.11）代到式（6.12）导出。

在第二层，对于式（6.7）中无穷大区间内正态加权函数的积分，可以采用高斯-厄米正交[25]。因此，

$$P_o(\Gamma_o)\approx\sum_{j=1}^{N}\frac{\omega_j^{gh}}{\sqrt{\pi}}\cdot I_0(\Gamma_o,z(x_j^{gh})) \tag{6.13}$$

式中，x_j^{gh} 是首一厄米多项式 $H_n(x)$ 的第 j 个根，其相关联的权重由 $\omega_i^{gh}=\exp-(x_j^{gh})^2$ 给出。在式（6.10）和式（6.13）中，gl 和 gh 表示采用的正交方法，x_i^{gl}、x_j^{gh}、ω_i^{gl} 和 ω_j^{gh} 已经在参考文献［25］中列出。

证据 6.2

高斯-厄米正交可用于计算正态权重 $f(x)$ 的无穷大积分：

$$\int_{-\infty}^{\infty} e^{-x^2} f(x)dx = \sum_{j=1}^{N}\omega_j^{gh}\cdot f(x_j^{gh}) \tag{6.14}$$

因此，式（6.13）可以通过将 $f(x)=\frac{1}{\sqrt{\pi}}I_0(\Gamma_o,z(x))$ 应用到式（6.14）得到。

近似 2

如参考文献［26］所示，当用于阴影效应的 σ 大于 6dB 时，SNR 的分布可以使用单对数正态分布来近似。式（6.5）所示 PDF 可以近似为

$$f_\Gamma'(\gamma\mid l)\approx\frac{10/\ln 10}{\sigma_a\sqrt{2\pi}\gamma}\exp\left\{\frac{-\left(\frac{10}{\ln 10\gamma}-\mu_a\right)^2}{2\sigma_a^1}\right\} \tag{6.15}$$

式中，$\sigma_a=\sqrt{\sigma^2+5.57^2}$，$\mu_a=\frac{10}{\ln 10\left(\frac{KP_t l^{-\varepsilon}}{N_0}\right)}-\eta C_e$，而 $C_e\approx 0.57721566$ 是欧拉常数。

在该情况下，中断概率可以使用高斯-勒让德正交通过一步近似导出。因此，

$$P_o(\Gamma_o) = \int_0^{\Gamma_0}\int_{L^-}^{L^+} f_\Gamma'(\gamma\mid l)f_L(l)dld\gamma \approx \sum_{i=1}^{N}\omega_i^{gl}g_2^{gl}(\Gamma_o,x_i^{gl}) \tag{6.16}$$

式中，

$$g_2^{gl}(\Gamma_o,x_i^{gl})=\frac{af_L(u)}{2}\mathrm{erfc}\left[\frac{1}{\sqrt{2}\sigma_a}Y(\Gamma_o,u)\right],$$

$$Y(\Gamma_o,u)=10\log_{10}\left(\frac{\Gamma_o}{\alpha u^{\epsilon}}\right)+C_e\eta,$$

$$u=ax_i^{gl}+b$$

而 erfc（·）是余误差函数。

证据 6.3

在式（6.15）中，让 $\gamma'=10\log_{10}\gamma-u_a$，而 $\gamma'_M(\Gamma_o,\ l)=10\log_{10}\Gamma_o-10\log_{10}(KP_tl^{-\epsilon})+C_e\eta$。有

$$f_\Gamma(\gamma\mid l)d\gamma=\frac{1}{\sigma_a\sqrt{2\pi}}\exp\left(\frac{-\gamma'^2}{2\sigma_a^2}\right)d\gamma' \tag{6.17}$$

进而，

$$P_o(\Gamma_o)=\int_{L^-}^{L^+}f_L(l)dl\int_{-\infty}^{\gamma'_M(\Gamma_o,l)}\frac{1}{\sigma_a\sqrt{2\pi}}\exp\left(\frac{-\gamma'^2}{2\sigma_a^2}\right)d\gamma'=$$

$$\int_{L^-}^{L^+}f_L(l)\frac{1}{2}\text{erfc}\left(\frac{\gamma'_M(\Gamma_o,l)}{\sqrt{2}\sigma_a}\right)dl \tag{6.18}$$

类似于式（6.10）的证明，式（6.16）可以通过应用高斯-勒让德正交计算式（6.18)得到。

6.3.3 网络级可靠性分析

本节将讨论具有给定节点数目的网络级可靠性，并研究网络拓扑对可靠性的影响。

为将上述链路可靠性模型应用于网络级可靠性，中断信噪比阈值 Γ_0 需要根据所要求的可靠性（如误码率≤10^{-5}），以及物理层通信技术（如二进制相移键控(Binary Phase-Shift Keying，BPSK)/M 正交调幅（M-Quadrature Amplitude Modulation，M-QAM）来设置。Γ_o 可通过蒙特卡罗模拟或双态马尔可夫模型来获取，在文献中被建议用来表征衰退信道中很宽范围参数的数据包误码行为[9]。

6.3.3.1 单跳网络中的可靠性

在单跳网络中，所有节点都直接连接到 AP，如图 6.4a 所示。假定所有 N_s 个节点均匀且独立地分布，作为网络级可靠性性能指标的分组传送率，可以建模为具有参数 $p=1-P_o(\Gamma_o)$ 的伯努利过程。该参数表示节点和 AP 之间成功传输的概率。$P_s^{lh}(\theta)$ 表示数据包传输率不小于 θ 的概率，即至少［θN_s］个分组成功传输到它们的目标（0≤θ≤1），有

$$P_s^{lh}(\theta)=\sum_{i=0}^{[(1-\theta)N_s]}\binom{N_s}{i}P_o(\Gamma_o)^i(1-P_o(\Gamma_o))^{N_s-i} \tag{6.19}$$

需要注意的是，$P_s^{lh}(\theta)$ 的精度与 $f_L(\cdot)$（即节点和 AP 之间距离的 PDF）相关。距离分布依赖于覆盖面积的形状。通常，如果使用全向天线，形状可近似为以 AP 为中心的圆。然而，如果多个 AP 用于覆盖大的面积，则六边形可以用于更准确计算随机距离，而不是圆形[23]。

6.3.3.2 多跳网络中的可靠性

不像单跳网络，多跳网络中分组可能在它到达目标前通过其他节点或中继转发[27]。对于节点，多跳网络端到端或从 AP 发送或接收正确数据包的中断概率由两个因素决定：沿其分组路由路径的跳数以及每一跳的中断概率。

给定一个节点和 AP 之间 m 跳的路由路径，就意味着有 $(m-1)$ 个其他节点沿着路由路径来转发分组。用 l_k 表示沿着路由路径第 k 跳的距离，而 $\mathrm{P}_{\mathrm{o}}^{(m)}(\Gamma_{\mathrm{o}})$ 表示具有中断信噪比阈值 Γ_0 的端对端中断概率。

$$P_{\mathrm{o}}^{(m)}(\Gamma_{\mathrm{o}}) = 1 - \prod_{k=1}^{m}\int_{L^-}^{L^+}(1 - P_{\mathrm{o}}(\Gamma_{\mathrm{o}} \mid l_k))f_L(l_k)\,dl_k \tag{6.20}$$

式中，$P_{\mathrm{o}}(\Gamma_{\mathrm{o}} \mid l_k)$ 是由式（6.6）确定的链路中断概率。

在多跳网络中，在节点和接入点之间传送分组需要的跳数取决于网络拓扑和所采用的路由算法。本章研究了如图 6.4b 所示的基于群集网格拓扑结构㊀和曼哈顿路由方案[22]。假设大的 $E\times E$ 面积使用正方形集群覆盖，其边缘长度为 R，则可以有 $(2M+1)^2$ 个集群，其中 $M=[(E-R)/2R]$。用 $P_h(m)$ 表示节点经过 m 跳到达 AP 的概率：

$$P_h(m) = \begin{cases} \dfrac{1}{(2M+1)^2}, m=1 \\ \dfrac{4(m-1)}{(2M+1)^2}, m=2,3,\cdots,M+1 \\ \dfrac{4(2M+2-j)}{(2M+1)^2}, m=M+2,\cdots,2M+1 \end{cases} \tag{6.21}$$

用 $P_s^{mh}(\theta)$ 表示多跳网络中数据包传输率至少为 θ 的概率。从而，在具有单元网格大小为 $R\times R$ 网格的基于 $E\times E$ 多跳集群网络中，$P_s^{mh}(\theta)$ 为

$$P_s^{mh}(\theta) = \sum_{i=0}^{[(1-\theta)N_{\mathrm{s}}]}\binom{N_{\mathrm{s}}}{i}(1-P_{\mathrm{s}}(\Gamma_{\mathrm{o}}))^i P_{\mathrm{s}}(\Gamma_{\mathrm{o}})^{N_{\mathrm{s}}-i} \tag{6.22}$$

式中，$P_{\mathrm{s}}(\Gamma_{\mathrm{o}}) = \sum_{m=1}^{2M+1}P_{\mathrm{h}}(\mathrm{m})[1-P_{\mathrm{o}}^{(m)}(\Gamma_{\mathrm{o}})]$。此外，值得注意的是，第一个、最后一个以及其他跳的链路距离在上述网络拓扑的分布可能是不同的[17,28]。

㊀ 文献中集群头选择算法已有广泛研究，但这超出了本章的范围。

6.4 模型验证与应用

本节将讨论进行广泛模拟来评估上述通信可靠性模型在链路和网络层上的精度。此外，作为开发模型的应用，获得具有不同可靠性级别的AP的最大覆盖范围通过，并给出使用单跳和多跳网络拓扑之间的比较。我们对所有节点和AP之间的链路使用以下信道参数：$P_t = 1mW$，对数正态阴影效应的标准偏差为$\sigma = 3$dB，路径损耗指数$\epsilon = 2.27$，而路径损耗常数$K = 46.4$dB（用于2.4GHz载波频率）[29]。

6.4.1 模型验证

链路中断概率模型的准确性通过将解析结果与蒙特卡罗模拟结果比较进行评估[17]。随机距离分布采用了两类拓扑：①圆形，适合于单跳通信架构中节点和AP之间的无线通信链路[28]；②两个平行的正方形，适合于多跳网络中两个集群头节点之间的链路。

图6.5所示为使用近似1（式6.13）计算的链路中断概率（$P_o(\Gamma_o)$），采用了25m、50m、100m的各种圆半径和边长。在所有情况下，分析结果与模拟结果都能很好地匹配。给出了第三种分析近似的结果，其中为了简化，用平均链路距离代替了随机距离分布，且只考虑阴影效应的随机效应和瑞利衰退。如图6.5所示，显然，使用平均距离的方法显著低估了链路中断概率，这可能会导致得到链路可靠性无法接受的过高估计。

在图6.6中，两种近似方法1和2的准确性采用不同的阴影效应标准偏差（分别是$\sigma_1 = 3$dB和$\sigma_2 = 8$dB）进行了比较。可以发现，通过近似2，当σ大于6dB时，计算的信噪比分布接近模拟结果。

网络级可靠性模型在图6.7中进行了验证，展示了给定中断SNR $\Gamma_o = 6$dB时分组传输率的概率质量函数（Probability Mass Function，PMF）。采用单跳架构（见图6.8a），随着覆盖面积增大，节点和接入点之间的距离也增加，从而使PMF曲线的峰值降低并向低分组传递率的区域转移。

采用多跳架构的设定略微与单跳场景不同，覆盖面积固定在$1 \times 1\text{km}^2$，但正方形尺寸在增大。在图6.8b中，多跳网络中的数据包传送率PMF显示了与单跳网络相同的趋势。虽然随着集群大小的增加跳数减少，但是分组传送率对通信距离更加敏感，因为路径损耗作为距离的指数函数而增加要快得多。

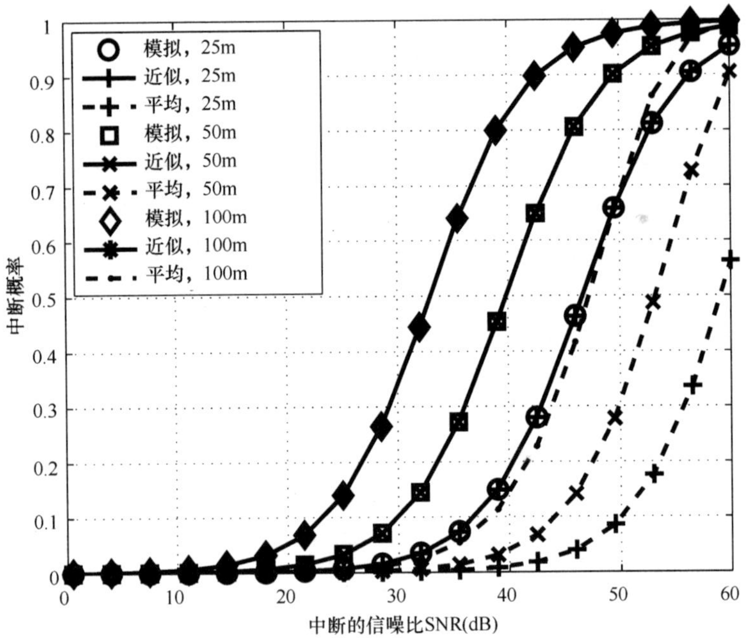

a) 圆形

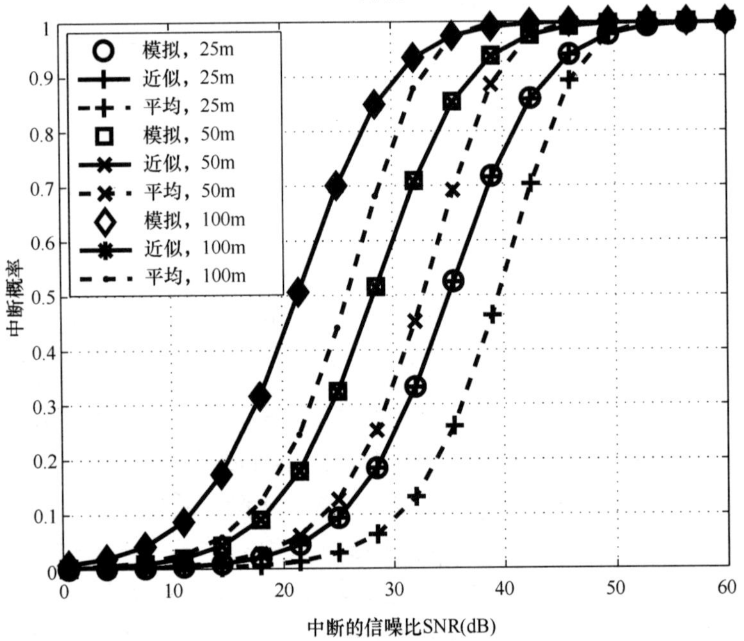

b) 两个平行的正方形

图 6.5　两种类型下的链路中断概率近似 1

（摘自 Zheng，L. et al.，IEEE Transations on Smart Grid，v. 4，pp. 133-140，2013.）

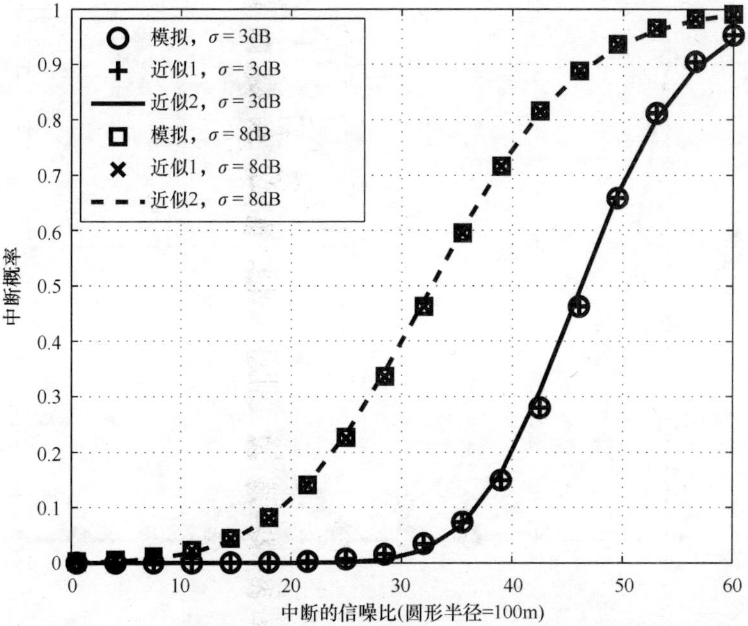

a) 圆形

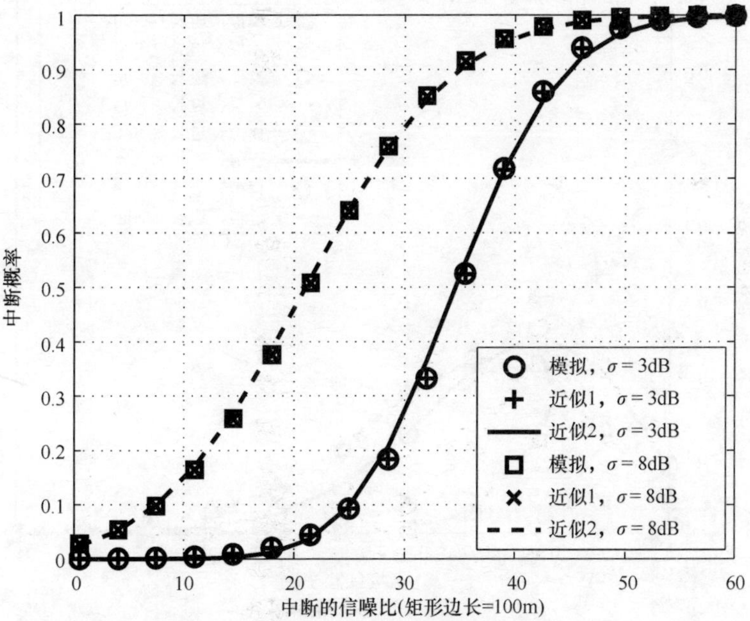

b) 两个平行的正方形

图6.6　两种类型下链路中断概率近似2

（摘自Zheng，L. et al.，IEEE Transactions on Smart Grid，v.4，pp.133-140，2013.）

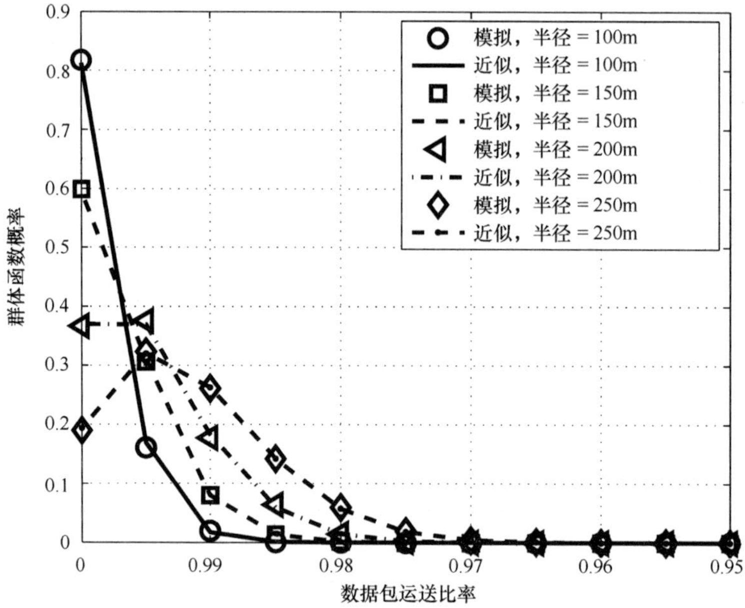

a) 单跳网络中

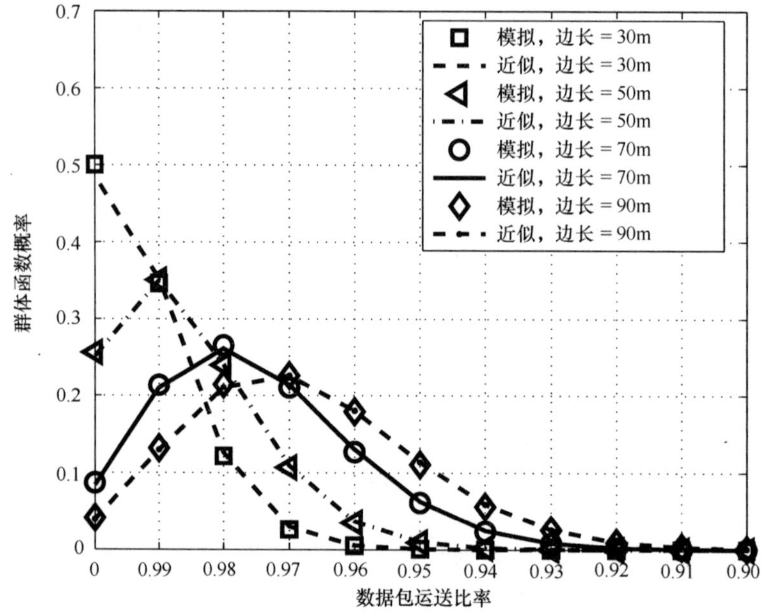

b) 多跳网络中

图 6.7　数据包运送比率的群体函数概率

（摘自 Zheng，L. et al.，IEEE Transactions on Smart Grid，v. 4，pp. 133-140，2013.）

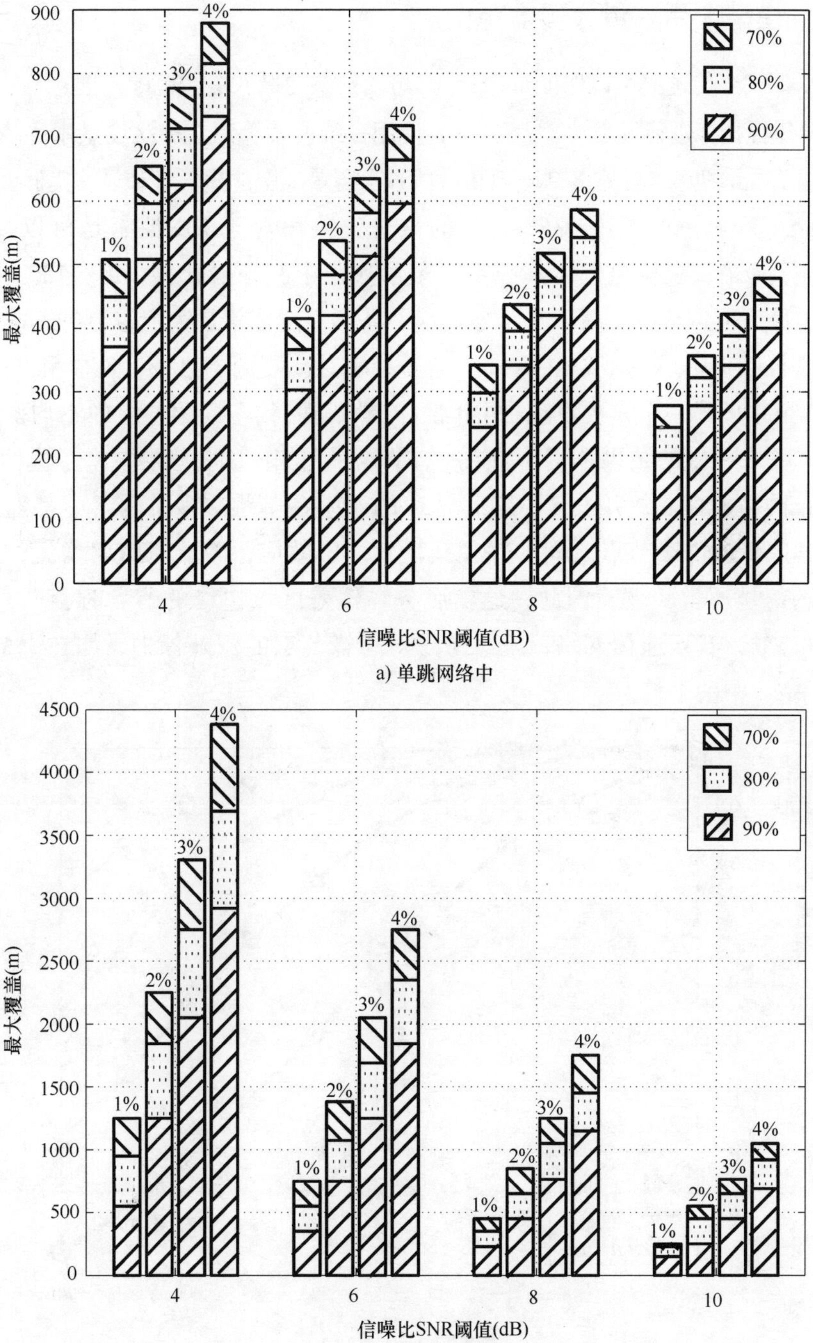

a) 单跳网络中

信噪比SNR阈值(dB)

b) 多跳网络中

图 6.8　最大覆盖范围

（摘自 Zheng，L. et al.，IEEE Transactions on Smart Grid，v. 4，pp. 133-140，2013.）

6.4.2 模型应用：最大覆盖范围

为了探索当传送率可以保证时一个 AP 可以提供的最大覆盖范围，搜索算法可以通过应用可靠性指标进行开发[30]。下文中，使用一维搜索算法在单跳场景中寻找最大直径，使用了二维搜索算法在多跳场景中寻找最大覆盖范围的边长度和最佳集群大小。

回顾6.2 节中的结果，高达 4% 的传送失败率对于 DR 控制是可以接受的。图 6.8所示为最大覆盖范围，其中 4 组条形代表中断信噪比为 2dB、4dB、6dB 和 8dB 下的最大覆盖范围。对于每个条形组，条形高度表示最大覆盖范围，确保链路中断概率低于 1%、2%、3% 和 4%，且分组传送率不低于 70%、80% 和 90%。

6.2 节中的另一个重要发现是 DR 性能更容易受到不同用户组中不均衡传送率的影响。图 6.9 中的结果表明，如果所有节点采用相同的物理层技术，这种不均衡会在通信网络中存在；并发现分组传送率的概率在单跳和多跳网络中都随距离增加而迅速降低。由于节点之间的路径损耗和阴影效应，随着覆盖率增大，来自边缘节点的信号通常较弱。因此，通信服务在覆盖区域边缘的节点时会严重很多。为设计可靠的 M2M 通信网络，应该考虑对边缘节点的额外保护，如在 MAC 层或物理层 AMC 中的重传。

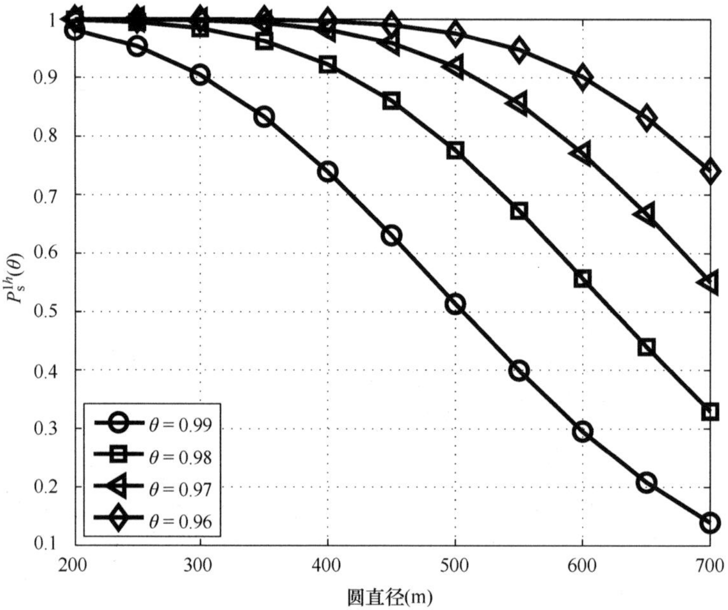

a) 单跳网络中

图 6.9　数据包运送比率与网络尺寸关系

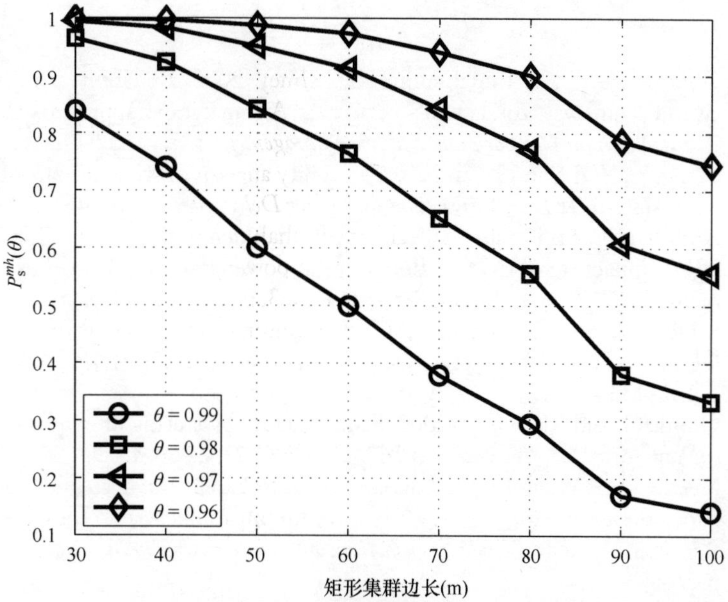

b) 多跳网络中

图 6.9　数据包运送比率与网络尺寸关系（续）

（摘自 Zheng，L. et al.，IEEE Transactions on Smart Grid，v. 4，pp. 133-140，2013.）

6.5 总结

本章无线 M2M 通信的可靠性问题，包括挑战和候选解决方案，以及通信可靠性的影响。我们引入了无线 M2M 通信可靠性的建模和分析。考虑给定随机节点位置分布时的多径衰退、阴影和路径损耗，针对两种无线网络架构（基于单跳基础设施的网络和多跳网状网络）导出分组传送率的分布。

需要更多的研究工作来充分认识网络设计和可靠性的相互作用。如前面讨论，已开发了不同通信层中的很多技术，都可以用来提高通信的可靠性。本章给出的模型可以延伸用于对大多数改进的通信可靠性的分析。对于物理层中的 AMC，可以根据调制和编码方案设置适当的信噪比阈值[24]。对于 MAC 层，为引入重传机制，可以修改当前模型来计算所有（重）传输的失败概率。对于网络拓扑和路由算法，通过修改端到端路径中通信距离的分布（$f_L(\cdot)$）和跳数（$P_h(\cdot)$），当前的模型可以延伸用于评价其他网络拓扑，如六边形蜂窝、公共蜂窝网络中典型蜂窝覆盖形状和基于非网络集群的多跳网络。

参考文献

1. Dharmaraja, S., V. Jindal, and U. Varshney. 2008. Reliability and survivability analysis for UMTS networks: An analytical approach. *IEEE Transactions on Network and Service Management*, v. 5, p. 132–142.
2. Wang, Y., W. Li, and J. Lu. 2010. Reliability analysis of wide area measurement system. *IEEE Transactions on Power Delivery*, v. 25, p. 1483–1491.
3. Aminifar, F., M. Fotuhi-Firuzabad, M. Shahidehpour, and A. Safdarian. 2012. Impact of WAMS malfunction on power system reliability assessment. *IEEE Transactions on Smart Grid*, v. 3, p. 1302–1309.
4. Srinivas, A. and E. Modiano. 2003. Minimum energy disjoint path routing in wireless ad hoc networks. In *Proceedings of ACM MOBICOM '03*, p. 122–133.
5. Gupta, G. and M. Younis. 2003. Fault-tolerant clustering of wireless sensor networks. In *Proceedings of IEEE WCNC '03*, v. 3, p. 1579–584.
6. Niyato, D., P. Wang, and E. Hossain. 2012. Reliability analysis and redundancy design of smart grid wireless communications system for demand side management. *IEEE Transactions on Wireless Communications*, v. 19, p. 38–46.
7. Qiu, X. and K. Chawla. 1999. On the performance of adaptive modulation in cellular systems. *IEEE Transactions on Communications*, v. 47, p. 884–895.
8. Raleigh, G. and J. Cioffi. 1998. Spatiotemporal coding for wireless communication. *IEEE Transactions on Communications*, v. 46, p. 357–366.
9. Zorzi, M., R. Rao, and L. Milstein. 1997. ARQ error control for fading mobile radio channels. *IEEE Transactions on Vehicular Technology*, v. 46, p. 445–455.
10. Al-Kofahi, O. and A. Kamal. 2010. Survivability strategies in multi-hop wireless networks. *IEEE Transactions on Wireless Communications*, v. 17, p. 71–80.
11. Guo, Z., J. Huang, B. Wang, J.-H. Cui, S. Zhou, and P. Willett. 2009. A practical joint network–channel coding scheme for reliable communication in wireless networks. In *Proceedings of ACM MOBIHOC '09*, p. 279–288.
12. Zheng, L., S. Lin, and L. Cai. 2013. Efficient control command delivery in smart grid using multi-user aggregation. In *Proceedings of IEEE WCNC '13*, p. 1–5.
13. Ye, Z., S. Krishnamurthy, and S. Tripathi. 2003. A framework for reliable routing in mobile ad hoc networks. In *Proceedings of IEEE INFOCOM '03*, p. 270–280.
14. Li, N. and J. C. Hou. 2004. FLSS: A fault-tolerant topology control algorithm for wireless networks. In *Proceedings of ACM MOBICOM '04*, p. 275–286.
15. Vuran, M. C. and I. F. Akyildiz. 2008. Cross-layer packet size optimization for wireless terrestrial, underwater, and underground sensor networks. In *Proceedings of IEEE INFOCOM '08*, p. 780–788.

16. Zheng, L., S. Parkinson, D. Wang, L. Cai, and C. Crawford. 2011. Energy-efficient communication networks design for demand response in smart grid. In *Proceedings of IEEE WCSP '11*, p. 1–6.
17. Zheng, L., N. Lu, and L. Cai. 2013. Reliable wireless communication networks for demand response control. *IEEE Transactions on Smart Grid*, v. 4, p. 133–140.
18. National Institute of Standards and Technology 2012, NIST framework and roadmap for smart grid interoperability standards, Release 2.0, Available: http://www.nist.gov/smartgrid/upload/NIST_Framework_Release_2-0_corr.pdf [Accessed March 3, 2012]. *NIST Framework and Roadmap for Smart Grid Interoperability Standards Release 2.0.*
19. Wu, G. et al. 2011. M2M: From mobile to embedded Internet. *IEEE Communications Magazine*, v. 49, p. 36–43.
20. Callaway, D. 2009. Tapping the energy storage potential in electric loads to deliver load following and regulation with application to wind energy. *Energy Conversion and Management*, v. 50, p. 1389–1400.
21. Lu, N. 2012. An evaluation of the HVAC load potential for providing load balancing service. *IEEE Transactions on Smart Grid*, v. 3, p. 1263–1270.
22. Xu, Y., J. Heidemann, and D. Estrin. 2001. Geography-informed energy conservation for ad hoc routing. In *Proceedings of ACM MOBICOM '01*, p. 70–84.
23. Zhuang, Y., Y. Luo, L. Cai, and J. Pan. 2011. A geometric probability model for capacity analysis and interference estimation in wireless mobile cellular systems. In *Proceedings of IEEE GLOBECOM '11*, p. 1–6.
24. Goldsmith, A. 2005. *Wireless Communications*. New York: Cambridge University Press, p. 24–57, p. 159–189.
25. Olver, F., D. Lozier, R. Boisvert, and C. Clark. 2010. *NIST Handbook of Mathematical Functions*. New York: Cambridge University Press, p. 78–85.
26. Turkmani, A. 1992. Probability of error for *m*-branch macroscopic selection diversity. In *Proceedings of IEEE Communications, Speech, and Vision '92*, p. 71–78.
27. Luan, W., D. Sharp, and S. Lancashire. 2010. Smart grid communication network capacity planning for power utilities. In *Proceedings of IEEE PES Transmission and Distribution Conference and Exposition '10*, p. 1–4.
28. Zhuang, Y., J. Pan, and L. Cai. 2010. Minimizing energy consumption with probabilistic distance models in wireless sensor networks. In *Proceedings of IEEE INFOCOM '10*, p. 1–9.
29. Kyösti, P. et al., "IST-4-027756 WINNER II Deliverable 1.1.2. v.1.2, WINNER II Channel Models," IST-WINNER2, Tech. Rep, Sept. 2007.
30. Antoniou, A. and W. Lu. 2007. *Practical Optimization: Algorithms and Engineering Applications*. New York: Springer, p. 81–144.

chapter 7

第7章

高能效 M2M 网络

Burak Kantarci 和 Hussein T. Mouftah

7.1 简介

机器端对端（Machine-to-Machine，M2M）通信通过消除人类互动，在蜂窝网络中用户站和基站（Base Station，BS）之间引入数据流的机会[1]。这些容纳百万台 M2M 设备的 M2M 网络互联形成了物联网（Internet of Things，IoT）[2]。M2M 通信的应用领域多种多样，包括医疗保健、智能电网和计量服务。

图 7.1 所示为由 3 个域构成的 M2M 网络极简视图：M2M 设备域、核心网络域和应用域。设备域包括那些不一定有蜂窝通信接口的 M2M 设备，其中一些设备通过其他无线接口聚集来自非蜂窝 M2M 设备的数据，并通过蜂窝接口将它们中继到核心网络域。核心网络包括基站、移动管理（Mobility Management，MM）实体、归属用户服务器（Home Subscriber Server，HSS）和分组数据网络（Packet Data Network，PDN）网关。网关将核心网络连接到 M2M 服务器所处的互联网域，形成应用域。

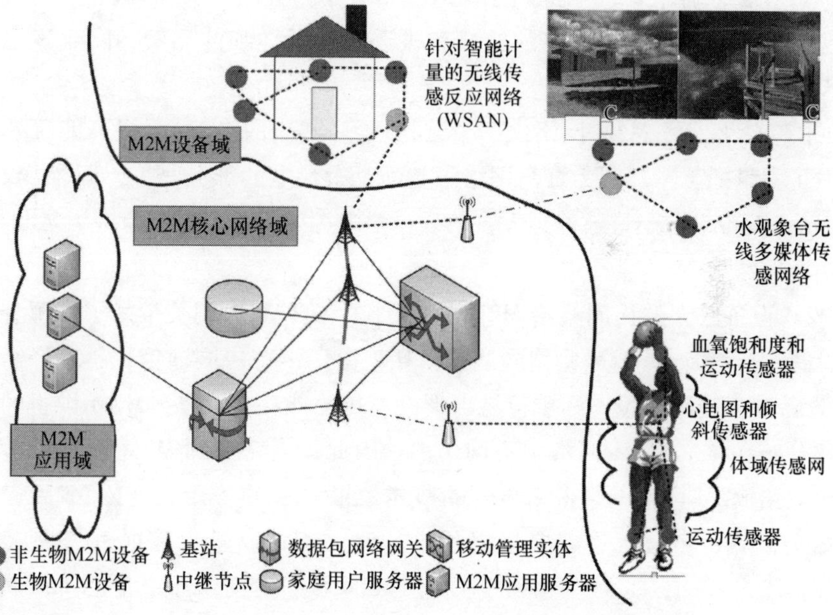

图 7.1 具有智能计量、健康和环境监测应用的 M2M 网络

IEEE 802.16p 和第三代合作伙伴计划（3rd Generation Partnership Project，3GPP）小组来定义和改善 M2M 通信服务要求的标准化活动仍在推进中[3-6]。虽然 IEEE 802.16 和 3GPP 已经基于相应技术引进了蜂窝通信的标准，但是这些标准化活动用来处理传统的蜂窝通信。其中，用户站使用手机（即人的互动是关键因素）

来传送具有低延时和高吞吐量的语音和多媒体数据。根据3GPP任务组，M2M通信的要求是容忍延时、非频发且小脉冲的传输[3]。大多数的标准化研究处理M2M网络中的两大难题，包括M2M设备的预订控制和由于M2M设备巨大的访问量引起基站中的拥塞或过载控制[2]。除此之外，相比传统的蜂窝网络，M2M网络中高效能通信成为一个更显著的挑战，因为M2M设备大多依靠电池运行且M2M网络的可靠性依赖于M2M设备的电池寿命。因此，如参考文献［7］中所述，针对物联网，更为关键的要求是低延迟、高可靠性和低功耗工作。

关于M2M网络能源效率已有诸多研究，主要考虑以下几个方面，如核心网络中高能效访问控制和资源分配[8,9]，弱链路质量下M2M设备聚集的高能效中继[10,11]，保证M2M网络安全中的能量效率[12]，节能路由[13,14]和报告[15]，针对M2M设备的休眠调度[16]和能量收集[17]。除了M2M网络中的能源效率，M2M网络也用于在产能领域协调能源产生和配送[18]，而智能微电网可以认为是M2M网络的另一个应用领域[19,20]。

本章对现有确保M2M网络中能源效率的方法进行了全面的概述。通过研究这些方法，本章最后一节对研究的挑战和机遇进行了详细的比较，同时该节中还包括结束语及本章小结。

如图7.1所示，M2M网络由3个结构域组成，在核心网络提高能源效率方面已经做了大量的工作，因为蜂窝网络中基站是很耗电的部分[21-24]。虽然M2M设备域中M2M设备传输小量数据且大多依靠电池电源运行，但是会有庞大数目的M2M设备访问网络[8]。

M2M设备巨大的访问量给M2M核心网络中的M2M网关带来了资源分配的挑战，这进一步增加了M2M网络的能源消耗。由于没有协同通信，具有蜂窝接口的M2M设备由于链路质量不好更容易出现高的传输能耗。此外，M2M设备的剩余电池功率分布在整个M2M网络是不均匀的；因此，当路由到M2M网关时考虑能源消耗可以给M2M设备网络带来显著的节能效果[14]。事实上，空闲M2M设备可以置于休眠模式；不过，这需要根据预定的时间表，以避免数据丢失和服务质量（Quality-of-Service，QoS）下降[16]。尽管M2M设备有受限于电池的本质属性，但电路和系统的进步可以使一些M2M设备能够通过周围环境来对电池充电，这成为克服在M2M设备网络中网络寿命问题的一个机会[17]。

由于M2M网络的应用领域（如医疗保健、智能电网监控、计量等），安全性和私密性是首要解决的挑战之一。由于M2M网络的异构性，传统的方法必须强化以确保安全的M2M通信。但是，增强安全性需要更复杂的硬件和软件功能，反过来会增加能耗。

信息和通信技术（Information and Communication Technologies，ICT）的能源足迹从2000年中期已经开始得到极大关注，因为ICT预期将占有全球温室气体排放量的显著部分[25]，而接入网预计在未来10年将保持显著比例[26]。M2M网络的能耗集中在M2M核心网络中[27]，主要是基站。因此，M2M的能源效率不仅预示M2M设备网络中的网络寿命，同时也旨在提高M2M核心网络中不可再生和可再生能源的有效利用。

7.2 高能效的大规模访问控制和资源分配

如前所述，物联网概念旨在将大量M2M设备和传输网络通过与蜂窝接入网络协作进行互联[28]。大规模访问控制已经是M2M网络中的重要挑战，也有针对克服M2M设备对基站大规模访问问题的若干建议。例如，Lien and Chen[29,30]提出了一种访问控制方案来满足3GPP核心网络中巨量M2M设备的QoS要求。此外，Cheng等人[31]比较了几个针对M2M设备避免拥塞方案的性能，这提供了M2M设备域和核心网络（即无线接入网络［Radio Access Network，RAN］）域的连接。这些计划包括了退避策略[32,33]，并利用了M2M设备的延迟容忍[34]。

7.2.1 高能效大规模访问控制

尽管开展了前述研究，仍应考虑大规模访问管理来确保能源效率。为此，Tu等人[9]提出了分组和基于协调器选择的解决方案来管理对RAN的大规模访问，并确保在M2M网络的单蜂窝网中上行链路的能量效率，其中N个M2M设备均匀分布在相应蜂窝中形成G个组。分组和基于协调器访问的目的是分组可以帮助消除多余的信号，因为每组协调器与基站通信，从而可以降低拥堵的概率。图7.2所示为M2M网络中单蜂窝网络的分组和基于协调器的大规模访问管理，这里假设该网络中基站清楚每个链路上的信道条件。对一个组（如G_i），协调器M2M设备发送它自己的数据包到基站，然后转发其他N_i-1个M2M设备的数据包。

参考文献［9］中，Tu等人提出在蜂窝组中M2M设备分组的最优化问题，如下所述。目标函数旨在将蜂窝中每个组消耗的总能量最小化，如式（7.1）所示。组G_i的能量消耗是两种能量消耗的和，一是由于协调器（M_i^c）和基站（图7.2中ℓ_1）之间的链路使用，二是由于协调器和群中每个M2M设备（图7.2中ℓ_2）之间的链路使用。假定每个设备发送一个S比特的数据包。式（7.2）表示了一个非协调M2M设备的能量消耗。式中，$R_{\ell_1}(M_i^c, M_i^j)$表示在非协调器设备M_i^j和协调器M_i^c之间链路的可实现带宽效率，单位为字节每秒每赫兹，而P代表M2M设备传输一个数据包的功耗。对于群 G_i 的总能源消耗是使用 ℓ_1 型链路的总能耗与式（7.3）中第二项表示的由于使用 ℓ_2 型链路的总能耗进行加和。在式（7.3）中，$R_{\ell_2}(M_i^c, BS)$ 表示协调器设备和基站（即 ℓ_2）之间的链路的可实现带宽效率，单位为字节每秒每赫兹。ℓ_1 和 ℓ_2 型链路所能达到的比特率分别在式（7.4）和式（7.5）中表示。在式中，N_0 是对应链路的噪声谱密度，$h_{\ell_2}(M_i^c, BS)$ 和 $h_{\ell_1}(M_i^c, M_i^j)$ 表示链路 ℓ_1 和 ℓ_2 的信道增益，而 B_{ℓ_1} 和 B_{ℓ_2} 分别代表链路 ℓ_1 和 ℓ_2 的带宽。

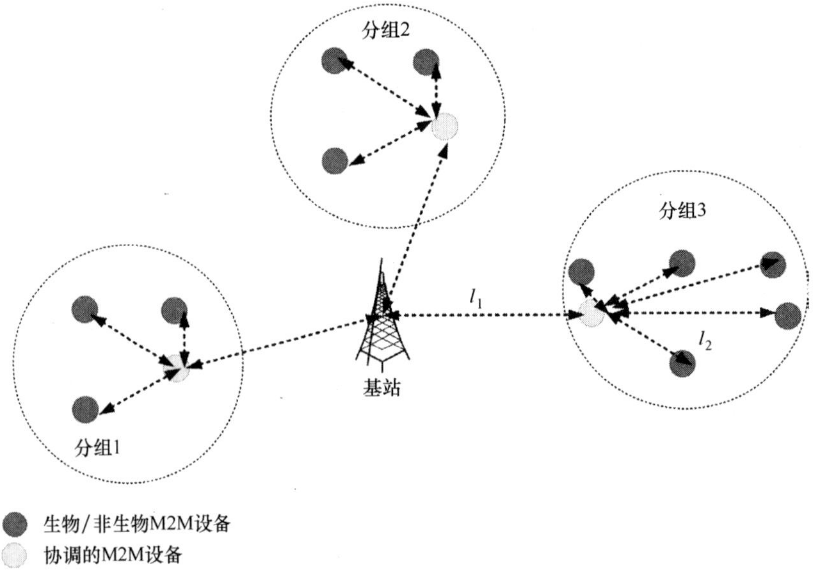

图 7.2　M2M 网元中基于分组和协调的大规模访问控制

$$\text{最小化} \sum_i^G E_i \tag{7.1}$$

$$E_i^{j \neq c} = [S/(R_{\ell_1}(M_i^c, M_i^j))] \cdot P \tag{7.2}$$

$$E_i = \sum_{j \neq c} E_i^j + [S/(R_{\ell_2}(M_i^c, \mathrm{BS}))] \cdot P \cdot N_i \tag{7.3}$$

$$R_{\ell_1}(M_i^c, M_i^j) = B_{\ell_1} \cdot \log_2[1 + P \cdot (h_{\ell_1}(M_i^c, M_i^j))^2 / (N_0 \cdot B_{\ell_1})] \tag{7.4}$$

$$R_{\ell_1}(M_i^c, \mathrm{BS}) = B_{\ell_2} \cdot \log_2[1 + P \cdot (h_{\ell_2}(M_i^c, \mathrm{BS}))^2 / (N_0 \cdot B_{\ell_2})] \tag{7.5}$$

基于上述公式和目标函数，能量消耗的目标是最小化，而组数目的上限（L）设为前提条件，即 $G \leqslant L$。

在参考文献［9］中，将问题分为两个子问题：第一个子问题是 M2M 设备分组，而第二个子问题是给每个组分配协调器。采用 K 平均算法对 M2M 设备分组。K 平均算法是一个机器学习技术，将 n 个样本划分为 k 个群集，其中每个群集用一个平均值表示，而属于群集的每一个样本其平均值最接近于该值[35]。群集 N 个 M2M 设备到 K 个组的过程如下。最初，随机选择 k 个 M2M 设备作为组的中心值，然后，每个余下的 M2M 设备按照 ℓ_1 型链路中最高信道增益在组中形成群集。应用 K 平均算法为 M2M 设备分组问题的数学公式（见式 7.6)。因而，组 $k(M_k^j)$ 中 M2M 设备 j 与相应组中协调器之间链路上的信道增益不大于蜂窝中任何其他组的对应设备和协调器之间链路上的信道增益。

$$M_k^j \in G_k \mid (M_k^j, M_k^c) \leqslant h_{\ell_1}(M_k^j, M_m^c), \forall m \tag{7.6}$$

一旦将设备分成 k 个组，每个组即选定一个协调器。为此，参考文献［9］中提出了 3 类（共 8 种）不同的策略：

第 1 类：第一类策略不考虑 BS 与协调器之间的信道条件。该分类中提出了 3 个方案（此处译者考证参考文献［9］补充了第一个方案)。

第一个方案是中间信道增益方案（Median Channel Gain Scheme，MED-CG)：选择到基站的信道增益在组中所有机器设备中为中间值的机器设备作为协调器。该方案可预期选择接近该组中心的协调器。

第二个方案考虑信道增益的算术平均值（Arithmetic Means of the Channel Gains，AM-CG)。计算了组中每个 M2M 设备对其他设备的信道增益平均值，选具有最大算术平均值的那个为协调器。

$$M_k^c = \operatorname{argmax}_{M_k^i}\{(1/(n-1)) \cdot \textstyle\sum_{j\neq i} h_{\ell_1}(M_k^i, M_k^j)\}, \forall k \tag{7.7}$$

该类的第三个方案从 AM-CG 导出，但考虑信道增益的几何平均值（GM-CG，geometric means of the channel gains)。该策略的形式表达式见式（7.8）

$$M_k^c = \operatorname{argmax}_{M_k^i}\{\sqrt[n-1]{\textstyle\prod_{j\neq i} h_{\ell_1}(M_k^i, M_k^j)}\}, \forall k \tag{7.8}$$

第 2 类：第二类策略考虑协调器和 BS 之间的信道条件。该类的第一个方案旨在选择链路到 BS 上具有最大信道增益的 M2M 设备。该选择策略见式（7.9）

$$M_k^c = \operatorname{argmax}_{M_k^i} h_{\ell_2}(M_k^i, \mathrm{BS}), \forall k \tag{7.9}$$

该类的第二个方案采用 AM-CG 并通过包含链接到 BS 上的信道增益进行扩展。在改进的 AM-CG 方案中，使用权重系数 ω 进行的算术平均计算中包含了协调器和 BS 之间的信道增益，见式（7.10)。

$$M_k^c = \operatorname{argmax}_{M_k^i}\{(1/(n-1)) \cdot \textstyle\sum_{j\neq i} h_{\ell_1}(M_k^i, M_k^j) + \omega \cdot h_{\ell_2}(M_k^c, \mathrm{BS})\}, \forall k \tag{7.10}$$

该类中的第三个方案是改进的 GM-CG 版本，它包括在具有权重系数的几何平均计算中 BS 的信道增益。该策略见式（7.11）

$$M_k^c = \operatorname{argmax}_{M_k^i}\{\sqrt[n-1]{\textstyle\prod_{j\neq i} h_{\ell_1}(M_k^i, M_k^j)\omega \cdot h_{\ell_2}(M_k^c, \mathrm{BS})}\}, \forall k \tag{7.11}$$

第 3 类：第三类包括两个方案，第一方案称为“最佳能耗”（Optimum Energy Consumption，OEC)，第二方案称为 K 最大信道增益（K Maximal Channel Gains,

KMAX-CG)。OEC 选择那些能够使相应组具有最佳能耗的 M2M 设备作为群组协调器。KMAX-CG 选择能够实现 k 最大信道增益的 k 个 M2M 设备，然后它调用 K 平均算法来形成群集。

基于上面提到的 8 个方案，Tu 等人提出了一种迭代方法来收敛到一个最优方案。因此，执行第一个 K 平均算法来形成组，然后调用上述提到的方案之一来选择每个组中的协调器。在下一次迭代中，使用这些协调器形成一套新的组，而在相应迭代的第二步中，通过上述提到的方案来选择新的协调器。这个迭代过程一直运行，直到目标函数收敛到全局最小值。也就是说，能耗（Energy Consumption，EC）经过一定次数的迭代后都没有显著变化。

据报道，考虑协调器和 BS 之间的信道条件会带来显著的能源节约，进一步对比最初方案，能源消耗方面可以获得超过 25% 的改善[9]。

7.2.2 大规模访问管理中的最优功率和资源配置

Ho 和 Huang[8] 共同研究了节能的大规模访问控制和资源分配。一旦分组和选择了协调器，针对上节中研究的最小能耗目标，首先进行针对协调器设备的功率分配。为此，对每个组 j 的协调器，计算每比特的能量（Epb_j^c），其中 Epb_j^c 是消耗能量（以焦耳为单位）与传输比特数之比。它们提出了迭代函数来分配协调器设备的最优功率。为此，如式（7.12）所示来计算 Epb_j^c，式中，r_j^c 表示副载波到 BS 的比特率，P_j^c 是正交频分多址接入（Orthogonal Frequency Division Multiple Access，OFDMA）框架中协调器设备的发射功率，P_{circuit} 是协调器设备消耗的固定电路功率，其他项已在前面小节中定义。

$$Epb_j^c = \frac{r_j^c}{P_j^c + P_{\text{circuit}}} = \frac{\log_2\left(1 + P_j^c \cdot \dfrac{|h_{\ell_2}(M_k^c, BS)|^2}{N_0 B_{\ell_2}}\right)}{P_j^c + P_{\text{circuit}}} \tag{7.12}$$

如上所示，一旦计算出发射功率，利用发射功率 Epb_j^c，OFDMA 框架中相应协调器（P_j^{c*}）的最优发射功率可以通过式（7.13）得出：

$$P_j^{c*} = 1/(Epb_j^c \cdot ln2) - (N_0 \cdot B_{\ell_2}) / |h_{\ell_2}(M_k^c, \mathrm{BS})|^2 \tag{7.13}$$

根据最优功率分配算法，式（7.12）和式（7.13）进行迭代从而使得 P_j^{c*} 收敛到最佳值。该方法的运行基于在每个副载波到 BS 上协调器节点具有相同信道增益的假设。

参考文献［8］中，Ho 和 Huang 扩展了参考文献［9］中的群集和协调器选择的概念，并提出假定不同副载波上的协调器节点具有不同的信道增益时的一种节能媒体访问控制和资源配置（Energy-Saving Medium Access Control and Resource Allocation，ES-MACRA）方案。为此，运行图 7.3中所示流程图的步骤。建议方案的第一步包括群集、协调器选择和 Epb_j^c 值的初始化。该方案被称为节能 MAC 和功率

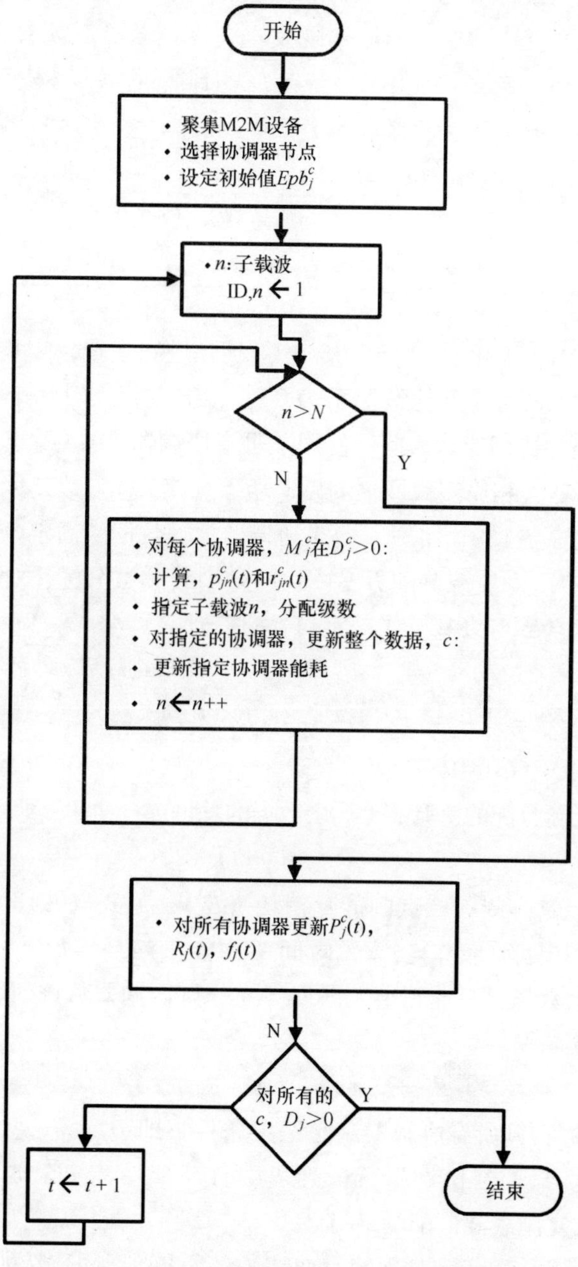

图 7.3　节能 MAC 和资源分配方案的流程图

（摘自 Ho，C. and C. Huang. 2012. Energy-saving massive access control and resource allocation schemes for M2M communications in OFDMA cellular networks. IEEE Wireless Communications Letters 1：209-212.）

分配（ES-MACPA）。下一步处理针对协调器的副载波分配，并一直持续到所有协调器节点完成其数据传输。

在副载波分配阶段，对每个副载波，算法都计算出相应副载波上每个未分配协调器的最优发送功率（$P_{j_n}^{c^*}$）和可实现发送速率（$r_{j_n}^{c^*}$）。前者由式（7.14）计算，后者由式（7.15）表示。式中，t 表示迭代时间，而 $h_{\ell_2,n}(M_j^c,\mathrm{BS},t)$ 代表时间 t 时副载波 n 到 BS 中组 c 的协调器的增益。

$$P_{j_n}^{c^*}=\max\left[\frac{(B\cdot Epb_j^c(t-1))}{ln2}-\frac{(N_0\cdot B_c)}{|h_{\ell_2,n}(M_j^c,\mathrm{BS},t)|^2},0\right] \tag{7.14}$$

$$r_{j_n}^{c^*}=\max\left[\frac{(B_c\cdot \log_2[Epb_j^c(t-1)\cdot |h_{\ell_2,n}(M_j^c,\mathrm{BS},t)|^2])}{[N_0\cdot ln2]},0\right] \tag{7.15}$$

副载波通过式（7.16）来分配，其中 I_{cj}^n 是二进制变量，它是分配给副载波 n 的组 j 的协调器节点之一（其他情况下为 0）。根据方程，对每个副载波都分配了能够使得能耗最小的协调器。为此，使用了每个协调器 l 的剩余数据（D_{c_l}），计算时间 t 时每个协调器在相应副载波上的发送功率（$P_{c_l}^n(t)$）以及之前平均的每个协调器传输速率（$R_{c_l}(t-1)$）。此外，每个协调器传输数据的固定电路功率也包含在公式中。在节能 MAC 和资源分配方案中，一旦副载波被分配，对于分配副载波上相应协调器的发送功率可以基于式（7.14）进行计算。

$$I_{c_j}^n=\begin{cases}1 M_j^c=\mathrm{argmin}_{c_l\in C}\dfrac{D_{c_1}\cdot(P_{c_l}^n(t)+p_{\mathrm{cir}})}{R_{c_l}(t-1)},\ \forall k\\ 0,\text{其他}\end{cases} \tag{7.16}$$

随后，通过更新分配的协调器上剩余数据的总量进行功率分配，见式（7.17）。

$$D_{c_j}=D_{c_j}-R_{c_j}^{n^*}(t)\cdot T \tag{7.17}$$

最后，更新相应协调器节点的能量消耗（E_j^c），见式（7.18）。由于 t 时副载波上的分配功率和电路的传输功率，时间 T 内能量消耗增加了消耗能量的总量。如果协调器的剩余数据具有非正值，即 $D_{c_j}\leqslant 0$，则协调器从该列表中删除并在 $t+1$ 开始时不予考虑。

$$E_j^c=E_j^c+(p_{c_j}^{n^*}(t)+p_{\mathrm{cir}})\cdot T \tag{7.18}$$

ES-MACRA 运行到所有协调器满足结束条件，即 $D_{c_j}\leqslant 0$，并且任何协调器中都没有剩余数据。只要在协调器分配列表中有至少一个协调器（即有数据要发送），则该算法恢复副载波分配为 $t+1$。

在参考文献［8］中，针对单蜂窝 OFDMA 系统和不同数量的协调器，进行了方案评估，且当与基于频率选择衰减的优化方案相比时，ES-MACPA 和 ES-MACRA都可以根据系统能源消耗得到次优结果。此外要说明的是，通过穷举搜索，

ES-MACRA 也可以获得最优结果。

7.3 M2M 网络中的节能中继

Andreev 等人[10]提出了一种客户端中继机制以确保无线链路的高稳定性和链路质量较差的 M2M 设备能够实现高能源效率。相应的研究考虑了智能计量场景，其中蜂窝核心网基于 IEEE 802.16 技术构建。相应研究的动机是因为位于蜂窝网络边缘的 M2M 设备遭受链路质量差的环境。因此，用来提高可靠性的高效中继方案是很迫切的需要。

参考文献［10］中的系统模型如图 7.4 所示。具有蜂窝接口的 M2M 节点汇总非蜂窝 M2M 设备到达率为 λ_a 的数据，而中继节点每单位时间产生 λ_r 个数据包。此外，中继节点可以窃听从聚合点 A（如图 7.4 中连接到家域网的 IEEE 802.16

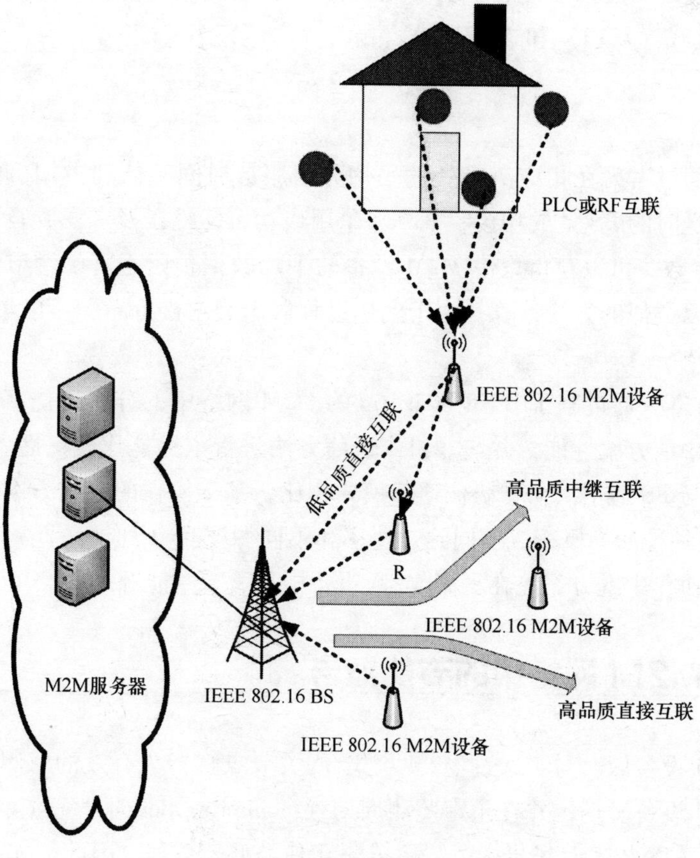

图 7.4　M2M 通信中继

M2M 设备）传输的数据。它可暂时存储数据包以用于到 BS 的可能重传。假设存在 L 种不同类型的计量，包括用户计量到报警计量。因而，p_i 被用作随机变量来表示计量属于类型 $-i$ 的概率。类型 $-i$ 计量的数据包传输持续时间表示为 T_i^{ON}，而两个连续的持续时间 T_i^{ON} 之间的周期假定为遵循均匀分布或 β 分布。

为了分析中继上的到达流量，假定遵循泊松过程，而边缘 M2M 设备呈现出自相似行为。中继或 M2M 节点的竞争成功概率假设是对应节点访问竞争时隙和发送其随机接入请求的概率。Andreev 等人还分析了性能参数对该指标的影响。

聚集节点和中继都假定有先入先出（First-In-First-Out，FIFO）队列，而中继节点具有额外的存储空间来存储用于重发目的的单个数据包。假定传输信道容易出错，在其目的端处接收数据包的概率是链路类型的函数。

参考文献［8］中推导出一个分析模型来获得聚集 M2M 设备（η_A）和中继节点（η_R）的精确平均吞吐量，继而是聚集节点（ε_A）和中继节点（ε_R）的能源消耗。这些节点处的能耗和吞吐量值可用于得到这些节点上的能源效率（即，φ_A 和 φ_R），分别见式（7.19）和式（7.20）。

$$\varphi_A = \eta_A \cdot \varepsilon_A^{-1} \tag{7.19}$$

$$\varphi_R = \eta_R \cdot \varepsilon_R^{-1} \tag{7.20}$$

此外，通过考虑在相应节点处的平均分组服务时间和队列占用、中继节点或聚集节点发送时的 BS 处成功接收概率、争用成功可能性以及考虑为自相似聚集过程的 Hurst 参数，可以获得聚集 M2M 设备的平均数据包延迟。中继节点的平均分组延迟可以以类似的方式计算。由于到达过程假定为泊松分布，所以考虑 Hurst 参数为 0.5。

Andreev 等人通过基于 IEEE 802.16p 的 M2M 网络中的分析和仿真，评价了所提出的节能中继方案性能，并与非协作通信方法进行了性能比较，后者的 M2M 聚集设备直接与 BS 通信。与非协作通信模式相比，基于协作的中继方案改善了聚集 M2M 设备在各种冲突概率、不同到达速率和不同源数目（如计量器）等方面的性能。此外，协作中继方案能在聚集 M2M 设备中显著节约能源。

7.4 M2M 网络中的节能报告

在 M2M 设备域，对于通过 M2M 聚集/网关节点解释为有效的感测数据，数据必须由 M2M 设备发送，并在预定监测周期（Monitoring Period，MP）内由 M2M 网关接收[36]。在异构实时场景中，需要感测几种类型的数据，因此，M2M 网关必须在一个 MP 内至少接收每种类型的一个感测数据以用于正确报告。另一方面，考虑能源效率，M2M 设备为了节约能源不会连续感测和报告数据，因此它们可以选择性报告感测数据。此外，M2M 设备可以决定在低功耗模式（即休眠模式）花费较长时间，但是这增加了 M2M 网关在一个 MP 内收不到相应类型有效数据的风险。这种现象引入了能源有效性权衡[36]。

Fu 等人[15]提出了感测数据的智能传输以防止感测数据的冗余报告，同时节约 M2M 设备的能源以延长 M2M 网络的 M2M 设备域寿命。相应研究考虑了 M2M 设备域中的移动无线传感器网络（Wireless Sensor Network，WSN），且每个 M2M 设备感测和报告不同类型的数据。作为文献中相关工作的改进，该研究提出并比较了两种方法：高能效集中报告（Energy-efficient Centralized Reporting，ECR）和高能效分布报告（Energy-efficient Distributed Reporting，EDR）。

为了应对能源有效性的权衡，有必要解释感测数据的有效性。图 7.5 所示为 M2M 设备向 M2M 网关报告感测数据的活动。图中，Θ_m 表示类型 m 感测数据的 MP。因此，图 7.5 中的时序图被限制为仅有类型 1 的感测数据存在的场景。对于 M2M 设备在 t_x 感测和 M2M 网关在 t'_x 接收的类型 m 的任何数据，如果式（7.21）中的条件成立时都被认为是有效的。在图 7.5 中，M2M 设备在 t_1 发送了第一次感测的数据，其中 $t < t_1$，而数据由 M2M 网关在 t'_1 接收。因为 $t_1 < t + \Theta_1$，当在 M2M 网关接收时数据被认为是有效的。另一方面，M2M 设备在 t_2 感测到另一个数据，其中 $t + \Theta_1 < t_2$，即数据在第二个 MP 被感测到 f。数据由网关在 t'_2 被接收，其中 $t + 2\Theta_1 < t'_2$。因此，M2M 网关解释相应的数据为无效。

$$t + (i-1) \cdot \Theta_m \leqslant t_x < t'_x \leqslant t + i \cdot \Theta_m \tag{7.21}$$

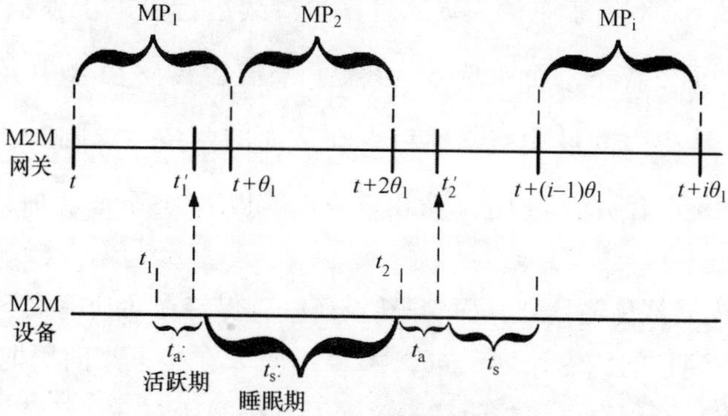

图 7.5　在 M2M 设备域中数据包有效性的示例

（摘自 Fu，H. L. et al.，Energy-efficient reporting mechanisms for multi-type real-time monitoring in machine-to-machine communications networks. In IEEE INFOCOM，p. 136-144，2012.）

ECR和EDR都包括两个模块，即M2M网关模块与M2M设备模块。在ECR中，计算的复杂性在前者，而在EDR中，设计后者用来处理计算复杂性。这两种方法中，M2M网关保持了考虑类型的最新感测数据的数据库，也就是，$D=\{D(m)\mid 1\leqslant m\leqslant\aleph\}$，其中$\aleph$是感测数据类型的数目。此外，M2M网关对每种感测数据的类型（如类型m）设定一个计时器T_m（即，$T_i\leftarrow\Theta_m$），用来控制相应类型的MP时间。下面将详细阐述ECR和EDR。

7.4.1 高能效集中报告

在ECR中，M2M网关利用传输单元的值（Θ_1）定义了一个周期。MP时间值的计算见式（7.22）。式中，α_m值是整数，且$\alpha_1=1$，网关定义周期具有长度$L_c=lcm(\alpha_1,\cdots,\alpha_\aleph)\cdot\Theta_1$。

$$\Theta_m=\alpha_m\cdot\Theta_1,\forall m\in\{1,\cdots,\aleph\}\tag{7.22}$$

M2M设备的传输调度在M2M网关以三维阵列X表示，其中X中的单元$x_m n^k$表示一个二进制变量。如果M2M节点k计划在下一个周期内的传输单元n中传送类型m的感测数据，则它就是1。为此，Fu等人[15]提出了M2M网关在每个循环中都运行的贪婪算法。如图7.6所示，M2M网关使用集合$\tilde{S}=\{S_1,\cdots,S_i,\cdots,S_M\}$，其中$S_i$表示M2M设备$i$的感测数据集合。该算法旨在找出$\tilde{S}$的一个子集（即$\tilde{S}'$），其涵盖完整的传感集合$S$。最初，输出子集$\tilde{S}'$是空的。为了跟踪$S$涵盖的元素，同时定义了临时集$\tilde{S}'_c$，并在开始时设定其为空集。此外，$\tilde{S}'$的每个元素对应于M2M设备表示为$S'_k$，而每个$S'_k$设置到空集中。

只要覆盖集$\tilde{S}'_c$不等于感测集S，该算法持续运行以下步骤：选择感测集组$\tilde{S}$的集元素，从而$S_k\in\tilde{S}$，而所选S_k覆盖了未覆盖传感集合中元素的最大数，即$|S_k\cap(S\backslash\tilde{S}_c)|$产生的最大值。然后，在下面的两步中，临时覆盖集$\tilde{S}'_c$与感测集的新覆盖部分合并。进而，输出子集$\tilde{S}'$也作为新元素加入到最新覆盖集合。

M2M网关广播该传输计划，而M2M设备一直保持在活动模式下直到接收到该计划。一旦接收到它的传输计划$x_m n^k$，M2M节点k在接下来的周期内对各发送单元计算其感测集。对周期内的其他传输单元，其中对所有m，$x_m n^k=0$，M2M节点k从活动模式转换到休眠模式。周期结束时，节点切换到活动模式以监听来自M2M网关的传输计划广播。

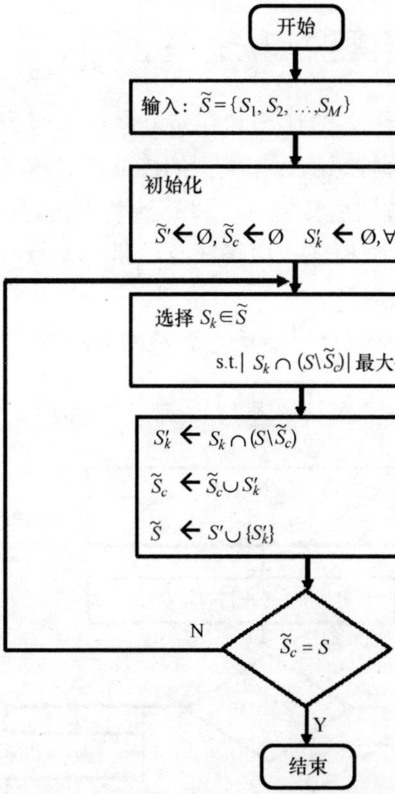

图 7.6 ECR 中 M2M 网关算法运行流程图

（摘自 Fu，H. L. et al.，Energy-efficient reporting mechanisms for multi-type real-time monitoring in machine-to-machine com-munications networks. In IEEE INFOCOM，p. 136-144，2012.）

7.4.2 高能效分布报告

在 EDR 中，M2M 网关对每个感测数据的类型保持一个计数器 Counter_m 来表示类型 m 的有效感测数据的数目。对于类型 m 的感测数据，在每个 MP 开始时，Counter_m 设置为 0，而在第 x 个 MP 结束时，设定二进制指示符 $I_m(x)$ 来表示网关是否在相应 MP 中接收到类型 m 的有效感测数据。因此，如果 Counter_m 为 0，则 $I_m(x)$ 是 1，否则 $I_m(x)$ 是 0。为了协助 M2M 节点确定其休眠计划，M2M 网关在感测数据类型 m 的每一个 MP 结束时计算比率 $\mathfrak{R}_m(x)$，而矢量 $\mathfrak{R}_m$ 在相应类型的 N 个 MP 后被广播。$\mathfrak{R}_m(x)$ 见式（7.23），其中 $\mathfrak{R}_m(0)=0$，并在感测数据类型 m 的 N 个 MP 后，每个 $\mathfrak{R}_m(x)$ 设置为 0。

$$\Re_m(x)=\begin{cases}\Re_m(x-1)+I_m(x) & x \bmod N\neq 0\\ \dfrac{(\Re_m(x-1)+I_m(x))}{N} & \text{其他}\end{cases} \tag{7.23}$$

EDR 中的 M2M 节点具有更多的计算和存储复杂性，因为 M2M 节点需要保持休眠计时器 T_{sleep}，以及针对每种感测数据类型的传输计时器（即 $T_{tx,m}$）。每种感测数据类型在相关计时器 $T_{tx,m}$ 过期后传输。一旦感测数据传输完成，M2M 节点设置 T_{sleep} 计时器并将自身设置为休眠模式。值得注意的是，节点也从 M2M 网关监听广播的 $\Re_m$ 值来调整其休眠计时器。

图 7.7 所示为 M2M 节点休眠计时器动态调整的流程图。因此，该算法使用每

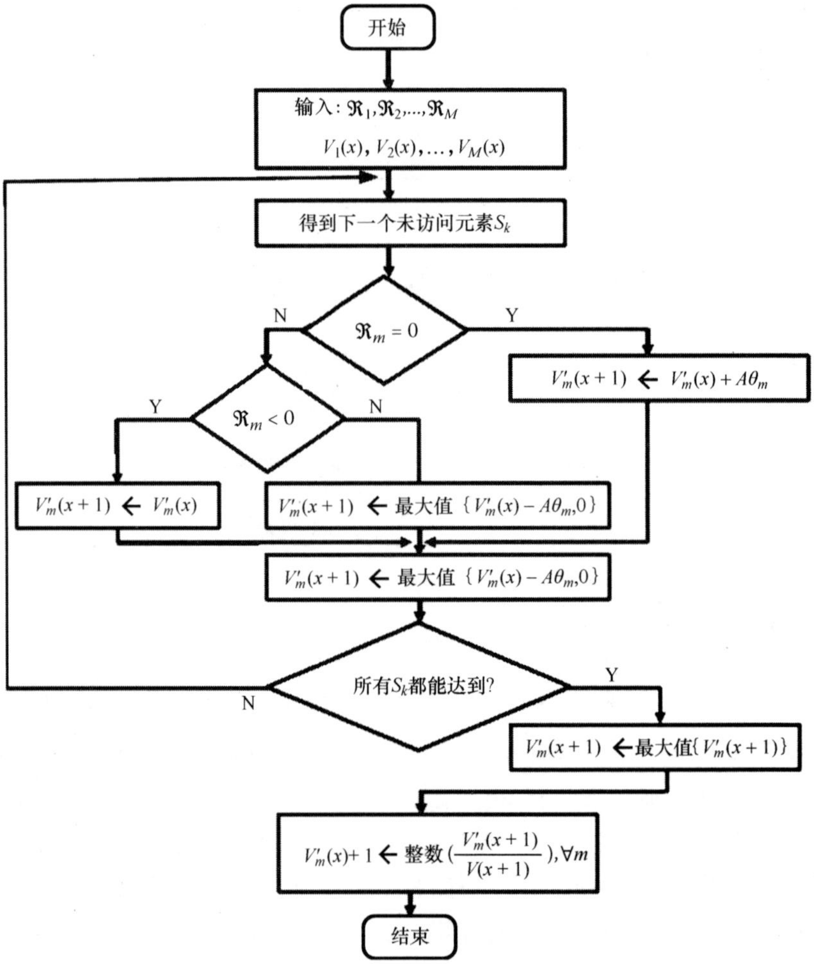

图 7.7　EDR 中每个 M2M 节点算法运行流程图

（摘自 Fu, H. L. et al., Energy-efficient reporting mechanisms for multi-type real-time monitoring in machine-to-machine communications networks. In IEEE INFOCOM, p. 136-144, 2012.）

个感测数据类型的广播$\Re_m$ 值作为输入参数。此外，T_{sleep}和 $T_{tx,m}$的任何第 j 个配置都分别通过两个参数 $V(j)$ 和 $V_m(j)$ 保持。这些参数的初始值设为 Θ_1。该算法包括以下主要步骤：①该算法为每个感测数据类型-m 确定 $T_{tx,m}$的下一个值，选择 ρ 作为相对于网关广播的$\Re_m$ 比值的调整阈值。此外，A 是可调节变量[15]。如在算法中所示，发送计时器 $T_{tx,m}$的临时值基于这些计时器的当前值确定。②基于传输计时器临时值的最小值确定休眠计时器的新值。③传输计时器用休眠计时器的值进行归一化，并通过四舍五入函数，确保传输计时器是休眠计时器的整数倍。

Fu 等人已经表明，对于 M2M 节点，ECR 和 EDR 相比几个移动场景的传统报告，都可以带来显著的节能。另一方面，在 M2M 节点移动性情况下，EDR 在节能方面显得比 ECR 更适合[15]。

7.5 M2M 网络中的节能路由

Tekbiyik 和 Uysal-Biyikoglu[14]将用于 M2M 网络的节能路由算法归为以下 4 类：①能量感知路由；②QoS 约束的节能路由；③节能路由和调度；④重发感知节能路由。事实上，这些方案最初是针对自组装无线网或无线传感器网络提出的。

7.5.1 节能路由

参考文献［14］的综述中报道了保持连接最小总能量（Minimum Total Energy with Keeping Connectivity，MTEKC）方案在网络寿命和连通性方面优于其他能量感知路由方案，其中在任意源到任意目标节点的路径不可用情况下，网络被认为是断开的。Pandana 和 Liu[37]最早提出了 MTEKC。MTEKC 采用了参考文献［38］中提出的最小总能量方法，并通过考虑拓扑结构中每个节点的连通性权重强化了该方法。为此，MTEKC 对每个节点使用连通性权重并对相应节点的连通性使用影响因子。从而，对路由来说，每个链路-mn 形成联合链路成本分配函数，见式（7.24）。该方程旨在结合这些节点的连通权重（即 $W(m)$ 和 $W(n)$）和连通影响因子（即f）同时最小化节点 m 的传输能量和节点 n 的接收能量。一旦由于节点故障引起网络拓扑变化，MTEKC 会对每个节点计算新的连通权重。对于每个源和目标对，该算法根据式（7.24）中基于链路成本分配函数的最小成本来计算路径。节点（如节点-m）连通权重通过 Fiedler 值计算，见式（7.25）。其中 $\lambda_1(G-v_m)$ 是拉普拉斯矩阵 $L(G-v_m)$ 与 $G-v_m$ 相关联的第二最小特征值。这里，$G-v_m$ 表示当节点 m 和其相邻链路从原始拓扑 G 中去除以后的拓扑。如果拉普拉斯矩阵的第二最小特征值不显著大于 0（即 $>\epsilon$），那么会分配相应节点的连通权重一个大的值，如 $1/\epsilon$ 。

$$c(m,n)=E_t(m,n)\cdot W(m)^f+E_r(n,m)\cdot W(n)^f \tag{7.24}$$

$$W(m)=\begin{cases}\dfrac{1}{\lambda_1(G-v_m)}\lambda_1(G-v_m)>\epsilon\\ \dfrac{1}{\epsilon} \quad 其他\end{cases} \tag{7.25}$$

Pandana 和 Liu[37]也通过采用 Bellman-Ford 算法来路由数据包到下个跳中而提出 MTEKC 的分布式版本。分布式 MTEKC 也显示出在发送/接收能量、每数据包路由时间和数据包传递方面类似于集中方案的行为。

7.5.2 节能和 QoS 保证路由

在延长网络寿命和 QoS 保证意义上，端到端数据包延迟方面而言的能源效率已经在很多方案中予以考虑，如参考文献［14］所述。这里主要讨论两种采用 Bellman-Ford 算法[39]的分布式路由方案，即级别限制的节能路由（Level-Restricted Energy-efficient Routing，LR-ENR）和跳限制的节能路由（Hop-Restricted Energy-efficient Routing，HR-ENR）。LR-ENR 设置延迟（D_{up}）的上限。假定时间划分为帧，在每帧的开始，收信节点广播一个树结构数据包，其中包括计数器、路由路径、节点成本以及发射节点的成本。接收树结构数据包的节点（节点 n）首先检查计数器的值。如果计数器的值大于 d_{up}，则丢弃树结构数据包。否则，节点检查该数据包是否已经在收信的路径上通过另一个节点（如节点 m）接收，这可能会减少数据包成本，而路径成本和路由路径相应更新。然后，节点 m 递增计数器，将其 ID 写入树结构数据包中，并广播到网络中。当前时间帧结束前，每个节点选择具有最小成本的路径并经该路径发送其数据包。

HR-ENR 中，每个节点到收信端保持成本最小的路径，其中每个具有长度 l，使得 $l\in[1,|V|]$，而 V 是该网络中节点的集合。与 LR-ENR 不同，HR-ENR 使用最大延迟的精确值（d_{max}）而不是预先规定的上限。如果计数器小于 d_{max}，则节点通过使用与 LR-ENR 相同的方法计算相应路径长度的最小成本，并将数据包转播到网络中。在溢出结束时，每个节点将其每个长度的最小路径成本发送到收信节点。一旦接收最小成本，它将运行整数线性编程公式化来获取每个节点的最优路径长度。最后，该信息发送回节点，从而通知每个节点其相应时间帧结束之前的传输路径[39]。

Ergen 和 Varaiya 展示 LR-ENR 和 HR-ENR 都可以显著改善网络的寿命。此外，由于延迟增加超过了数据包上限/精确最大值的最佳可实现网络寿命，延迟也提升了网络的性能。当两个方案相互比较时，HR-ENR 显示出具有更好的连通性[39]。

7.5.3 节能路由和信道调度

信道调度是 M2M 设备域中的另一个挑战。Kwon 和 Shroff[40]通过考虑发送功率、干扰以及剩余能量，将节能路由与信道调度结合起来。该方案称为针对自组装无线网络的“高能效统一路由”（Energy-efficient Unified Routing，EURO）。EURO的目标通过式（7.26）进行计算。其中 $R(m,n)$ 是包括 L 个无线链路的 M2M 网络中从节点 m 到节点 n 的路径。因此，对于每个节点对（m,n），EURO 旨在选择能实现最低成本的路径。在目标函数中，链路成本（C_{ij}）公式化为表示节点剩余能量的权重因子（W），在链路 ij 接收端干扰和噪声的平均值（η_j），以及在链路 ij 中发射器和接收器之间的路径增益（G_{ij}）的函数。在式（7.26）中，I 是单位矩阵，而 F 是维度为 $L\times L$ 的矩阵，且矩阵中每项 $L_{x,y}$ 是链路 x 处发射器和链路 y 处接收器之间路径增益（G_{xy}），链路 x 处发射器和接收器之间的路径增益（G_x），以及链路 x 中信号比（SINR_x）的函数。F 矩阵中各项的闭合形式见式（7.27）。

$$\arg_{R\in R(m,n)}\min\sum_{(i,j)\in R}c(ij)=\arg_{R\in R(m,n)}\min\sum_{(i,j)\in R}\left[\left(W\cdot(I-F)_{ij}^{-1}\cdot\left(\frac{\eta_j}{G_{ij}}\right)\right)\right] \tag{7.26}$$

$$F_{xy}=\begin{cases}\dfrac{G_{xy}\cdot\mathrm{SINR}_x}{G_x} & 当\ x\neq y。\\ 0 & 其他\end{cases} \tag{7.27}$$

优化问题有以下 3 个主要的限制，见式（7.28）~式（7.30）。其中 P_{ij} 表示链路-ij 中的发送功率，这由相应链路的最大发送功率（$P_{ij}^{\max}$）限定。由式（7.29），链路-ij 中的 SINR（SINR_{ij}）确保要比相应链路上的最小 SINR 要求值（$\mathrm{SINR}_{ij}^{\min}$）更大。最后，式（7.30）确保了对于任何节点 n，其剩余能量（$E_{\mathrm{residual}}^{n}$）必须大于0。

$$P_{ij}^{\max}\geqslant P_{ij}\geqslant 0,\ \forall\{i,j\}\in L\forall \tag{7.28}$$

$$\mathrm{SINR}_{ij}\geqslant\mathrm{SINR}_{ij}^{\min},\ \forall\{i,j\}\in L \tag{7.29}$$

$$E_{\mathrm{residual}}^{n}\geqslant 0,\ \forall n\in N \tag{7.30}$$

在 EURO 中，路由基于预定的信道调度策略实现。假定链路上运行特定的调度策略，一旦流量到达，每个节点检查其剩余电池功率和发送功率。如果下列任一条件成立，则节点阻止该流量：①剩余电池功率是 0；②发射功率饱和。如果这两个条件都不成立，则测量每个节点处的干扰强度并形成矩阵 $(I-F)^{-1}$。每个链路会分配其成本，见式（7.26），而流量的路径或者基于 Dijkstra 的最短路径或者基于 Bellman-Ford 的算法。参考文献［40］中提出了 EURO 的分布版本，其中每个节点周期性地发送其链路状态更新到其相邻节点。基于最小成本的路由通过调用分布式 Bellman-Ford 算法来完成。

7.5.4 节能和重发感知路由

上面调研的路由方案旨在通过考虑几种其他约束条件来最小化能量消耗，并没有考虑沿无线有损链路的链路误码率，尽管逐跳和端至端重发是保证可靠端至端传送的唯一解决方案。Dong 等人[41]提出了用于无线自组网络的最小能量路由基本算法（Basic Algorithm for Minimum Energy Routing，BAMER），这是 Dijkstra 最短路径算法的改进版。式（7.31）公式化了 BAMER 中的链路成本函数。式中，ζ 和 α 是常数项，β_0 是对相应链路要求的 SNR，N_0 是环境噪声强度，而 d_{ij} 是两个节点之间的距离。因此，该算法考虑了链路误码率以及距离因素。因为 BAMER 考虑了由于有损链路特性的数据包重发，从源节点 s 到目标节点 d 发送数据包的成本用式（7.32）表示。其中 k 是源和目标之间的中间节点。式中，err_{kd}、$E_{\mathrm{path}_{s,k}}$ 和 $c(k,d)$ 分别表示节点 k 和节点 d 之间的链路误码率，从节点 k 到节点 d 数据包传输的能耗以及根据式（7.31）的链路 kd 成本。

$$c(i,j)=\zeta\cdot\beta_0\cdot \mathrm{N}_0\cdot d_{ij}^{\alpha} \tag{7.31}$$

$$c(\mathrm{path}_{s,d})=\frac{1}{1-\mathrm{err}_{kd}}\cdot\left[E_{\mathrm{path}_{s,k}}+c(k,d)\right] \tag{7.32}$$

与 BAMER 中端到端的传输模型不同，Dong 等人提出了用于最小能量路由的一般算法，其中考虑了逐跳重传，以及用于最小能量的分布式算法。在其中每个节点周期性计算到下一跳节点的最节能路径。当相比传统路由方案以及旨在改善数据包传送可靠性的多路径路由方案时，所有技术都已证实可以改善无线自组织网络的能量效率。

本小节试图就 M2M 网络中的路由给出技术现状、挑战和机遇。已有其他几种方案用于改善 WSN 和移动自组装网络中的能源效率，这些方案也可用于 M2M 设备域。更详细的调研，读者可参考文献［14］。

7.6 M2M 网络中的高效率休眠调度

休眠调度旨在避免 M2M 设备、RAN 和核心网络中不必要的活动以延长电池寿命。考虑通用移动电信系统（Universal Mobile Telecommunications System，UMTS）

协议栈的两个功能层，即接入层（Access Stratum，AS）和非接入层（Nonaccess Stratum，NAS），针对 M2M 设备以及核心和接入网络设备的节能是是可行的。此外，3GPP 已经提出用于 AS 和 NAS 的几种节电解决方案。例如，在 AS 中，更长的寻呼循环避免了 M2M 设备对寻呼信道的频繁监测，而在 NAS 中，更长的定时有助于避免频繁的位置区域更新（Location Area Update，LAU）和路由区域更新（Routing Area Update，RAU）。出于这个目的，Chao 等人[16]提出了一种功率节省机制，旨在同时减少 M2M 设备活动、网络操作和信令的功率消耗。

首先，针对低移动性的 M2M 设备，提出了扩展的空闲模式。这里，术语“扩展空闲模式”相对现有的人与人（Human-to-Human，H2H）通信中的休眠状态来区分所提出的解决方案，如标准化的 IEEE 802.16[42]休眠模式。在参考文献［16］中，提出了针对 M2M 设备移动性管理（Mobility Management，MM）新模型。3GPP 中引入了两个新的状态到传统的 MM 模型。图 7.8 所示为建议 MM 模型的状态转换图。

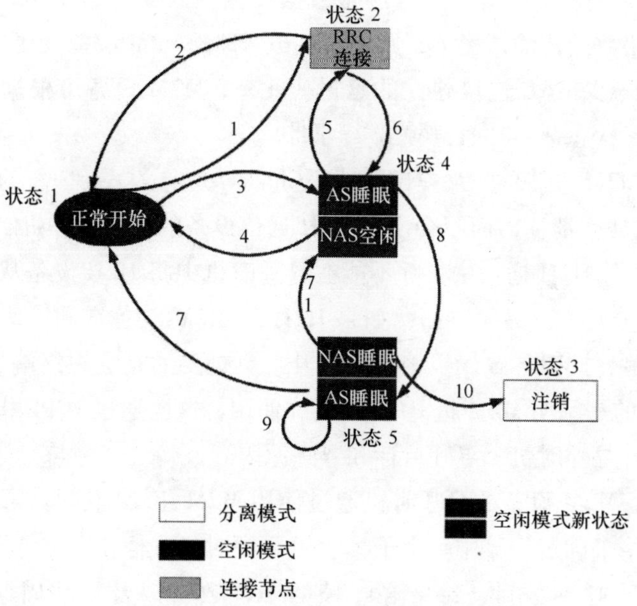

图 7.8　针对 M2M 设备的 MM 模型

（摘自 Chao，H. et al.，Power saving for machine-to-machine communications in cellular networks. In IEEE GLOBECOM Workshops，p. 389-393，2011.）

1. 建立 RRC　2. 释放 RRC　3. 无页面设备　4. 上行传输/寻呼响应　5. 建立 RRC　6. 释放 RRC　7. 上行传输/导呼响应　8. 自我控制/网络配置　9. 自我控制/网络配置　10. 分离

1）空闲模式中到新状态的转换：状态 1 表示 M2M 设备正常开始。这里，M2M 设备选择并监测寻呼信道。如果可以发现寻呼，则 M2M 设备就转换到状态 2,它表明建立了无线资源控制（Radio Resource Control，RRC）连接。如果没有发现寻呼，则 M2M 设备就转换到状态 4，这是参考文献［16］中新定义的空闲模式下的状态。在状态 4 中，避免了 AS 测试和过滤活动以及蜂窝重新选择，而会周期性调用 LAU/TAU/RAU 功能。一旦 M2M 设备检测到其 AS 已切换到休眠状态，为停止周期性 LAU/TAU/RAU 功能，M2M 设备进入状态 5。这可以通过自控制的方式或网络配置的方式进行，以节省信号功率或减少拥堵概率。如果网络从过载或拥塞状态中恢复，处于状态 5 的 M2M 设备可以回到状态 4。此外，不活跃低流动性的特征也会将 M2M 设备从状态 5 切换回状态 4。在每种情况下，从状态 5 到状态 4 的转变都恢复周期性 LAU/TAU/ RAU 功能。

2）空闲模式中从新状态的转变：M2M 设备由于时间控制上行链路传输或寻呼响应，可能从状态 4 或状态 5 进入状态 1。此外，若 M2M 设备从状态 5 切换到状态 1，则周期性 LAU/TAU/RAU 功能恢复。通常，上行链路数据传输要求状态 1 中积极的寻呼响应，除非是紧急上行链路数据传输。因此，如果 M2M 处于状态 4，在紧急上行链路数据传输情况下，则状态 1 被旁路，M2M 设备直接进入状态 2，建立 RRC 连接来减少 RRC 连接建立的延迟。此外，M2M 设备可根据网络配置取消注册，而该最终状态称为“独立模式”，即状态 3。

基于上述 M2M 设备的扩展空闲模式，Chao 等人定义了一个新的寻呼机制来减少 M2M 设备的功率消耗，而不会干扰 H2H 通信设备的传统寻呼机制。需要新寻呼机制的原因如下。H2H 通信中寻呼不能在寻呼时机中将 H2H 设备从单个还是一组 M2M 设备间区分开来。另一方面，如果 H2H 和 M2M 设备在同一时间寻呼，大量设备需要被唤醒，同时导致误报警概率上升，更重要的是会在终端导致功率浪费。Chao 等人的目的是阐明 M2M 组 ID 的定义和使用，这已通过 3GPP 指出。所提出的机制包括 3 层：寻呼时机、寻呼目标和寻呼原因。

在层 1 中，M2M 设备的寻呼时机通过使用 M2M 组 ID 获得。寻呼帧和相应帧中的子帧由网络来确定，其中一个子帧表示寻呼时机。假定 N_f、N_s 和 T 分别为每个寻呼周期的寻呼帧数目、每个寻呼帧的子帧数目以及寻呼周期的持续时间，M2M 设备基于式（7.33）计算系统帧数目（System Frame Number，SFN）。其中 ID_{group} 表示相应 M2M 设备的组 ID。子帧指数 S_{index} 根据式（7.34）计算得出。

$$\mathrm{SFN}\bmod T = \left(\frac{T}{N_f}\right) \cdot (\mathrm{ID}_{group} \bmod N_f) \tag{7.33}$$

$$S_{index} = (\mathrm{ID}_{group}/N_f) \tag{7.34}$$

网络设置寻呼帧相应子帧（即寻呼时机）中的寻呼指示来寻呼一组 M2M 设备。在相应的子帧中，空闲 M2M 设备激活并检测寻呼指示。如果未发现该寻呼指示则过程结束。否则，过程继续进入第 2 层。

在层 2 中，确定寻呼范围。如果组 ID 在相应子帧内携带，则所有具有携带组 ID 的 M2M 设备预期会响应。但是，如果只携带 M2M 设备 ID，则只有相应的 M2M 设备会响应。如果 M2M 设备无法找到其设备 ID 或组 ID，则针对相应 M2M 设备的寻呼机制会终止。否则，该寻呼机制继续进行到层 3 以获得寻呼原因。

在层 3 中，明确了 3 个寻呼原因之一。寻呼原因可以是呼叫建立请求、M2M 报告或 M2M 系统更新。因此，目标 M2M 设备相应地响应该寻呼消息。

对于上行链路数据传输，现有基于应用的方法包括 7 个步骤。上行链路数据传输通过移动终端消息触发。M2M 服务器或用户发送短消息服务（Short Message Service，SMS）信息给 SMS 中心，其中 SMS 信息路由到要求的核心网络单元。相应的核心网络单元用 SMS 信息通知目标 M2M 设备去响应。每个被通知的 M2M 设备和网络建立 RRC 连接来接收 SMS 信息。M2M 设备在进行 SMS 信息解码后可以确定来发送回复信息。因为作为应用级方法并且是在包括一组 M2M 设备情况下的多信息传送，现有的方法导致高功率消耗和低资源利用效率。

为了在核心网络运营中节省电力，Chao 等人[16]提出了一种高能效的即时上行链路传输方案。根据所提出的方案，M2M 服务器或用户与归属用户服务器（Home Subscriber Server，HSS）/归属位置寄存器（Home Location Register，HLR）交换路由信息，从而其了解核心网络单元已发送报告申请信息。一旦接收到报告申请信息，核心网络单元形成并发送寻呼信息。一旦解码信息，M2M 设备就与网络建立连接来发送嵌在所需格式中的报告信息，例如，SMS 或多媒体消息服务（Multimedia Messaging Service，MMS）。

参考文献［16］中提出的休眠调度框架带来了以下优点。周期性 RAU/TAU 的运行降低了 M2M 设备功耗。此外，基于组的寻呼减小了 M2M 设备的功耗。最后，对即时上行链路数据传输的信令流优化降低了 RAN 和核心网的功耗。

7.7 M2M 设备域中的能量收集

除了上述技术，也可以通过能量收集来延长 M2M 网络寿命。能量收集方法的详细综述可见参考文献［17］。本小节将研究针对 M2M 设备域的能量收集类型，能量收集中的挑战以及智能电网中的能量收集 WSN 应用。

7.7.1 能量收集类型

在参考文献［43］中给出了 4 种主要的能量收集方法，详细解释如下。

1）振动能量收集可以通过静电、压电或电磁换能器来实现。改变极化电容器两个电极之间的距离能在电容器上产生电压变化。在压电换能器中，振动导致电容器变形，产生了电压，而磁体的运动引起磁通量的变化从而在电磁换能器中产生了电压变化。

2）热能收集可以利用赛贝克效应来实现。该效应是由于两个电（半）导体之间的温度差而产生电压变化。

3）光伏能量收集通过光伏电池实现，其中传入的光子被转换成了电。

4）射频（Radio Frequency，RF）能量收集可以由可用通信服务提供，而基站必须根据功率密度能级工作。已有报道称只要收集面积够大，通过通信服务提供的收集是可行的。接近 WSNs 区域布置专用 RF 源是能量收集的另一有效方法[43]。

7.7.2 能量收集的挑战和当前解决方案

参考文献［44］中，Ianello 等人已研究了 MAC 协议（即时分多址），ALOHA 构架以及动态 ALOHA 构架针对具有能量收集传感器节点的 WSNs 的性能。作者展示了在能量收集 WSNs 中传送概率和时间效率中间的平衡，这利用了已有的 MAC 协议，其中 MAC 协议的传送概率表示能量收集传感器节点通过相应 MAC 协议向预期的收信节点传输数据包的概率，而时间效率代表在收信端的数据采集速率。

能量收集带来了 WSNs 中进一步的挑战。挑战之一是 MAC 协议工作周期调度的设计。事实上，同步 MAC 协议能够避免同步问题并带来功耗节省，因为每个传感器在同步唤醒周期内将数据传送到接收节点。另一方面，采用同步 MAC 协议带来了控制信息开销和制造难度。因为在休眠和唤醒模式之间切换导致异步 MAC 协议的休眠延迟和争用概率，需要合理调整传感器节点的工作周期。而且在能量收集无线传感器网络中，收集的能量并不总是均匀分布在各个传感器节点上的。因此，工作周期的选择应该瞄准以下两个目标：减少休眠延迟和保证传感器节点之间剩余能量分配的平衡。为此，Yoo 等人针对无线传感器网络提出了一种工作周期调度方案，即基于工作周期调度的剩余能量（Duty-cycle Scheduling-based Residual energy，DSR）方案。DSR 是一种分布式方案，其中每个传感器节点（节点 i）根据其当前剩余能量（E^i_{residual}）来确定其工作周期（I^i_{dc}）。一旦从休眠状态唤醒，I^i_{dc} 确定重复进行。如果 E^i_{residual} 正在减少，则会希望传感器节点在休眠模式停留更长时间。为满足最低 QoS 要求，DSR 定义了 I^i_{dc} 的上限。一旦 E^i_{residual} 低于预定阈值时，相应的传感器节点将其工作周期设为最大值 $I^{\max}_{\mathrm{dc}}$，并且直到 E^i_{residual} 高于阈值后才会降低 $I^{\max}_{\mathrm{dc}}$。一旦 E^i_{residual} 高于阈值，则传感器节点计算其新的工作周期为

$$I_{\mathrm{dc}}^{i}=I_{\mathrm{dc}}^{\max}-\left(I_{\mathrm{dc}}^{\max}\cdot\frac{E_{\mathrm{residual}}^{i}-E_{\mathrm{threshold}}}{E_{\max}-E_{\mathrm{threshold}}}\right)$$

式中，$E_{\mathrm{threshold}}$和$E_{\max}$分别表示对于传感器节点能量的剩余能量阈值和最大值[45]。

Ho 等人研究了无线可充电传感器网络的能量供应问题，该网络由工业的无线识别和感应平台（Wireless Identification and Sensing Platform，WISP）以及射频识别（Radio-Frequency Identification，RFID）读取器构成。作者定义能量供应问题为当在网络中配置读取器时，导致 WISP 标签可能消耗很多能量来维持通信。为此研究了两种模型，即点供应和路径供应模型。前者旨在通过使用最小数量的读取器来确保通过网络的任何标签都可以在任何时候进行充电，而后者考虑了标签的可移动性以进一步减少读取器数量。报道称，基于以下原因提出的能量供应方法有很大优势①针对不同应用，该无线充电基础设施可以重复利用；②标签针对连续传感的大规模和低成本实现[46]。

Tacca 等人研究解决了协同能量收集 WSNs 中平衡性、可靠性和饱和吞吐量之间的权衡。在相关研究中，饱和吞吐量表示传感器节点在不超过其能量收集率下可以应对的最大负载，而平衡性表示每一个传感器节点都预期可以提供正比于特定参考值的一定数据量。可靠性通过采用相对传输误码的数据链路自动答复请求（Automatic Repeat Request，ARQ）协议来获得。作者显示协同传感器节点的实施实现了非协同传感器节点两倍的饱和吞吐量，其中协同传感器节点可以在数据帧传输期间互相借用能量。此外，由于实施了协同 ARQ 协议，因为传送范围的缩短，传感器节点可以降低其传送功率。

7.7.3 基于射频的能量收集应用

参考文献［48］中，Erol-Kantarci 和 Mouftah 提出了一种能量收集可充电的 WSN 用于智能电网的监测和诊断，如图 7.9 所示。建议的架构被称为“可持续无线充电传感器网络”（Sustainable Wireless Rechargeable Sensor Network，Sure-Sense）。在提出的架构中，移动无线充电机器人（Mobile Wireless Charger Robot，MICRO）用来基于剩余能量为传感器节点进行供电。MICRO 停放在特定的地标位置，发射约 900MHz 的 RF 信号来为传感器节点进行无线充电，而传感器节点使用 2.4GHz 频带进行通信。一旦停留在地标位置，MICRO 返回其运动位置给它自身的电池进行充电。由于无线电波的衰减，从 MICRO 传输的能量受某个范围 R_c 的限制。如果传感器节点和 MICRO 之间的距离（d）不大于 R_c，则相应节点接收的功率反比于 d，与自由空间模型所报道一致。这里假定 $R_c < d$ 时传感器节点接收不到任何功率。

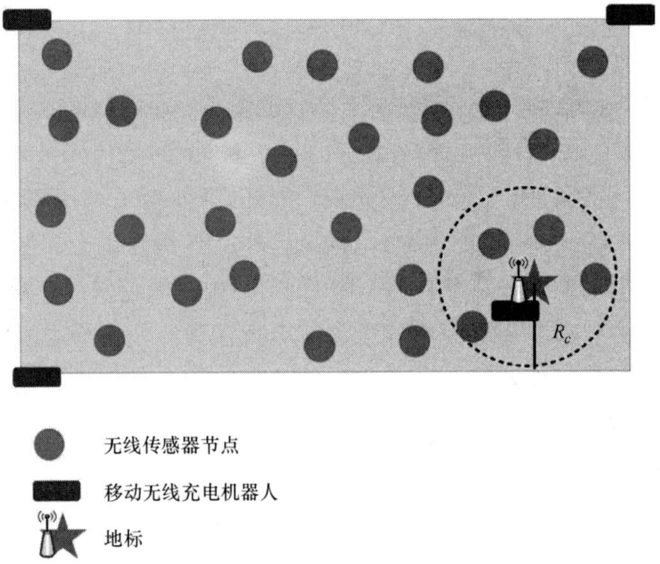

图 7.9　可持续无线可充电传感网络中基于射频的能量收集

（摘自 Erol-Kantarci，M. and H. T. Mouftah，SureSense：Sustainable wireless rechargeable sensor networks for the smart grid. IEEE Wireless Communications Magazine 19：30-36 © 2012 IEEE.）。

基于上述系统模型和假设，SureSense 旨在解决以下 3 个问题：地标选择、集群地标、对 MICRO 的最短路径选择。地标选择基于一个 ILP 公式，其中目标函数是用来最小化地标的数目，使得从单个地标位置可以充电最大数目的传感器节点。一个传感器节点也限制为从有且仅有一个地标来充电。此外，MICRO 受限于其电池寿命也只有有限的充电能力。一旦求解出 ILP 公式，即可获得 WSNs 区域中的地标位置。在此点处，算法进行第二步来集群地标。地标被分组为 M 个集群，其中 M 是 MICRO 的数量，而集群的准则是地标与 MICRO 插接站的邻近性。一旦地标进行了集群，对每个集群构造一个全连通图形，包括地标和插接站。然后，对每个 MICRO 搜索最短汉密尔顿路径以尽可能快地完成每个传感器节点的充电。

参考文献［48］中，作者描述了 SureSense 的以下优点。首先，相比于访问每个传感器节点来充电的情景，MICRO 只需横向移动较短的路径。其次，MICRO 可以在自己的插接站待更长的时间，使它们有足够的时间来补充电池能量。第三，要充电传感器节点的等待时间可以通过 SureSense 来减少。

7.8　M2M 网络中的能源效率和安全

由于其异质性，M2M 网络需要新的安全方法来实现身份验证、数据完整性和保密性的要求。Hongsong 等人[49]报道 M2M 网络中急需新的安全方法，原因如下：①M2M 设备域中大部分组件是未监控的，这使得它们容易受到攻击，Lu 等人也提到了这一点[50]；②无线媒体中窃听很容易；③M2M 设备域的异质性可能会因为功率和资源限制而不允许某些节点参与非对称加密操作。

Saied 等人[12]针对 M2M 网络提出了协同密钥建立方案，其中资源匮乏节点通过强大 M2M 节点的协助来与远程服务器建立密钥。他们考虑网络中如下所述的 3 种类型节点。第一种类型的节点由于资源和功率限制不能够支持公钥加密（Public Key Cryptography，PKC）操作。第二种类型的节点可以进行明文加密和签名验证。第三类类型的 M2M 节点具有高能量并配备了先进计算能力和存储设施，如远程服务器。

图 7.10 所示为高能效协同 PKC 操作的场景。建议方法包括以下 6 个主要步骤。其中，*A* 是传感器节点，而 *B* 表示远程服务器，*A* 将通过 PKC 操作建立到 *B* 会话密钥。这里，假设 *A* 为网络中第一种类型的节点。

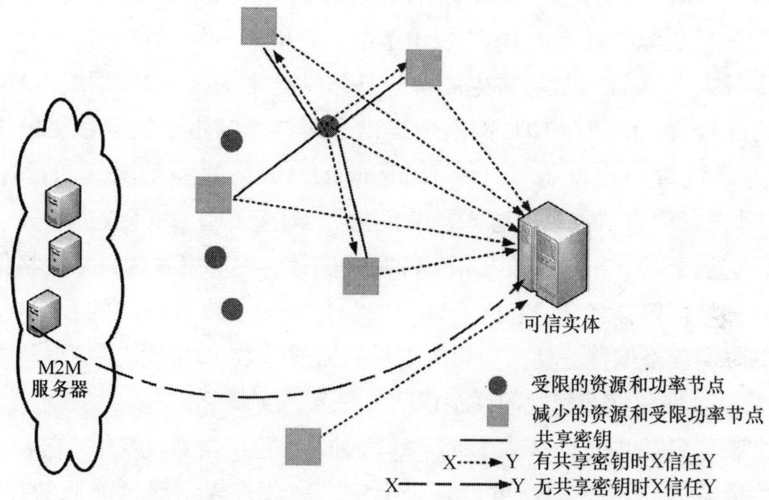

图 7.10 M2M 网络中高能效密钥建立情形

（摘自 Saied，Y. B. et al.，Energy efficiency in M2M networks：A cooperative key establishment system. In 3rd International Congress on Ultra-Modern Telecommunications and Control Systems and Workshops（ICUMT），p. 1-8，2011.）

- 1）*A* 选择代理节点，它将协助 PKC 操作并与 *B* 建立密钥。
- 2）代理节点接收到要求的密钥材料，以便可以代表 *A* 计算签名。
- 3）代理节点与 *B* 建立安全连接。
- 4）*A* 准备共享的机密并将其在代理节点之间分开，而每个代理节点以安全的方式发送分享的机密到 *B*。
- 5）*B* 验证通过多个代理节点接收到的信息。这些验证的消息组合来恢复预置的机密，随后恢复主密钥。

- 6）双方确认 B 收到了与 A 相同的主密钥。B 进一步提供已参与密钥建立过程的代理列表，从而 A 可以为未来的会话排除那些密钥建立过程中未参与的节点。

参考文献［50］中，作者指出了由于单独解决方案可能对 M2M 网络带来更大的挑战，解决能源效率、可靠性以及安全性整体方法及其紧迫性，因为节能节点预期更容易受到攻击。因此，解决能源效率、安全性和可靠性之间的折中研究仍然是该领域中一个开放的研究方向。

7.9 绿色通信语境下的 M2M 网络能源效率

除了延长 M2M 设备的电池寿命，能源效率的话题也包括通过利用可再生能源做为通信设备功率来源来降低 M2M 网络温室气体排放量。Etoh 等人[27]报道了在第三代（Third-Generation，3G）和长期演进（Long-Term Evolution，LTE）蜂窝网络中，高达75%的能源消耗是由 RAN 段中基站下行链路传输的供电造成的。基于这个考虑，Li 等人[51]关注通过可再生能源对基站供电来提高 M2M 网络 RAN 段的能源效率。为此目的，他们在 LTE 网络中提出了两种方案用于控制移交操作。第一种方案称为“针对用户设备（User Equipment，UE）的能量源感知目标蜂窝选择”，第二种方案称为“能量源感知覆盖优化”。对于 UE，离开或进入某个蜂窝受控于基站，这基于以下 8 个参数：相邻蜂窝的测量、相邻蜂窝的频率规格偏移、相邻蜂窝的蜂窝规格偏移（O_{cn}）、服务蜂窝的测量结果、服务蜂窝的频率规格偏移、服务蜂窝的蜂窝规格偏移（O_{cs}）、相应事件的回滞参数、相应事件的偏移参数。对于 LTE 中测量事件和移交控制的详细说明，见参考文献［52］。

参考文献［51］中，Li 等人为每个蜂窝引入绿色度参数（G_d）。它表示相应蜂窝中可再生能源的利用率。G_d 可以是一个二进制值来表示绿色能源的存在与否，或者是百分比值表示相应单元中可用的可再生能源比例。根据建议的能量源感知目标蜂窝选择方案，UE 基于从相邻蜂窝的基站接收到的 G_d 信息来更新 O_{cn}值。如图 7.11 所示，相邻蜂窝中的绿色基站计算 G_d 并通过 X2 接口将其发送到服务蜂窝的基站。在此，值得注意的是，如果在任何时候它都可以通过可再生能源供电，则称基站为“绿色基站”。G_d 也可以在系统信息块（System Information Block，SIB）的信息内直接广播到 UE，而不用经由 X2 接口传输到服务基站。如果 X2 接口用来传输 G_d 是以附加信令为代价，而 SIB 则需要额外的信令和重新定义。一旦接收到 G_d，UE 通过考虑服务质量和体验质量参数确定 O_{cn}值。然后，基于上述值，通过考虑前述的 8 个参数运行移交过程。

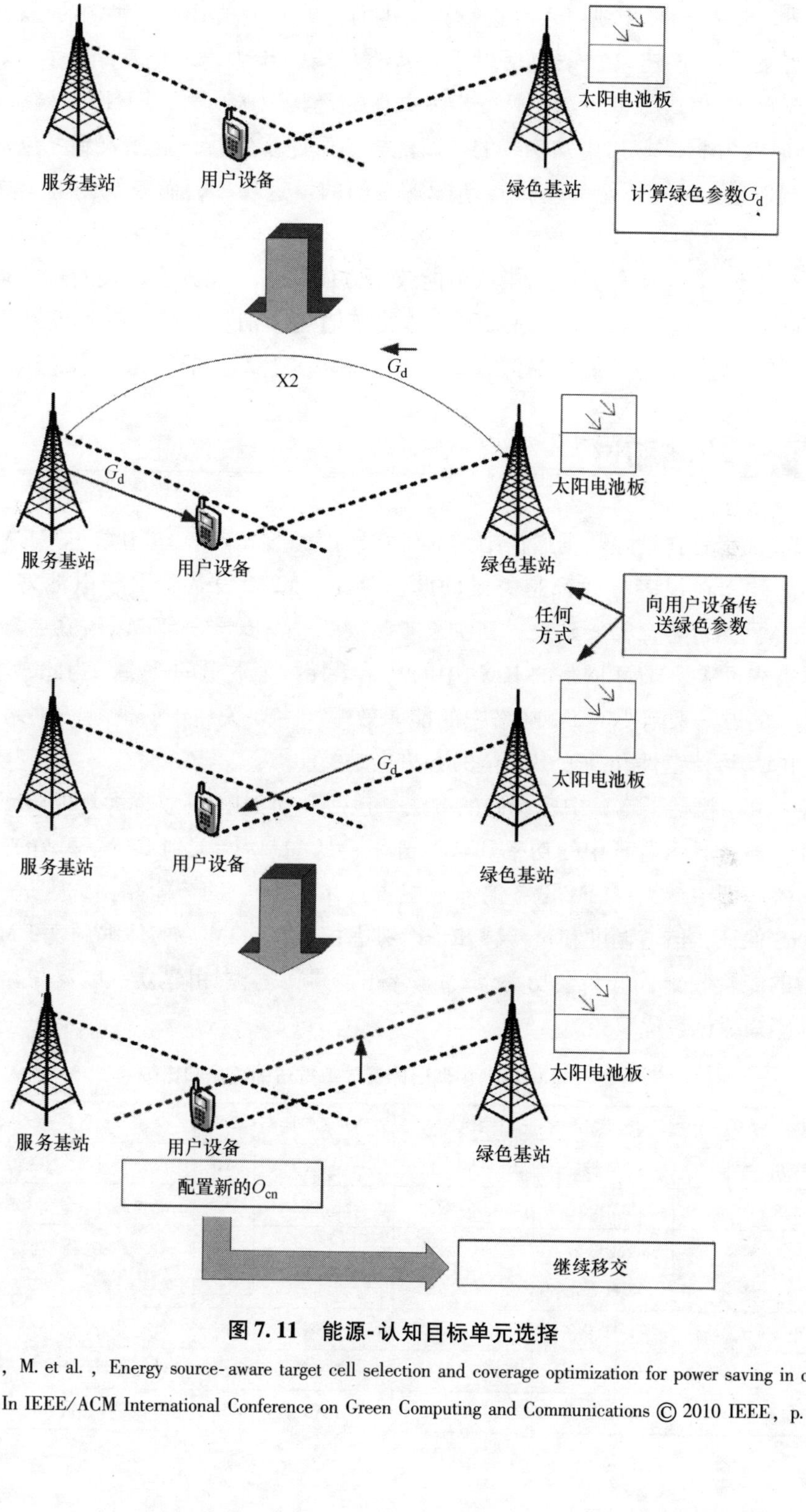

图 7.11　能源-认知目标单元选择

（摘自 Li，M. et al.，Energy source-aware target cell selection and coverage optimization for power saving in cellular networks. In IEEE/ACM International Conference on Green Computing and Communications © 2010 IEEE，p. 1-8.）

此外，针对 LTE 无线接入网进行移交的程序，作者提出了一种能量源感知覆盖优化方案[51]。该建议方案包括以下 4 步骤：第一步中，绿色基站计算其 G_d 参数。基于该 G_d 值，绿色基站在第二步中重新配置其发送功率，而邻近蜂窝的基站在第三步中经由 X2 接口告知功率的重新配置。第四步中，一旦接收到绿色基站的功率控制信息，邻近蜂窝的基站重新配置它们的发送功率，而系统则继续进行正常的移交过程。

Li 等人针对 19 个单元的场景从节能效率方面评估了此方法，表明这两种方法以 4 ~6dB 的 O_{cn}值或 4dBm 的附加下行链路传输功率消耗为代价，都能产生高达 2% 的节能。此外，也已证明单独蜂窝元可以带来多于 20% 的能源效率提升。

7.10 小结和讨论

M2M 通信旨在消除数据通信中人的相互作用，形成未来的物联网。M2M 网络中的能源效率在很多方面都是关键问题。首先，M2M 设备受限于电池寿命，而 M2M 设备网络的寿命需要延长。其次，能源效率进一步导致 M2M 设备更容易受到安全攻击。再次，M2M 网络的 RAN 中的基站消耗显著数量的功率。为此，本章调研了现有的方案来阐明 M2M 网络中的能源效率，主要关注于研究延长网络寿命。此外，RAN 可持续性和高效率安全的方法也是关注点。

表 7.1 中概括了本章中已调研的方法，包括 RAN 中的高效率大规模访问控制；RAN 中大规模接入管理中的功率和资源分配；从 M2M 网关到 RAN 基站的高效率协同通信（即中继）；M2M 设备的能效报告；M2M 域中的节能路由，这进一步共同与 QoS 保证、信道调度和重传感知予以考虑；所有 M2M 域的休眠调度；M2M 设备域中的能量收集；低剩余功率 M2M 设备的协同安全密钥建立；以及 M2M RAN 的能源感知绿色最优覆盖。

表 7.1 M2M 通信中调研能量效率方法的总结和比较

能效方法	目标 M2M 域	RAN	M2M 设备网络	C/D	目标
大规模访问控制[9]	M2M 核心	IEEE 802.16m	WSN	C	能量最小
功率和资源分配[8]	M2M 核心	OFDMA	WSN/AHN	C	能量最小
协同通信[10]	M2M 设备，M2M 核心	IEEE 802.16p	WSN/AHN	D	链路质量改善 + 节能
报告[15]	M2M 设备	n/A	WSN	C，D	能量最小
路由[14,37,38]	M2M 设备	n/A	WSN	C，D	能量最小
QoS 保证路由[14,39]	M2M 设备	n/A	WSN	D	中继约束最长寿命

（续）

能效方法	目标 M2M 域	RAN	M2M 设备网络	C/D	目　标
路由和信道调度[14,40]	M2M 设备	n/A	AHN	C，D	接收端最多剩余能量 + 最少干扰和噪声
重传感知路由[14,41]	M2M 设备	n/A	AHN	C，D	最小能量消耗 + 最大可靠性
休眠调度[16]	M2M 设备，M2M 核心	LTE-A	WSN	D	M2M 设备节能 + 网络工作优化 + 信号优化
能量收集[44-48]	M2M 设备	n/A	WSN	C，D	最小充电目标[48]，可靠性，适当和饱和吞吐量折中[47]，最少 RFID 读取器[46]，减少休眠延迟和 Eresidual 适当[45]
安全[12]	M2M 设备	n/A	WSN/AHN	D	协同钥匙管理
绿色通信[51]	M2M 核心	LTE	WSN/AHN	D	最优绿色覆盖

注：C/D，集中/分布。

如表 7.1 所示，人们延长 M2M 设备网络寿命方面已经做了大量的研究。QoS 提供仍然是 M2M 设备网络节能管理和控制方面一个未解决的问题。此外，如参考文献［50］所述，对那些处于节电模式节点的攻击可能无法检测。因此，急需新的安全方案。此外，在某些 M2M 网络的应用领域，如医疗、计量和智能家居，需要新的方案来解决 M2M 设备的机密性和认证需求，而无论是剩余还是收集能量的异构分布都限制了传统方法的实施。除此之外，如参考文献［27］所报道，基站是 M2M 网络中能耗最高的部件。节能协议以及基站的可再生能源最佳使用是面向绿色 M2M 进一步的研究方向。而无线传感器网络中的光伏能量收集将解决 M2M 设备域中温室气体排放和网络寿命的挑战。

7.11 词汇表

AS：UMTS 和 LTE 中的协议层，阐明在用户设备和接入网络之间的数据传输和无线资源管理。

能量收集：一种通过接收来自外部能量源的功率来延长 M2M 设备网络寿命的方法。

物联网（IoT）：连接到 M2M 设备（即物体）网络的未来互联网扩展。

M2M 应用域：由 M2M 服务器形成的 M2M 域。

M2M 核心网络：包括基站、MM 实体、HSS 和 PDN 网关的 M2M 段，它将核心网络连接到互联网域。

M2M 设备域：不一定有蜂窝通信接口的 M2M 设备，其中一些 M2M 设备通过其他无线接口聚集来自非蜂窝 M2M 设备的数据，并通过蜂窝接口将它们中继到核心网络域。

大规模访问控制：从大规模 M2M 设备到基站的访问尝试的协调。

NAS：UMTS 和 LTE 中的协议层，它阐明了用户设备和蜂窝核心网之间通信会话的建立和管理。

参考文献

1. Cho, H. and J. Puthenkulam. 2010. *Machine-to-Machine (M2M) Communication Study Report*. IEEE 802.16ppc-10/0002r6, IEEE 802.16 Working Group for Standards Developments Projects, 15 p.
2. Taleb, T. and A. Kunz. 2012. Machine-type communications in 3GPP networks: Potential, challenges, and solutions. *IEEE Communications Magazine* 50:178–184.
3. 3GPP TS 22.368 v.10.1.0. 2010. *Service Requirements for Machine-Type Communications*. 3rd Generation Partnership Project Technical Report, 17 p.
4. 3GPP TS 23.888. 2011. *Technical Specification Group Services and System Aspects: Service Improvements for Machine-Type Communications (Release 11)*. 3rd Generation Partnership Project Technical Report, 17 p.
5. ETSI TS 102 689. 2010. *Machine-to-Machine Communications (M2M): M2M Service Requirements v.1.1.1*. European Technical Standards Institute, 35 p.
6. ETSI TS 102 690. *Machine-to-Machine Communications (M2M): M2M Functional Architecture v.1.1.1*.
7. Accettura, N., M. R. Palatella, M. Dohler, L. A. Grieco, and G. Boggia. 2012. Standardized power-efficient and Internet-enabled communication stack for capillary M2M networks. In *IEEE Wireless Communications and Networking Conference Workshops (WCNCW)*, p. 226–231.
8. Ho, C. and C. Huang. 2012. Energy-saving massive access control and resource allocation schemes for M2M communications in OFDMA cellular networks. *IEEE Wireless Communications Letters* 1:209–212.
9. Tu, C.-Y., C.-Y. Ho, and C.-Y. Huang. 2011. Energy-efficient algorithms and evaluations for massive access management in cellular-based machine-to-machine communications. In *IEEE Vehicular Technology Conference (VTC—Fall)*, p. 8G.5.1–8G.5.5.
10. Andreev, S., O. Galinina, and Y. Koucheryavy. 2011. Energy-efficient client relay scheme for machine-to-machine communication. In *IEEE GLOBECOM*, p. 1–5.

11. Elkheir, G. A., A. S. Lioumpas, and A. Alexiou. 2011. Energy-efficient AF relaying under error performance constraints with application to M2M networks. In *IEEE 20th International Symposium on Personal Indoor and Mobile Radio Communications (PIMRC)*, p. 56–60.
12. Saied, Y. B., A. Olivereau, and D. Zeghlache. 2011. Energy efficiency in M2M networks: A cooperative key establishment system. In *3rd International Congress on Ultra-Modern Telecommunications and Control Systems and Workshops (ICUMT)*, p. 1–8.
13. Jung, S., J. Y. Ahn, D.-J. Hwang, and S. Kim. 2011. Design of multi-layered grid routing structure for efficient M2M sensor network. *Advanced Computer Science and Information Technology in Communications in Computer and Information Science Series* 195:62–67.
14. Tekbiyik, N. and E. Uysal-Biyikoglu. 2011. Energy-efficient wireless unicast routing alternatives for machine-to-machine networks. *Journal of Network and Computer Applications* 34:1587–1614.
15. Fu, H. L., H.-C. Chen, P. Lin, and Y. Fang. 2012. Energy-efficient reporting mechanisms for multi-type real-time monitoring in machine-to-machine communications networks. In *IEEE INFOCOM*, p. 136–144.
16. Chao, H., Y. Chen, and J. Wu. 2011. Power saving for machine-to-machine communications in cellular networks. In *IEEE GLOBECOM Workshops*, p. 389–393.
17. Erkal, F. M., H. Ozcelik, M. A. Antepli, B. T. Bacinoglu, and E. Uysal-Biyikoglu. 2012. A survey of recent work on energy harvesting networks. *Springer Computer and Information Sciences* 2:143–147.
18. Lopez, G., P. Moura, J. I. Moreno, and A. de Almeida. 2011. ENERsip: M2M-based platform to enable energy efficiency within energy-positive neighborhoods. In *IEEE INFOCOM Workshop on M2M Communication Networks*, p. 221–226.
19. Erol-Kantarci, M., B. Kantarci, and H. T. Mouftah. 2001. Reliable overlay topology design for the smart micro-grid network. *IEEE Network* 25:38–43.
20. Erol-Kantarci, M., B. Kantarci, and H. T. Mouftah. 2011. Cost-aware smart micro-grid network design for a sustainable smart grid. In *Proceedings of IEEE GLOBECOM Workshops*, p. 1178–1182.
21. Fantini, R., D. Sabela, and M. Caretti. 2011. Energy efficiency in LTE-advanced networks with relay nodes. In *Proceedings of the IEEE Vehicular Technology Conference (VTC)—Spring*.
22. Kantarci, B. and H. T. Mouftah. 2001. Energy efficiency in the extended-reach fiber-wireless access networks. *IEEE Network* 26:28–35.
23. Khirallah, C., J. S. Thompson, and D. Vukobratovic. 2012. Energy efficiency of heterogeneous networks in LTE-advanced. In *Proceedings of the Wireless Communications and Networking Conference Workshops (WCNCW)*, p. 53–58.
24. Wang, T. C., S. Y. Chang, and H.-C. Wu. 2009. Optimal energy-efficient pair-wise cooperative transmission scheme for WIMAX mesh networks. *IEEE Journal on Selected Areas in Communications* 27:191–201.

25. Gupta, M. and S. Singh. 2003. Greening of the Internet. In *ACM SIGCOMM '03*, p. 19–26.
26. Kantarci, B. and H. T. Mouftah. 2012. Ethernet passive optical network: Long-term evolution deployment for a green access network. *IET Optoelectronics* 6:183–191.
27. Etoh, M., T. Ohya, and Y. Nakayama. 2008. Energy consumption issues on mobile network systems. In *International Symposium on Applications and the Internet (SAINT)*, p. 365–368.
28. Glitho, R. H. 2011. Application architectures for machine-to-machine communications: Research agenda vs. state of the art. In *6th International Conference on Broadband and Biomedical Communications (IB2Com)*, p. 1–5.
29. Lien, S.-Y. and K.-C. Chen. 2011. Massive access management for QoS guarantees in 3GPP machine-to-machine communications. *IEEE Communication Letters* 15:311–313.
30. Lien, S.-Y. and K.-C. Chen. 2011. Toward ubiquitous massive accesses in 3GPP machine-to-machine communications. *IEEE Communication Magazine* 69:66–74.
31. Cheng, M.-Y., G.-Y. Lin, H.-Y. Wei, and C.-C. Hus. 2012. Performance evaluation of radio access network overloading from machine-type communications in LTE-A networks. In *IEEE Wireless Communications and Networking Conference Workshops (WCNCW)*, p. 248–252.
32. 3GPP R2-112863. 2011. *Back-off Enhancements for RAN Overload Control ZTE*. 3rd Generation Partnership Project Technical Report, Barcelona, Spain, 7 p.
33. 3GPP R2-113197. 2011. *Performance Comparison of Access Class Barring and MTC-Specific Back-Off Schemes for MTC*. 3rd Generation Partnership Project Technical Report, Barcelona, Spain: ITRI, 7 p.
34. 3GPP R2-113359. 2011. *RAN Overload Control of Delay-Tolerant Devices in UMTS*. 3rd Generation Partnership Project, Barcelona, Spain: QUALCOMM, 11 p.
35. Lloyd, S. P. 1982. Least squares quantization in PCM. *IEEE Transactions on Information Theory* 28:129–137.
36. Fu, H.-L., T.-Y. Wang, P. Lin, and Y. Fang. 2010. A region-based reporting scheme for mobile sensor networks. In *Proceedings of the IEEE Vehicular Technology Conference (VTC)—Spring*.
37. Pandana, C. and K. J. R. Liu. 2008. Robust connectivity–aware energy-efficient routing for wireless sensor networks. *IEEE Transactions on Wireless Communications* 7:3904–3916.
38. Toh, C.-K. 2001. Maximum battery life routing to support ubiquitous mobile computing in wireless ad hoc networks. *IEEE Communications Magazine* 39:138–147.
39. Ergen, S. C. and P. Varaiya. 2007. Energy-efficient routing with delay guarantee for sensor networks. *Wireless Networks* 13:679–690.
40. Kwon, S. and N. B. Shroff. 2008. Unified energy-efficient routing for multi-hop wireless networks. In *IEEE INFOCOM*, p. 430–438.

41. Dong, Q., S. Banerjee, M. Adler, and A. Misra. 2005. Minimum energy reliable paths using unreliable wireless links. In *Proceedings of the ACM Mobihoc*, p. 449–459.
42. IEEE 802.16-2009. 2009. *IEEE Standard for Local and Metropolitan Area Networks: Part 16. Air Interface for Broadband Wireless Access Systems*.
43. Vullers, R. J. M., R. V. Schaijk, J. Visser, H. J. Penders, and C. V. Hoof. 2010. Energy harvesting for autonomous wireless sensor networks. *IEEE Solid State Circuits Magazine* 2(2):29–38.
44. Iannello, F., O. Simeone, and U. Spagnolini. 2012. Medium access control protocols for wireless sensor networks with energy harvesting. *IEEE Transactions on Communications* 60:1381–1389.
45. Yoo, H., M. Shim, and D. Kim. 2012. Dynamic duty-cycle scheduling schemes for energy harvesting wireless sensor networks. *IEEE Communications Letters* 16:202–204.
46. He, S., J. Chen, D. K. Y. Yahu, G. Xing, and Y. Sun. 2011. Energy provisioning in wireless rechargeable sensor networks. In *IEEE INFOCOM*, p. 2006–2014.
47. Tacca, M., P. Monti, and A. Fumagalli. 2007. Cooperative and reliable ARQ protocols for energy harvesting wireless sensor nodes. *IEEE Transactions on Wireless Communications* 6:2519–2529.
48. Erol-Kantarci, M. and H. T. Mouftah. 2012. SureSense: Sustainable wireless rechargeable sensor networks for the smart grid. *IEEE Wireless Communications Magazine* 19:30–36.
49. Hongsong, C., F. Zhongchuan, and Z. Dongyan. 2011. Security and trust research in M2M system. In *IEEE International Conference on Vehicular Electronics and Safety (ICVES)*, p. 286–290.
50. Lu, R., X. Li, X. Liang, X. Shen, and X. Lin. 2011. GRS: The green, reliability, and security of emerging machine-to-machine communications. *IEEE Communications Magazine* 49:28–35.
51. Li, M., L. Liu, X. She, and L. Chen. 2010. Energy source–aware target cell selection and coverage optimization for power saving in cellular networks. In *IEEE/ACM International Conference on Green Computing and Communications*, p. 1–8.
52. 3GPP TS 36.331. 2009. *3GPP TSGRAN: Evolved Universal Terrestrial Radio Access (E-UTRA) Radio Resource Control (RRC)—Protocol Specification (Release 9)*. 3rd Generation Partnership Project Technical Report, 204 p.

chapter 8

第8章

智能电网中的 M2M 通信

Melike Erol- Kantarci 和 Hussein T. Mouftah

8.1 简介

智能电网是未来的电力网络，它集成ICT和双向通信以增加电力服务的可靠性、安全性和效率，同时减少电力生产过程中温室气体（Greenhouse Gas，GHG）的排放[1,2]。智能电网包括消费域、输配（Transmission and Distribution，T&D）域和发电域，其中有数以百万计的机电设备。传统电网中，这些设备大多数没有进行通信的能力，那些能够通信的也只提供非常有限的遥测方式，绝大多数都采用监督控制和数据采集（Supervisory Control and Data Acquisition，SCADA）。SCADA促成变电站和公用控制中心之间的通信，可以通过中央服务器监视现场的设备。从这个意义上说，电力网中早已存在原始的M2M通信。然而，SCADA是基于专有技术的。此外，它不允许现场设备相互之间进行通信或交互和自组织。通常，SCADA传感器是硬连线连接的，且SCADA主要用作粗粒度监测工具[3]。另外，智能电网需求的通信技术促进的绝不仅是用于监测的应用。例如，微网自组装、家用电器远程控制、可再生能源发电资源的相互作用等都将在智能电网中成为可能。

M2M网络已经找到很多应用领域，如电子医疗、智能家居、自动化、环境监控和智能交通系统（Intelligent Transportation System，ITS）。例如，用于防止事故的车辆连接，可以跟踪重要信号和触发应急响应的体域网[4]都需要M2M通信。一个熟知的M2M应用案例是全球定位系统（Global Positioning System，GPS）导航系统[5]。考虑电网的要求，M2M通信也可以作为理想的工具，使电网实现真正的智能和互动。智能电网的通信层采用了短程和长程的通信标准，如ZigBee、Wi-Fi、全球互连微波接入（Worldwide Interoperability for Microwave Access，WIMAX）[6]或长期演进（LTE）[7-10]，为无线M2M网络提供了底层技术。无线M2M网络相比有线网络更灵活且无处不在。因此，它们可以随时随地提供设备连接。此外，无线通信具有移动性的优势，能普遍降低成本。因此，无线M2M是智能电网中实现智能普适应用的关键。在实体工业中的M2M连接随着智能电表的应用有望显著增加。

M2M通信不同于人与人、人与机器的通信，因为它涉及机器而不是人的通信，其中机器自动生成、交换和处理数据。M2M通信通常为具有低流动性、特定位置触发、非频繁传输和基于群组的特点[11]。图8.1中给出由3个部分组成的M2M网络架构：M2M域、网络域和应用域[5]。具有传感器和执行器，能够和互联网连接的M2M网络定义了物联网（Internet of Things，IoT）的概念[12]。M2M和物联网概念预期将成为未来能源互联网的促成者[13]，其中所有与能源相关的实体将进行互连。

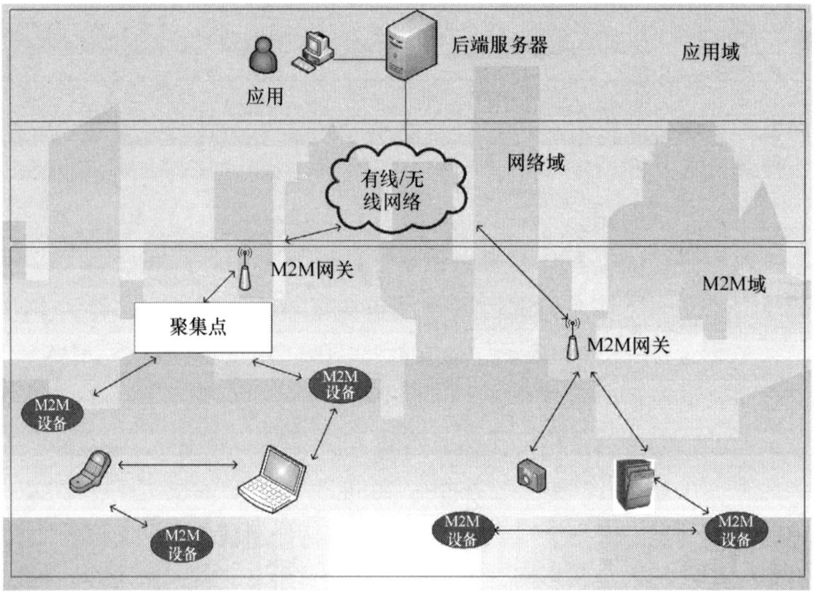

图 8.1　M2M 架构

M2M 通信要实现在智能电网领域的广泛应用，还需要解决一系列挑战。全世界有比人口数目还多的机器，而 M2M 通信要覆盖相互通信的数以亿计的机器。因此，网络运营商预期 M2M 通信会产生大量负载，这一方面会转化为收益，而另一方面也带来挑战。这些挑战可归纳如下：

- 可扩展性。
- 能源效率。
- 安全性。
- 可靠性。
- 标准化。
- 差异化服务。
- 频谱利用。
- 移动性。
- 数据处理和计算。

相比传统的无线网络，上述问题在 M2M 网络中变得更加重要，特别是因为 M2M 网络中的异构性和设备密度。当具有数以百万计设备时，可扩展性是协议设计的基本问题之一，而这些设备预期要不更换电池运行多年，这使得能源效率成为另外一个重要问题。再次重申，大规模设备增加了安全风险，除非使用安全通信技术，否则有可能使系统更容易受到攻击。此外，M2M通信将用于重要基础设施，如智能交通系统（Intelligent Transportation System，ITS）或智能电网中。它们是不能承受高丢包率的。因此，可靠性也是一个关键问题。M2M的标准尚未成熟，虽然目前也有一些相关标准团体致力于此，如欧洲电信标准协会（European Tele-com-munications Standards Institute，ETSI）、电气和电子工程师协会（Institute of E-lectrical and Electronics Engineers，IEEE）、国际互联网工程任务组（IETF）以及第三代合作伙伴计划（3rd-Generation Partnership Project，3GPP），但M2M的标准尚未成熟，标准化中面临的挑战主要来自于整合异构通信技术（如LTE、ZigBee、Wi-Fi等）。应用就延时需求方面而言也是异构的。有些需要实时通信，而其他可能会容忍延迟，这就是服务差异化。此外，稀缺无线频谱的使用也是一项挑战，而设备的移动性也需要考虑。最后，处理由数以百万计设备产生的海量数据需要新的解决方案。8.3节从智能电网角度给出了M2M通信挑战的详细调查。

当广泛采用M2M通信后，大量的智能电网应用将会盛行。针对住宅用户的能源管理应用，包括用于家电的交互需求协调，基于Web服务的远程消费控制以及电动车辆负载管理，是智能电网应用能够受益于M2M通信的几个例子。这些应用将在8.5节中详细介绍。

8.2 智能电网基础

传统电网大致包括3个领域：发电、输电和配电以及消费领域。智能电网是指为这3个不同领域中的设备加入智能功能，并促成设备到设备、设备到控制中心以及消费者到电网之间的通信。图8.2中提供了一个智能电网的参考示意图。预期在今后10年智能电网全面实施后，这些领域之间的界限将会模糊，因为消费者将有机会成为生产者/供应商，微电网也将在配电域实施等。但是，参考这些域来解释电网如何工作仍然是有用的。

8.2.1 发电

传统的电网中，电厂通过燃烧化石燃料（如煤、汽油、柴油、天然气）、核能或者水力发电产生大量电力。虽然也可以通过太阳能和风力发电，但在全世界大多数的电厂中，风力涡轮机和太阳能光伏面板对大量电力的贡献还是很少的。风能和太阳能被称为可再生能源发电方法，由于更低的成本和更低的温室气体排放，它们相比基于化石燃料的发电技术更加优越。然而，有限的可用性和间歇的特点使得很难将它们作为主要的供电方式[14]。智能电网旨在通过采用更有效地利用风

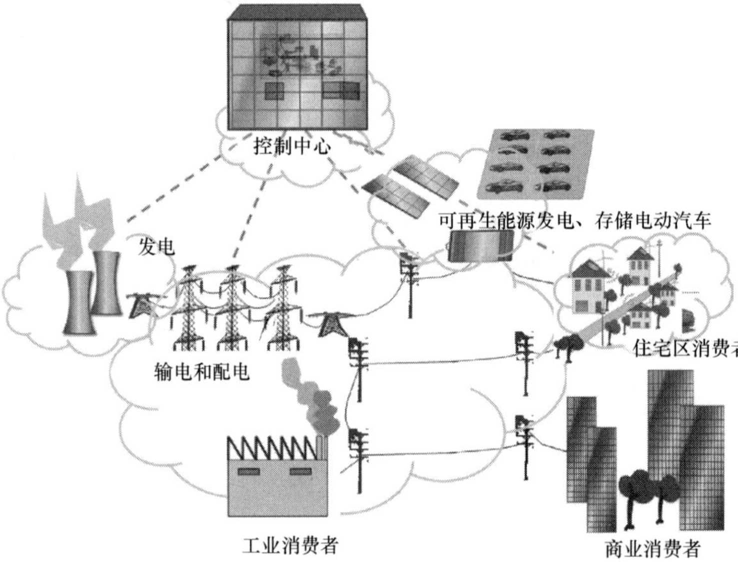

图 8.2　智能电网的示例

能和太阳能的智能技术来增加可再生能源发电的渗透率。另外，在智能电网中，消费者能够生产可再生能源并回售给电网。事实上，加拿大的一些省正采取购回政策让消费者将发的电出售给电网。安大略的 MicroFIT 计划就是其中之一，其中 FIT 代表输入补贴（Feed-In-Tariff）。MicroFIT 计划允许实体从小型发电厂（如住宅和商店）购买能量，只要他们保证能够提供一定时间的电。MicroFIT 计划鼓励消费者发电，但是它不涉及通信。在此背景下，M2M 通信对电网的自组织和健康运行将是必不可少的。

8.2.2　输电和配电

T&D 领域包括电站、架空电力线路、地下电力线路等。它们将电力从发电厂输送到消费者住所。输电指从发电厂向配电站进行高压电力传输，而配电是低到中等电压的电路，在配电基站之外并到达消费者住所。智能电网为 T&D 领域提供了更强的监测能力。为此，电站和电站内的变压器使用 SCADA 系统内的远程终端设备（Remote Terminal Unit，RTU）监测，而电力线通过多个传感器收集电压骤降、导线强度、温度、受热、结冰、风速以及与植被和动物接触的数据来进行监测。一些先进的传感器能够通过蜂窝网络通信。然而，一旦出现故障，这些设备部分将不能交互或路由电力。智能电网设想能够自动交换/路由并恢复配电系统。此外，微电网概念也是智能电网概念的一种，一旦出现故障，它通过从主电网孤立较小电网来实现电网的自我恢复。微电网是比较小规模、自成体系的中/低压电力系统，它包含分布式能量源（如分布式发电、可控负载，小规模热电联产单元）和分布式产电[15]。图8.3所示为微电网的例子。微电网具有并网连接和孤立两种运行模式。在并网连接模式中，微电网从电网角度看，可以充当负载或发电机[16]。在孤立模式中，微电网独立于实体电网，其中发电、储电、负载控制、电力质量控制和调节都是在独立系统中实现的。微电网的自主运行和T&D设备的监控强化都需要M2M通信。

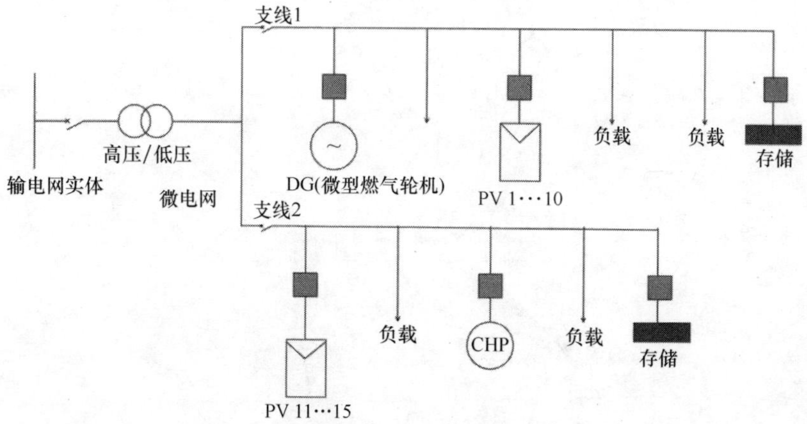

图8.3 微电网例子

8.2.3 消费

根据对供电的需求和使用模式，消费者可大致分为3类：工业、商业和居民消费者。在传统电网中，针对这3类消费者有不同的传感装置。例如，工业设施有SCADA，建筑自动化工具采用光和HVAC传感器，智能家居利用光或存在等传感器。然而，通常这些设备都没有互相连接，而且它们根据简单的控制原理来工作。在智能电网中，将有可能进行普遍的通信、监控并有可能控制消费者的能源消费，又不会干扰他们的业务或舒适度。这些类型的应用需要对属于M2M通信域的大量设备进行控制。

在智能电网中，智能电网通信可以覆盖不同大小的区域，因此通常分为广域网（Wide Area Network，WAN）、邻域网（Neighborhood Area Network，NAN）和家域网（Home Area Network，HAN）。其中，WAN是指公共事业控制的区域，NAN对应于一组可能由同一变压器供电的房屋，HAN是针对单个居民单元[17]。除了这些网络，智能电网还包含场域网（Field Area Network，FAN），其范围通过服务域而不是地理覆盖来定义。FAN 涵盖配电自动化及公共事业控制下的配电设备。另外，智能电表数据传输网络被称为先进计量基础设施（Advanced Metering Infrastructure，AMI）。AMI 和 HAN 中的 M2M 通信如图 8.4 所示。从图中可以看出，家用电器和电动车可以相互通信，而智能电表通过 AMI 聚集器来向公共事业公司报告消费数据。根据参考文献［18］，到 2020 年，公共事业产业中的 M2M 连接预计增长到 15 亿个设备，其中 99% 为智能电表。

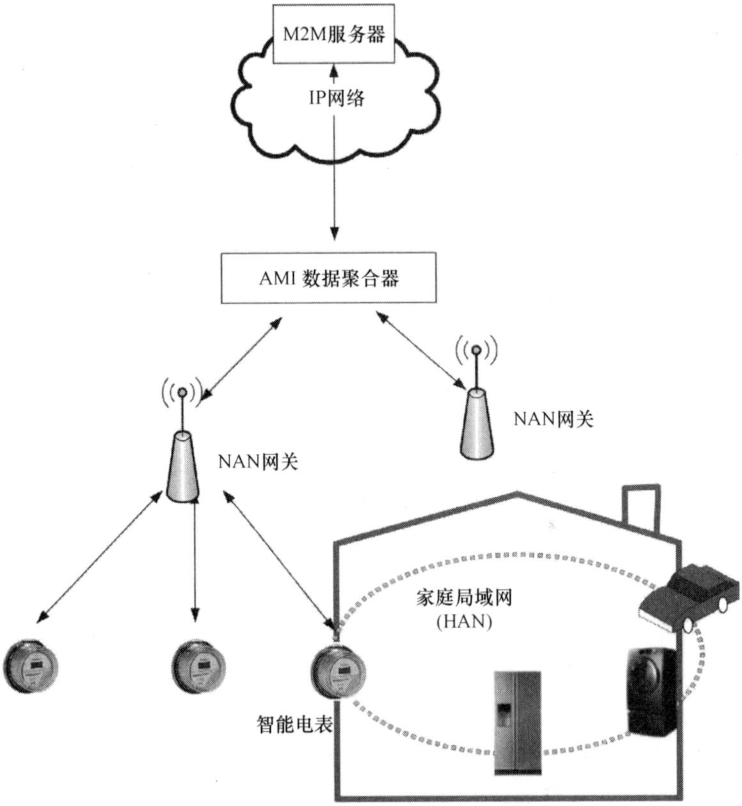

图 8.4　AMI 和 HAN 中的 M2M 通信

8.3　智能电网中 M2M 通信的挑战

M2M 通信中，可扩展性、能效、安全性和可靠性是首要关注的方面。因为 M2M 涉及大量的设备，它们的通信以及设备本身就需要可扩展和高效率。安全性非常重要，因为 M2M 网络或许更容易受攻击，并且因为人为干预有限，攻击可能在很长一段时间都不能被发现。可靠性也是另外关注的问题，它会影响智能电网的决策和整体健康。标准化是最明显的挑战之一，目前还没有成熟的M2M标准[19]。此外，对某些特别是大量M2M设备试图访问基站（Base Station，BS）时发送警告的设备，需要定义访问优先级。另外，对于紧急情况，需要提供低延迟访问。再有就是当前通信技术已经高度使用频谱，M2M通信将加剧频谱稀缺的问题。认知频谱接入将在M2M通信中变得更加重要[20]。最后，移动性和数据处理是智能电网中M2M通信需要面对的其他挑战。下面将详细解释这些挑战并讨论建议的解决方案。

8.3.1 可扩展性

M2M通信适用于中型HAN网络以及工厂规模的网络。为一个网络开发的协议应当能够在另一个网络中工作。智能电网中，数以亿计的设备需要通信。因此，可扩展的M2M通信协议对智能电网是必不可少的。此外，即使在中等规模的网络中，信息数量也大得惊人。为了根除电器产生过量信息，参考文献［21］中提出了一种智能机制。需求保持不变的电器不发送信息——它们保持沉默。这样可以节省能源和稀缺的带宽。

8.3.2 能源效率

M2M设备期望产生和处理大量的流量，同时能工作相当长时间，这使得能量效率成为M2M通信的重要要求。文献中已提出几种方法来提高能源效率。休眠/待机模式是基本的节能机制。此外，发送功率可以通过上行链路发送功率控制技术来减少，而信息接收的功耗可以通过控制信令来减少。再者，设备协作可以为M2M设备降低能耗。智能电网中，智能电表可以实现休眠模式，因为智能电表每10～15min提供能耗数据，而信息中继可以容忍延迟。另外，对于实时需求管理应用，电器可采用功率控制机制。

8.3.3 安全性

智能电网是相当关键的基础设施，应当采取措施防止攻击。如果没有将安全性设计作为M2M通信的一部分，那么拒绝服务、传输窃听或泛洪攻击就很容易出现，并可能威胁到电网的稳定性。过去，曾有恶意用户成功攻击了电网。2003年，俄亥俄州橡树港的一个核电站感染了标准查询语言（Standard Query Language，SQL）服务器蠕虫病毒，数小时内安全监测系统失效[22]。此外，在该文章中，Amin还描述了中央情报局（Central Intelligence Agency，CIA）2008年1月报道，黑客能够破坏（或威胁要破坏）几个海外城市的电厂。随着在智能电网中采用

M2M 通信，安全性变得更加重要，因为 M2M 网络可能更容易受到攻击，并且因为人为干预有限，可能会很长时间内不能发现攻击。大部分为 M2M 设备提供底层通信媒介的无线通信技术都会采取一定程度的安全措施。下面将会讨论这些通信技术和其安全机制。但是，智能电网需要更先进的解决方案，因为它是极其重要的基础设施。

8.3.4 可靠性

大多数 M2M 应用域要求有可靠的服务，因为它们在诸如医疗、电力和公共安全等关键领域中使用。无论设备移动性或信道条件如何，期望的是低丢包率的可靠传输。特别是在智能电网中，数据丢失可能导致错误的控制行为并且可能危及电网稳定性。例如，考虑这样一个场景，变压器超过了过载阈值，而且必须去除一些负载以保持变压器功能正常。如果发向这些负载的控制数据包丢失，那么它们将会继续耗电并导致停电。为了解决可靠性挑战，需要开发强健调制/编码方案。另外，干扰是导致数据包丢失的因素之一，从而需要考虑干扰消除技术。还有，设备协作可以提高可靠性。

8.3.5 标准化

通信协议以及服务之间的互通性是 M2M 成功实施的关键。标准化工作是互通性的关键。特别是在智能电网中，标准化异常重要，因为大量来自不同厂商的设备将需要相互通信。有几个标准组织在 M2M 通信中比较活跃，包括 ETSI、3GPP、IEEE 和 IETF。

ETSI 的 M2M 技术委员会成立于 2009 年 1 月，主要关注服务中间件，而不是网络和传输技术[11]。ETSI 智能电网和 M2M 架构如图 8.5 所示。根据该架构，控制层正好位于物理智能电网层之上。该控制层包括计量、优化、恢复和记录等操作。在控制层顶部是服务和应用层，主要用于家庭和办公的需求管理、公用运营服务、计费和账户管理等。ETSI 针对智能电表网络开发了一系列的建议架构。TR 102 691 关注智能计量使用情况，而 TR 102 935 关注智能电网对 M2M 平台的影响。TS 102 689 和 TS 102 90 分别定义了 M2M 服务要求和 M2M 功能架构[23]。智能计量设想是最早实现物联网 IoT 概念的 M2M 真正应用，其中的计量包括电计量以及水和气的计量。

3GPP[24]集中于接入和核心网络基础设施的优化。它创立于 1998 年，是标准组织之间的合作。3GPP 在机器型通信上的工作可以追溯到 2005 年 11 月，当时系统工作组发起了针对“促进全球移动通信系统（Global System for Mobile Communications, GSMC）和通用移动电信系统（Universal Mobile Telecommunications System, UMTS）的 M2M 通信”研究项目。目前，该组织正在实施 M2M 和 LTE 的整合。

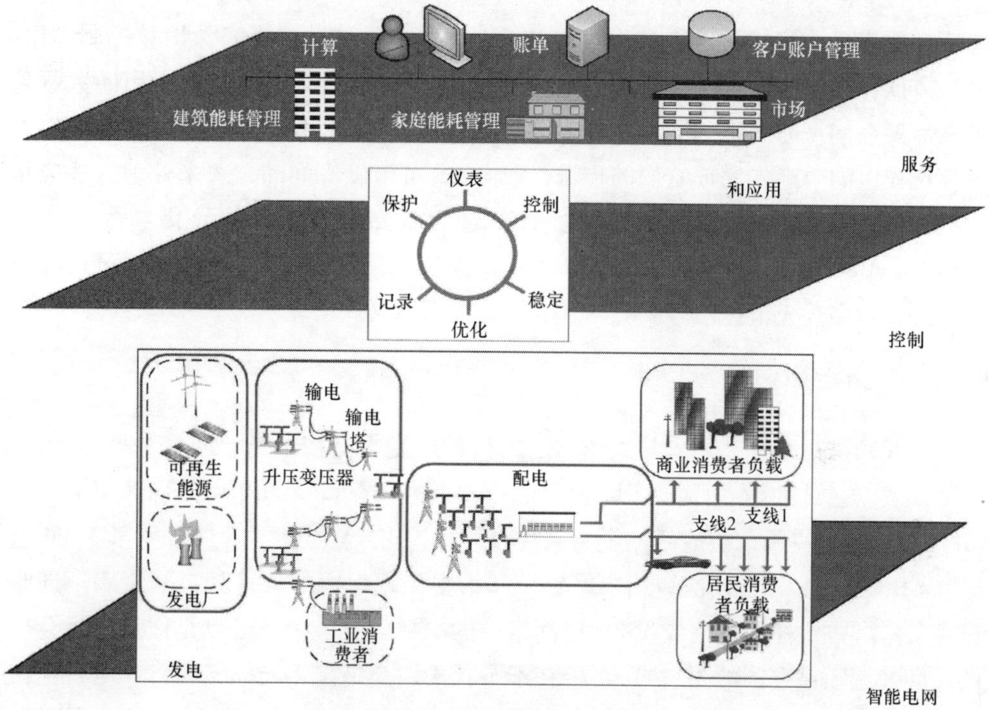

图 8.5　ETSI 智能电网和 M2M 架构

（摘自 Elloumi, O. et al., SmartGrid: An introduction. TCM2M 9. Presentation slides, 2010.）

IEEE 802.16p 任务组主要是在 IEEE 802.16 标准族上开发 M2M 相关标准[25]。IEEE 802.16 定义了 WIMAX 的基础。IEEE 802.16p 任务组成立于 2010 年 11 月，目前标准已经完成。

最后，IETF 通过低功耗无线个人局域网上的 IPv6（IPv6 Over Low Power Wireless Personal Area Networks, 6LOWPAN）将互联网协议第 6 版（Internet Protocol Version 6, IPv6）扩展到低功耗损耗网络（Low-power Lossy Networks, LLN）。低功耗损耗网络上的路由（ROLL, Routing Over Low power and Lossy networks）工作组也关注针对 LLN 的路由算法。ROLL 的目标是提供一种基于端到端互联网协议（Internet Protocol, IP）的解决方案[26]。此外，IETF 的约束 RESTful 环境工作组[27]旨在实现针对受限节点的 REST 架构，如具有有限 RAM 和 ROM 的 8B 微控制器节点。受限应用协议是智能电网中用于 M2M 网络的网络传输协议，并基于此建立自动化的应用。

8.3.6 服务差异化

在智能电网中，M2M 网络将部署与许多应用相结合的数以亿计的机器。特定应用需要满足严格的延迟要求，如那些需要几乎实时传送警报的保护和控制应用。另一方面，某些应用（如需求响应或账单）则可以容忍延迟。这些应用的数据包可能需要在同一时间访问同一个 BS。在这种情况下，容忍延迟的 M2M 设备可以等待高优先级的节点先完成它们的传输，或者 BS 可以以不同的方式来处理这些应用的数据包。因此，智能电网中针对 M2M 通信需要考虑服务差异化和服务质量（Quality of Service，QoS）。QoS 可以通过多种方式结合，如带宽请求协议可以修改为优先支持高优先节点。

8.3.7 频谱使用

无线频谱由于现有的人与人类型的通信已经变得拥挤不堪。随着 M2M 通信的实现，数以亿计的设备将显著影响频谱短缺问题。认知无线电（Cognitive Radio，CR）被认为是克服该挑战的一个突破性技术[28]。参考文献［12］研究了 M2M 通信中 CR 的应用。CR 使次级用户能够访问为主用户保留的许可频谱。主用户通常是蜂窝网络中的移动终端或 TV 广播网络中的电视。次级用户可以是任意的机会用户（即使用频谱空洞的用户），可以在不干扰主用户情况下访问该频谱。电视空白空间（TV White Space，TVWS），即频带中在超高频（Ultra High Frequency，UHF）和甚高频（Very High Frequency，VHF）中未使用的部分，是特别有吸引力的，因为 TVWS 中的信号可以更好地穿过墙壁[12]。Neul[29]已经开发了将 TVWS 用于 M2M 通信的商用解决方案。这个符合联邦通信委员会（Federal Communications Commission，FCC）标准的空白空间无线系统能够同时支持一百万个 M2M 连接。它使用具有 10km 范围并高达 16Mbit/s 数据速率的基站。此外，它还消除了来自远程电视发射机的干扰，从而提高了性能。

8.3.8 移动性

M2M 通信和人与人的通信在许多方面都不相同。移动性是其中之一。根据应用领域，M2M 设备具有不同的移动模式。例如，在 ITS 应用中，M2M 通信协议需要处理非常高的移动性，而在智能电网中，设备又具有很低的移动性或者不移动。对于这些情况，信令和移动性管理需要与各个应用进行呼应。对具有低移动或者不移动的设备，通过设计合适的移交技术、电力消耗和信令开销可以保持在最小。

8.3.9 数据处理和计算

M2M网络中，除了交换数据，处理和计算也成为一大挑战，因为由机器产生的数据将比人产生的数据多得多，而且需要处理这些数据以用于执行某些控制行为和决策。在设备或其他常规平台上处理这些数据是很有挑战性的。在此背景下，新兴的云计算概念可以提供一种解决方案。M2M服务可以通过云来传递。同时智能电网中的数据处理也变得越来越重要，因为收集和分析的数据数量越来越大。参考文献［30］考虑了通过云平台处理智能电表的数据。云平台具有很多优势，但也有某些挑战存在。云平台应该支持高效、可靠的数据流和低延迟的调度，同时还应提供有效的数据共享。

8.4 用于M2M通信的无线通信技术

无线M2M网络比有线网络更灵活且无处不在。它们可以为设备提供随时随地的连接，是智能电网中提供智能普适应用的方式。针对M2M网络有各种可用的无线通信技术。下面将对无线标准现状进行概述。

8.4.1 蜂窝M2M通信

M2M通信能够受益于可用的蜂窝网络基础设施。第一和第二代蜂窝网络设计用来携载话音流量，而其后的第2.5代（2.5 Generation，2.5G）GPRS和EDGE促成了数据传输。第三代（Third-Generation，3G）标准提供了更高的数据速率和漫游功能。蜂窝通信方面最新的技术是LTE和LTE升级版（LTE Advanced，LTE-A）。3GPP正在推动LTE上的M2M通信。

LTE具有高覆盖率和高带宽。典型的LTE单元直径为4km[31]，这可以通过中继扩展。LTE的峰值数据传输速率在下行链路约是300Mbit/s，在上行链路约是80Mbit/s，采用20MHz信道带宽和4×4多输入多输出（Multiple Input Multiple Output，MIMO）天线。另一方面，采用70MHz信道带宽和4×4 MIMO天线，LTE-A的目标峰值下行链路传输速率为1Gbit/s，而上行链路传输速率为500Mbit/s。这些数据速率通常适用于低移动性的设备，而对于高移动性的设备，LTE-A中峰值数据传输速率将约为100Mbit/s[32]。蜂窝通信对于M2M通信非常有利，因为它几乎没有初始成本，并且数据从现有可用的基础设施进行传输。此外，蜂窝通信有先进的安全机制。而另一方面，蜂窝网络针对人与人通信应用的通信特征进行了优化，它通常为具有采用特定模式的特定长度和数据量，而M2M通信具有完全不同的特点。在智能电网中，计量应用没有移动性，表现出具有小流量数据包大小的常规流量模式，并涉及大量对延迟没有严格要求的设备。此外，能源效率、安全性和可靠性的要求很高。M2M 通信要求对蜂窝标准的媒体接入和带宽分配进行重新设计。

8.4.2 IEEE 802.16/WIMAX

WIMAX 是基于 IEEE 802.16 标准开发的针对固定和移动的点对多点通信的宽带无线接入。WIMAX 采用 IEEE 802.16 的 PHY 和 MAC 层[25]并且包括通用数据包汇聚子层。WIMAX 工作在 10 ~ 66GHz 许可频段，同时它也允许使用免许可的亚 11GHz 频段。WIMAX 可以提供高达 70Mbit/s 的理论数据速率。其范围为固定基站约 50km 而移动基站接近 5km[33]。最近，IEEE 802.16p 任务组开发了 WIMAX 上的 M2M 通信标准。

8.4.3 IEEE 802.11/Wi-Fi

IEEE 802.11 标准族定义了 Wi-Fi 的 PHY 和 MAC 层[34]。IEEE 802.11 标准的数据速率范围从 1 ~ 100Mbit/s；1Mbit/s 由 IEEE 802.11b 提供，而 100Mbit/s 由最新的 IEEE 802.11n 标准提供。Wi-Fi 工作在免许可的 2.4GHz 工业、科学和医疗（Industrial Scientific and Medical，ISM）频段。在物理层，它利用跳频扩频和直接序列扩频。在 MAC 层，它使用请求—发送和清除—发送来控制帧。该标准还拥有先进的安全和 QoS 设置。Wi-Fi 已广泛采用，因此它可以很容易扩展用于 M2M 通信。考虑其适中的范围，即户外 500m，Wi-Fi 对 HAN、NAN 和 FAN 领域的 M2M 通信来说是一个合适的选择。特别是近来低功耗 Wi-Fi 技术的发展，Wi-Fi 可望成为 HAN 领域和 AMI 中的有力候选。超低功耗 Wi-Fi 基于 IEEE 802.11b/g 标准[35]，可以保证像 ZigBee 一样运行很多年，有大约 1 ~ 2Mbit/s 的数据速率，室内范围从 10 ~ 70m[36,37]。参考文献［38］提出了基于 Wi-Fi 的智能电网自动抄表系统，这是典型的 M2M 应用。

8.4.4 IEEE 802.15.4/ZigBee

ZigBee 是一种基于 IEEE 802.15.4 标准的低数据速率、短距离、高效率的无线技术[39]。该标准定义了物理和 MAC 层访问，而包括路由和应用的上层则是在 ZigBee 协议栈中定义。ZigBee 在北美和欧洲使用不同的 ISM 频段，即北美 915MHz 频段的 13 个信道，欧洲 868MHz 频段的 1 个信道，以及全球 2.4GHz ISM 频段的 16 个信道。ZigBee 支持 250kbit/s、100kbit/s、40kbit/s 和 20kbit/s 的数据速率。其范围在室内约 30m。ZigBee 采用工作循环机制来增加网络寿命。

IEEE 802.15.4 的 MAC 层定义了两种类型的信道访问，即信标启用和无信标模式。在信标启用模式中，个人局域网（Personal Area Network，PAN）协调器通过信标同步网络中的节点。信标持续时间分为两个时期：活跃期和非活跃期。节点仅在活跃期通信，这对应于超帧持续时间（Superframe Duration，SD），而节点在非活跃期则休眠。这就是信标启用模式下 ZigBee 的工作循环机制。SD 分为竞争访问周期（Contention Access Period，CAP）和无竞争周期（Contention Free Period，CFP）。在 CAP 时，节点通过使用具有冲突避免的载波侦听多路访问（CSMA/CA，Carrier Sense Multiple Access with Collision Avoidance）技术来传输它们的数据，而 CFP 提供了有保障的时间间隙（Guaranteed Time Slot，GTS）。GTS 在之前的信标间隔（Beacon Interval，BI）中保留。在无信标模式中，设备采用传统的 CSMA/CA 方案。IEEE 802.15.4 标准允许在单波传输中使用确认帧[40]。

ZigBee 最初不具有 IP 寻址。然而，最近 IETF RFC 4944 定义了低功耗无线 PAN 上的 IPv6（6LoWPAN）来集成 IPv6 寻址到类似 ZigBee 的 LoWPAN[41]。6LoWPAN 增加了适配层来处理分组、重组以及头压缩问题以支持 ZigBee 技术短文数据结构上的 IPv6 数据包。随着 6LoWPAN 的采用，ZigBee 成为短距离无线 M2M 通信的替代方式。在智能电网中，ZigBee 可以在 HAN 域中用于 M2M 通信。

8.4.5 无线 HART

无线 HART 是一种无线网状网络通信协议，建立在 IEEE 802.15.4 兼容的无线电基础上。这是涉及用于工业应用有线通信的 HART 协议的扩展。它采用时分多址（Time-Division Multiple Access，TDMA）进行信道访问。无线 HART 网络的最大范围是 200m。每个无线 HART 节点能够中继其他节点的数据包，而网络管理器根据延迟、效率和可靠性来确定冗余路由。无线 HART 网关提供到指挥中心的连接[42]。无线 HART 通过 AES 128 位加密实现对端到端会话的安全监测。单独的会话密钥以及公共网络的加密密钥在所有设备之间共享，来进行广播活动。无线 HART 目标是工业自动化和控制应用。在 M2M 智能电网通信中，它作为发电设施中设备通信的替代。

8.4.6 ISA-100.11a

ISA-100.11a 是 ISA-100 委员会开发的开放标准[43]，类似 ZigBee 和无线 HART，采用 IEEE 802.15.4 无线电。它使用时间同步信道跳频来克服射频（Radio Frequency，RF）干扰的问题，同时允许工作循环。它支持网格、星-网和星形拓扑。ISA-100.11a 的目标是支持互操作性，因此允许 IP 寻址。它还采用了 AES 128

位加密。该标准主要是为非关键监测、报警、监督、开环控制和闭环控制提供可靠、安全的操作。在M2M智能电网通信中，可以用于监控发电设施。

8.4.7 Z-wave

Z-wave是ZenSys公司（目前由Sigma Designs公司拥有）开发的专有无线通信协议[44]。Z-wave无线电的最大范围在室内约为30m，在室外约为100m。Z-wave工作在美洲908 MHz的ISM频段，数据率高达40kbit/s。它主要是一个家庭自动化技术，并为灯、开关、恒温器、车库门等设备提供无线连接。

Z-wave定义了两种类型的设备：控制器和从动设备。控制器向从动设备询问或发送命令，而从动设备回复这些控制器或执行它们的命令。Z-wave命令可以是协议命令或特定应用命令。协议命令大多指定ID分配，而应用命令可以是开或关设备或者其他归属控制相关的命令。

8.4.8 Wavenis

Wavenis是Coronis Systems公司开发的一种用于控制和监测应用的无线协议栈[40]。它工作在ISM频段，中心频率分别是亚洲、欧洲和美国的433MHz、868MHz和915MHz频段。它可以提供最大100kbit/s的数据率。在MAC层中，它采用同步和非同步方案。在同步网络中，节点利用基于CSMA和TDMA的混合方案，而在非同步网络中，采用CSMA/CA。类似ZigBee和Z-wave，Wavenis在智能电网的HAN域中提供了解决方案。

8.4.9 IEEE 802.15.4a/超宽带（UWB）

IEEE 802.15.4a是IEEE 802.15.4的修正，它定义了使用超宽带频率的新物理层。由于越来越多的设备和干扰问题，这项修正设计用于范围扩展和高数据速率的应用。超宽带的范围为10～100m，支持110kbit/s、851kbit/s、6.81Mbit/s和27.24Mbit/s比特率。它利用250MHz、750MHz、32MHz、444MHz、742MHz、594MHz、410MHz、234MHz之间的16个信道。媒体访问策略与原来的IEEE 802.15.4标准相同。灾害现场、精确农业和运动物体位置跟踪的传感和位置映射是其一些典型应用[45]。在M2M智能电网通信中，超宽带可在服务区域内用于职员跟踪的定位服务。

8.4.10 IEEE 802.22/CR

IEEE 802.22标准是最近出现的IEEE标准，利用CR（Cognitive Radio，认知

无线电）获得电视频段中空白空间的机会访问。IEEE 802.22 将使用 54～862MHz 之间的 UHF/VHF 频段以及它们的保护频段。IEEE 802.22 标准的范围考虑在 33～100km[46]，并将有约 19Mbit/s 的数据率。

CR 概念为无授权（次级）用户提供了访问那些授权用户（主用户）未使用的频谱。CR 能够感知未使用的频谱，使用该频谱，并在授权用户（或主用户）需要时尽快空出频谱，如图 8.6 所示。该标准部署一个 BS 和若干用户产权设备（Customer Premise Equipment，CPE）。BS 通过 CPE 收集的测试信息确定频段是否被占用，从而建立媒体访问控制。CPE 在 TV 频段的不同频道中对信号功率进行分布式感侧[47,48]。认知 M2M 通信可用在智能电网的 WAN、NAN 和 FAN 域中。

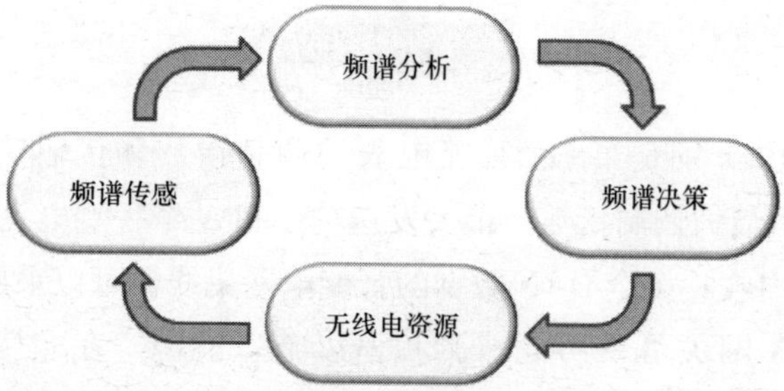

图 8.6　认知无线电频谱分配

8.5　智能电网中 M2M 通信的使用案例

本节将介绍智能电网中 M2M 通信应用的现状，引入针对 FAN 和 NAN 中能源效率的认知方案，总结针对电器和电动汽车基于 Web 服务的能源管理方法的相关文献，并进一步提出基于 M2M 的家庭能源管理方案。

8.5.1　智能电网中的认知 M2M

智能电网将涉及大量设备之间的通信，包括风力涡轮机、太阳能电池板、电力线、塔、变电站、智能电表以及家电，几乎所有设备都与电有关。对于位于偏远地区的风力涡轮机或太阳能电池板与控制中心之间的通信，可以方便地使用 TVWS[12]。IEEE 802.22 标准将允许访问 TVWS，并且它可以在偏远的智能电网资产中采用。

认知 M2M 网络架构包括主网络和次级网络。主网络包括在蜂窝网络共享情况下的移动终端用户，或电视广播网络在这两个网络之间共享时的电视机。主网络具有访问许可频谱的专有权。次级网络包括那些机会访问的机器。次级基站通过处理频谱分配来管理那些认知机器的访问。频谱分配可以采用不同方式。参考文献［49］中，作者提出了一种基于基因算法的频谱分配方案，用来实现智能电网中基于 CR 的 M2M。他们引入了 3 种适应函数，旨在同时最大化频谱效率、最小化发送功率、最大限度减少误码率（BER）。假设智能电表使用有 N 个用户的多载波系统，适应函数由下式给出：

$$f_{\mathrm{SE}}=\frac{\sum_{i=0}^{N}\log_2(M_i)}{N\log_2(M_{\max})} \tag{8.1}$$

$$f_{\mathrm{P}}=1-\frac{\sum_{i=0}^{N}P_i}{NP_{\max}} \tag{8.2}$$

$$f_{\mathrm{BER}}=1-\frac{\log_{10}0.5}{\log_{10}P_{\mathrm{be}}} \tag{8.3}$$

其中，M_i 和 P_i 分别是第 i 个智能电表的调制指数和传输功率。这里，$M_{\max}$、$P_{\max}$和 P_{be}分别表示最大调制指数、最大发送功率和 N 个智能电表的平均 BER。

在单个 NAN 内收集多个 HAN 数据的智能电网集线器可以采用认知 M2M 通信。在此情况下，HAN 网关可以协同感测频谱以节省能源。在非协同感测中，每个 HAN 网关依次感测每个信道，这意味着要花费 nt_s 时间来感测 n 个信道，t_s 假定为感测一个信道的持续时间。在协同感测中，一个或多个网关可以同时感测不同信道，并可以传送信道状态到 BS，然后 BS 进行频谱分配。

8.5.2 智能电网中的 Web 服务

M2M 通信受益于物联网的思想，而物联网对它的推动关键之一是嵌入式 Web 服务。对于 M2M 应用，参考文献［50］概述了中间件发展的重要性。传统的 Web 服务技术设计用于功能强大的 PC，而不是资源受限的微型设备或机器。最近有人研究了在这些设备中采用 Web 服务的方法。6LoWPAN 标准使得 IPv6 可用于 IEEE 802.15.4 或电力线载波（Power Line Carrier，PLC）兼容的资源受限设备。虽然已经制定了联网标准，应用也需要兼容。超文本传输协议（Hypertext Transfer Protocol，HTTP）和可扩展标记语言（eXtensible Markup Language，XML）并不方便，因为 M2M 应用与使用传统 Web 服务的应用是不同的。M2M 应用一般比较短暂，节点具有活动和非活动周期，在某些应用中可能需要多广播和异步通信[51]。在智能电网中，Web 服务可以用于存储设备、传输系统和智能电网需求端。

参考文献［52］中，作者提出了基于 Web 服务的能源管理应用，它结合了远程能量消耗监控、远程需求控制以及远程能源供应。Web 服务架构如图 8.7 所示。

传统的Web服务程序已被修改来适应资源受限设备的需求。在远程能量消耗监控中，每个电器的能量消耗都通过传感器进行监控，而用户可以利用他们的移动设备和网络服务监控他们设备的消耗。在远程需求控制中，如果电网负载达到临界，加热、通风和空调（Heating，Ventilation and Air Conditioning，HVAC）系统的负载在繁忙时间将减少。通过配置HVAC的设定值在夏季为较高温度而在冬季为较低温度，HVAC的负载可以减少。该应用可保证设施设定的温度对每个消费者都在可接受的舒适程度范围内。远程能源供应受益于能源销售的理念。该应用允许远程用户/所有者控制存储能量的量和返销给电网的量。参考文献［53］中，作者将Web服务用于插入式混合动力电动汽车（Plug-in Hybrid Electric Vehicle，PHEV）的充电管理。Web服务用于显示附近站点的天然气和电力价格，并用于帮助司机选择最便宜的燃料。此外，如果电网过载，PHEV的额外负载可能会对电网造成危险，那么电网运营商会限制其接入充电站。

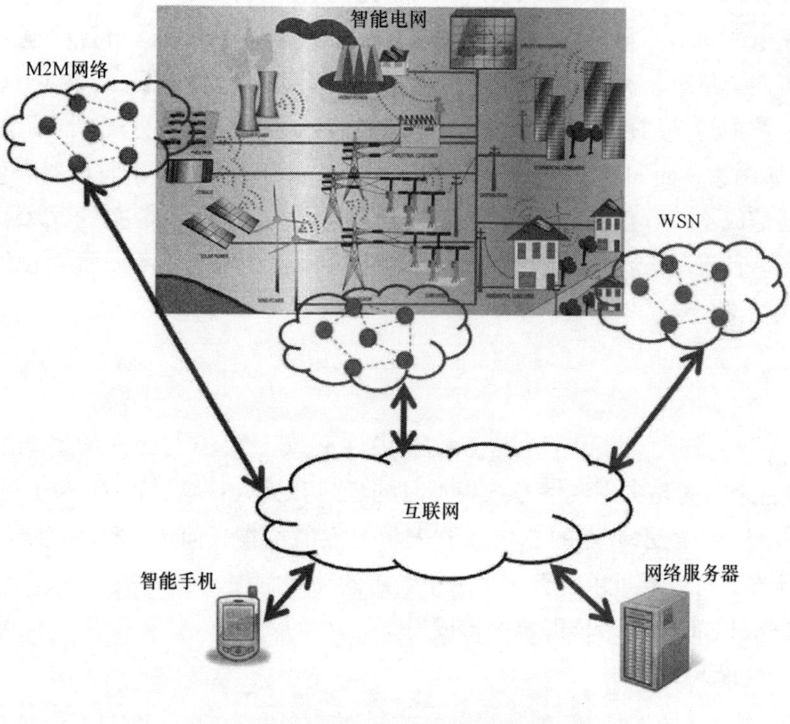

图8.7　通过网络服务进行能源管理应用

8.5.3　智能电网中的家庭能源管理系统

家庭能源管理系统（Home Energy Management System，HEMS）旨在管理家用

电器（如空调、洗碗机、烘干机、洗衣机、烤箱和冰箱等的能源消耗），以及新兴的电动汽车在家充电时的电力消耗[54-56]。HEMS 通过功率传感器、执行器和智能电表实现它们的功能。传感器提供能耗信息，而执行器在必要时可能会关闭某个家用电器或更改其设置。智能电表提供整体的用电信息，如果公共服务实行按时间或负载变化或根据市场调节定价，电表还可以提供价格信息。随时间变化的定价策略基于每天的不同时间进行电价修改，通常称为“使用时间”定价。在用电高峰时段电价会较为昂贵而在非高峰时段则相对便宜。当采用随负载变化的定价时，电价取决于负载量，即如果负载超过某一阈值，每千瓦时的电价就会增加。根据市场调节的定价策略按照市场价格来决定电价，这也被称为“实时”电价。如果电的市场价格增加，只要价格提前至少一个小时宣布，消费者就要为每千瓦时电支付更多电费。智能电表与电器的通信可以通过降低支出改善消费者对不同价格的反应。因此，M2M 通信在智能电网中对消费域来说是非常有益的。

参考文献［20］中，作者针对 HEMS 提出了一种网络架构，其中使用智能电表收集家电的功率消耗和需求状况。功率消耗和需求状态数据由智能电表转发到流量收集器。然后，流量收集器将 NAN 内若干家庭的数据发送到 WAN 基站，后者将这些数据转发到控制中心。WAN 基站负责收集器的带宽分配。流量收集器充当了 M2M 网关，而 M2M 服务器位于控制中心内。HEMS 流量由收集器汇总以减少安装和通信成本。收集器的最佳数量是典型的群集问题。参考文献［20］中，作者采用了一种群集方法，可以最小化成本的同时而不降低服务质量。收集器的成本由下式给出：

$$C_{\mathrm{i}} = C_{\mathrm{installation}} + C_{\mathrm{QoS}} \tag{8.4}$$

而

$$C_{\mathrm{QoS}} = \beta_{\mathrm{delay}} D_{\mathrm{i}} + \alpha_{\mathrm{loss}} L_{\mathrm{i}} \tag{8.5}$$

式中，β_{delay}和 α_{loss}是考虑线性 QoS 模型时的延迟和丢失权重，而 D_{i} 和 L_{i} 分别是延迟和丢失。用 N 表示节点的总数，S_{i} 表示节点的群集，而 $C_{\mathrm{i}}(S_{\mathrm{i}})$ 表示群集的成本。最佳群集可以通过求解算法 8.1 中给出的动态编程方法形成。

算法 8.1：HEMS 最佳群集的形成

1：{设置 $S_{\mathrm{old}} = NG$}

2：重复

3：$S \leftarrow S_{\mathrm{old}}$

4：对所有 $C \in S$ 赋值

5：$C_{\mathrm{new}} = minC_1C_2(C_{\mathrm{tot}}(S \backslash \{C\} \cup \{C_1, C_2\}))$，其中 $C_1 \cup C_2 = C$ {计算分割后的最低成本群集}

6：如果 $C_{new} < C_{tot}(S)$，转下一步

7：$S \leftarrow \setminus \{C\} \cup \{C_1, C_2\}$

8：结束如果

9：结束

10：直到 $S = S_{old}$ {无法进一步降低成本时停止}

惠而浦智能设备网络（Whirlpool Smart Device Network，WSDN）一直在实施基于M2M通信的HEMS[57]。WSDN包括以下3个网络域：HAN、互联网及AMI。WSDN采用ZigBee、Wi-Fi、宽带互联网和PLC，其中Wi-Fi连接智能家电并形成HAN、ZigBee和PLC连接AMI中的智能电表，而宽带互联网将消费者连接到互联网。WSDN采用被称为“惠而浦集成服务环境”（Whirlpool Integrated Services Environment，WISE）的能源管理模块。WISE支持远程访问设备的能源消耗。WSDN应用可以下载到智能电话，而WISE界面提供主要家用电器的控制，其中用户通过SMS进行验证。

8.6 总结和悬而未决的问题

智能电网集成信息通信技术和双向通信以增加可靠性、安全性和电力服务效率。通信是智能电网中可预见特征的关键推动者。传统电网采用非常有限的通信，即SCADA提供现场某些设备的遥感，但它不允许设备到设备间的通信。因此，智能电网中需要先进的M2M通信，能够促成微网自组织、家电远程控制、可再生能源发电资源相互作用等。

无线M2M网络为许多智能电网功能提供了灵活、无处不在、低成本的媒介，特别是对于智能电表通信。M2M通信可以受益于现有的通信标准及其基础设施。例如，3G/4G、WIMAX、Wi-Fi、ZigBee、无线HART、ISA-100.11a、Zwave、Wavenis、UWB和CR技术等都作为为M2M通信提供物理介质的备选。然而，M2M通信要在智能电网中完全采用，仍然需要解决一些挑战。这些挑战主要来自于M2M通信与传统无线网络的不同。我们将这些挑战归为几类，分别是可扩展性、能效、安全性、可靠性、标准化、差异化服务、频谱利用、移动性和数据处理。悬而未决的研究课题包括媒体访问的重新设计和支持更有效的操作的路由。随机访问和地域路由是有希望的替代方式，因为它们是分布式和无状态的。此外，可以采用网络编码来提供可靠的通信[12]。合作是另一个有趣的开放研究课题。具有更多资源的设备可以帮助其他具有更少资源的设备。最后，因为无线覆盖可能不是连续的，延迟和干扰容忍方法也是开放的课题。

M2M 通信将是许多智能电网应用的关键推动者。本章关注了几个使用案例，包括 CR、AMI 网络和 HAN。除了商用的电器管理工具，还介绍了基于 Web 服务的远程消耗控制和电动车辆负载管理方案。综上所述，一旦这些挑战能够得到合理解决，智能电网将成为 M2M 通信在现实生活中最早的应用之一，而智能电网将由此具有更多样化的用途。

参考文献

1. Santacana, E., G. Rackliffe, T. Le, and X. Feng. 2010. Getting smart. *IEEE Power and Energy Magazine*, v. 8, p. 41–48.
2. Amin, S. M. and B. F. Wollenberg. 2005. Toward a smart grid: Power delivery for the 21st century. *IEEE Power and Energy Magazine*, v. 3, p. 34–41.
3. Lawton, G. 2004. Machine-to-machine technology gears up for growth. *IEEE Computer*, v. 37, p. 12–15.
4. Wu, G., S. Talwar, K. Johnsson, N. Himayat, and K. D. Johnson. 2011. M2M: From mobile to embedded Internet. *IEEE Communications Magazine*, v. 49, p. 36–43.
5. Lu, R., X. Li, X. Liang, X. Shen, and X. Lin. 2011. GRS: The green, reliability, and security of emerging machine-to-machine communications. *IEEE Communications Magazine*, v. 49, p. 28–35.
6. IEEE WIMAX 802.16p Task Group. http://www.grouper.ieee.org/groups/802/16/m2m/index.html. Accessed February 2014.
7. Gao, J., Y. Xiao, J. Liu, W. Liang, and P. Chen. 2012. A survey of communication/networking in smart grids. *Future Generation Computer Systems (Elsevier)*, v. 28, p. 391–404.
8. Gungor, V., D. Sahin, T. Kocak, S. Ergut, C. Buccella, C. Cecati, and G. Hancke. 2011. Smart grid technologies: Communications technologies and standards. *IEEE Transactions on Industrial Informatics*, v. 7, p. 529–539.
9. Lo, C. and N. Ansari. 2011. The progressive smart grid system from both power and communications aspects. *IEEE Communications Surveys and Tutorials*, v. 14, p. 799–821.
10. Gungor, V. C. and F. C. Lambert. 2006. A survey on communication networks for electric system automation. *Computer Networks Journal (Elsevier)*, v. 50, p. 877–897.
11. Chang, K., A. Soong, M. Tseng, and Z. Xiang. 2011. Global wireless machine-to-machine standardization. *IEEE Internet Computing*, v. 15, p. 64–69.
12. Zhang, Y., R. Yu, M. Nekovee, Y. Liu, S. Xie, and S. Gjessing. 2012. Cognitive machine-to-machine communications: Visions and potentials for the smart grid. *IEEE Network*, v. 26, p. 6–13.
13. Bui, N., A. P. Castellani, P. Casari, and M. Zorzi. 2012. The Internet of energy: A Web-enabled smart grid system. *IEEE Network*, v. 26, p. 39–45.

14. Erol-Kantarci, M. and H. T. Mouftah. 2011. Wireless multimedia sensor and actor networks for the next-generation power grid. *Elsevier Ad Hoc Networks Journal*, v. 9 p. 542–551.
15. Erol-Kantarci, M., B. Kantarci, and H. T. Mouftah. 2011. Reliable overlay topology design for the smart micro-grid network. *IEEE Network Special Issue on Communication Infrastructures for Smart Grid*, v. 25, p. 38–43.
16. Hatziargyriou, N. et al. 2007. Micro-grids: An overview of ongoing research, development, and demonstration projects. *IEEE Power and Energy*, p. 78–94.
17. Mouftah, H. T. and M. Erol-Kantarci. 2012. Smart grid communications: Opportunities and challenges. In Obaidat, M. S., A. Anpalagan, and I. Woungang, eds., *Handbook of Green Information and Communication Systems*. Elsevier, Chapter 25, p. 631–657.
18. Machina Research. http://www.machinaresearch.com/reports.html. Accessed November 2012.
19. Galetic, V., I. Bojic, M. Kusek, G. Jezic, S. Desic, and D. Huljenic. 2011. Basic principles of machine-to-machine communication and its impact on telecommunications industry. *Proceedings of the 34th International Convention on MIPRO*, May 23–27, 2011, p. 380–385.
20. Niyato, D., L. Xiao, and P. Wang. 2011. Machine-to-machine communications for home energy management system in the smart grid. *IEEE Communications Magazine*, p. 53–59.
21. Fadlullah, Z. M., M. M. Fouda, N. Kato, A. Takeuchi, N. Iwasaki, and Y. Nozaki. 2011. Toward intelligent machine-to-machine communications in smart grid. *IEEE Communications Magazine*, v. 49, p. 60–65.
22. Amin, M. 2011. Toward a more secure, strong, and smart electric power grid. *IEEE Smart Grid Newsletter*.
23. Salam, S. A., S. A. Mahmud, G. M. Khan, and H. S. Al-Raweshidy. 2012. M2M communication in smart grids: Implementation scenarios and performance analysis. *Wireless Communications and Networking Conference Workshops (WCNCW), IEEE*, p. 142–147.
24. 3GPP Web site. http://www.3gpp.org/. Accessed February 2014.
25. IEEE 802.16 Standard. http://www.standards.ieee.org/about/get/802/802.16.html. Accessed September 2011.
26. Tan, S. K., M. Sooriyabandara, and Z. Fan. 2011. M2M communications in the smart grid: Applications, standards, enabling technologies, and research challenges. *International Journal of Digital Multimedia Broadcasting*, 8p.
27. CoRE Working Group. http://www.datatracker.ietf.org/wg/core/charter/. Accessed February 2014.
28. Haykin, S. 2005. Cognitive radio: Brain-empowered wireless communications. *IEEE Journal on Selected Areas in Communications*, v. 23, p. 201–220.
29. Neul. http://www.neul.com. Accessed November 2012.
30. Cognizant White Paper. http://www.cognizant.com/InsightsWhitepapers/Redefining-Smart-Grid-Architectural-Thinking-Using-Stream-Computing.pdf. Accessed November 2012.

31. Ghosh, A., R. Ratasuk, B. Mondal, N. Mangalvedhe, and T. Thomas. 2010. LTE-advanced: Next-generation wireless broadband technology. *IEEE Wireless Communications*, v. 17, p. 10–22.
32. Akyildiz, I. F., D. M. Gutierrez-Estevez, and E. C. Reyes. 2010. The evolution to 4G cellular systems: LTE-advanced. *Elsevier Physical Communication Journal*, v. 3, p. 217–244.
33. Parikh, P. P., M. G. Kanabar, and T. S. Sidhu. 2010. Opportunities and challenges of wireless communication technologies for smart grid applications. *IEEE Power and Energy Society General Meeting*, p. 1–7, July 25–29, 2010.
34. IEEE 802.11 Standard. http://www.standards.ieee.org/about/get/802/802.11.html. Accessed April 2011.
35. Tozlu, S. 2011. Feasibility of Wi-Fi–enabled sensors for Internet of things. *7th International Wireless Communications and Mobile Computing Conference (IWCMC)*, July 4–8, 2011, p. 291–296.
36. Ultra Low-Power Wi-Fi Chips of Gainspan, Inc. http://www.gainspan.com/. Accessed October 2012.
37. Ultra Low-Power Wi-Fi Chips of Redpine Signals, Inc. Available http://www.redpinesignals.com/Renesas/index.html. Accessed September 2012.
38. Li, L., X. Hu, C. Ke, and K. He. 2011. The applications of Wi-Fi–based wireless sensor network in Internet of things and smart grid. *6th IEEE Conference on Industrial Electronics and Applications (ICIEA)*, p. 789–793, June 21–23, 2011.
39. IEEE 802.15.4 Standard. http://www.standards.ieee.org/about/get/802/802.15.html. Accessed November 2011.
40. Gomez, C. and J. Paradells. 2010. Wireless home automation networks: A survey of architectures and technologies. *IEEE Communications Magazine*, v. 48, p. 92–101.
41. RFC4919: IPv6 Over Low-Power Wireless Personal Area Networks (6LoWPANs). http://www.tools.ietf.org/html/rfc4919. Accessed September 2012.
42. WirelessHART. http://www.hartcomm.org/. Accessed November 2012.
43. ISA-100.11a Standard. http://www.isa100wci.org/. Accessed November 2012.
44. Galeev, M. T. 2012. Catching the Z-wave. *EE Times Design*. http://www.eetimes.com/design/embedded/4025721/Catching-the-Z-Wave. Accessed September 2012.
45. Karapistoli, E., F. N. Pavlidou, I. Gragopoulos, and I. Tsetsinas. 2010. An overview of the IEEE 802.15.4a standard. *IEEE Communications Magazine*, v. 48, p. 47–53.
46. Ghassemi, A., S. Bavarian, and L. Lampe. 2010. Cognitive radio for smart grid communications. In *Proceedings of the IEEE International Conference on Smart Grid Communications*, Gaithersburg, Maryland, p. 297–302.
47. Ranganathan, R., R. C. Qiu, Z. Hu, S. Hou, M. Pazos-Revilla, G. Zheng, Z. Chen, and N. Guo. 2011. Cognitive radio for smart grid: Theory, algorithms, and security. *International Journal of Digital Multimedia Broadcasting (2011)*. doi:10.1155/2011/502087.

48. Qiu, R. C., Z. Hu, Z. Chen, N. Guo, R. Ranganathan, S. Hou, and G. Zheng. 2011. Cognitive radio network for the smart grid: Experimental system architecture, control algorithms, security, and micro-grid testbed. *IEEE Transactions on Smart Grid*, v. 2, p. 724–740.
49. Vo, Q. D., J.-P. Choi, H. M. Chang, and W. C. Lee. 2010. Green perspective cognitive radio-based M2M communications for smart meters. *International Conference on Information and Communication Technology Convergence (ICTC)*, November 17–19, 2010, p. 382–383.
50. Glitho, R. H. 2011. Application architectures for machine-to-machine communications: Research agenda vs. state of the art. *6th International Conference on Broadband and Biomedical Communications (IB2Com)*, p. 1–5, November 21–24, 2011.
51. Shelby, Z. 2010. Embedded Web services. *IEEE Wireless Communications*, v. 17, p. 52–57.
52. Asad, O., M. Erol-Kantarci, and H. T. Mouftah. 2011. Sensor network Web services for demand-side energy management applications in the smart grid. In *Proceedings of the IEEE Consumer Communications and Networking Conference (CCNC)*, Las Vegas, Nevada, p. 1176–1180.
53. Asad, O., M. Erol-Kantarci, and H. T. Mouftah. 2011. Management of PHEV charging from the smart grid using sensor Web services. In *Proceedings of the 24th Canadian Conference on Electrical and Computer Engineering*, Niagara Falls, Ontario, Canada, p. 001246–001249.
54. Erol-Kantarci, M. and H. T. Mouftah. 2011. Wireless sensor networks for cost-efficient residential energy management in the smart grid. *IEEE Transactions on Smart Grid*, v. 2, p. 314–325.
55. Erol-Kantarci, M. and H. T. Mouftah. 2010. Using wireless sensor networks for energy-aware homes in smart grids. *IEEE Symposium on Computers and Communications (ISCC)*, Riccione, Italy, p. 456–458, June 22–25, 2010.
56. Erol-Kantarci, M. and H. T. Mouftah. 2011. Management of PHEV batteries in the smart grid: Towards a cyber-physical power infrastructure. In *Proceedings of the Workshop on Design, Modeling, and Evaluation of Cyber Physical Systems (in IWCMC11)*, Istanbul, Turkey, p. 759–800, July 5–8, 2011.
57. Lui, T. J., W. Stirling, and H. O. Marcy. 2010. Get smart. *IEEE Power and Energy Magazine*, v. 8, p. 66–78.

chapter 9

第9章

智能电网中M2M通信的入侵探测系统

Nasim Beigi Mohammadi，Jelena Mišić，
Vojislav B. Mišić和Hamzeh Khazaei

9.1 简介

公共事业正在经历重大转型，即所谓的“智能电网”。它利用先进技术和智能设备来强化能源系统。智能电网一般是指试图将公用传输系统带入21世纪的一类技术[1]。M2M通信的出现也开始于智能电网的发展。这种通信在智能电网的不同组件（如传感器、智能电表、网关和其他智能设备）间发生[2]。

智能电网中M2M通信的3层架构包括家域网（Home Area Network，HAN）、邻域网（Neighborhood Area Network，NAN）和广域网（Wide Area Network，WAN）。在智能电网中，先进计量基础设施（Advanced Metering Infrastructure，AMI）将HAN、NAN和WAN用于计量的相关功能。

HAN是传感器网络，它依附于消费者场所的家用电器，并与客户网关或者直接与住宅和工业区的智能电表进行通信。通常用于该网络的通信技术包括802.15.4（可能带有ZigBee协议栈）和802.11（Wi-Fi）。

NAN是与采集器节点通信的邻近智能电表网络。NAN取决于网络布局，可能使用不同的媒介。无线网状网络（Wireless Mesh Network，WMN）在NAN的众多架构中更受关注，其中智能电表以网状拓扑形式连接[3]。其他技术，如3G/4G蜂窝技术和全球互通微波接入（Worldwide Interoperability for Microwave Access，WIMAX）技术也可用于NAN通信[4]。

WAN是一种多用途网络，它提供公共事业中心从数据采集器到控制单元的M2M通信，连接多个变电站和局域控制点返回公共事业中心，形成连接公共事业中心与高度分布的变电站或客户终端之间的通信骨干网。这种网络需要高带宽和非常高的可靠性，并通常由光纤、WIMAX、蜂窝、卫星、城域以太网和电力线通信（Power Line Communication，PLC）等技术组成。在NAN位于公共事业中心附近的情况中，PLC和光纤连接到收集器和公共事业中心。WAN同时容纳现场和企业的数据流[5]。图9.1所示为可用于智能电网中实施M2M通信的技术。

根据电力研究院提供的资料，安全性是智能电网广泛部署的最大挑战之一[6]。智能电网中的M2M通信必须私密和安全，因为在其上运行的许多自动功能都是至关重要的。物理上未保护的入口点以及很容易受到监视和可能干扰的无线网络给攻击者提供了侵入的路径。因此，应该有适当位置的安全机制用来防止未经授权使用这些通信路径的情况。除了安全机制，AMI要求有可靠的入侵探测系统（Intrusion Detection System，IDS）作为第二层防御墙，万一出现任何安全漏洞，电网可以探测或阻止侵犯[7]。

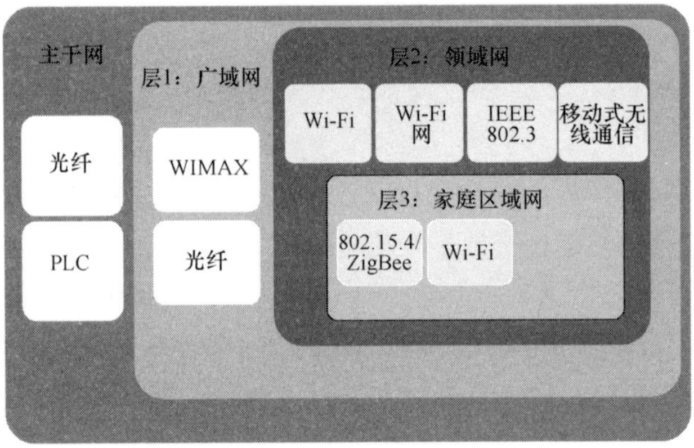

图 9.1　智能电网中用于 M2M 通信的技术

尽管已有针对 AMI 安全性的研究工作，只有一些工作关注于提议并设计用于 AMI 的可靠和高效的 IDS。Berthier 等人[8]讨论了 AMI 中监控和入侵探测的要求和实际需求。智能电网 IDS 领域所进行的研究和 IDS 用于智能电网环境的关键功能需求已在参考文献［9］中进行了综述。参考文献［10］中提出了用于 HAN 的分层联合签名和基于异常的 IDS。他们的 IDS 是针对基于 ZigBee 的 HAN 设计，工作在物理和媒体访问控制层。

参考文献［11］中提出了针对 AMI 的基于规范的 IDS。由于参考文献［11］中的方案依赖协议规范、安全要求和安全策略来探测安全违规，部署这样一个 IDS 非常昂贵，因为它是利用分离的传感器网络来监控 AMI。

参考文献［12］中提出了工作在无线 HART 协议之上基于模型的 IDS。该协议是一种开放式无线通信标准，用来处理工业厂房应用以及监测和保护无线过程控制系统。混合架构包括定期收集来自分布式现场传感器信息的中心组件。他们的 IDS 监视物理、数据链路和网络层来探测恶意行为。虽然参考文献［12］给出了详细的解释，但这是特定的协议且可能无法应用于 AMI。Wang 和 Yi[3]研究了智能电网中使用 WMN 和安全框架用于分布网络，同时也提出了一种用于智能电表网络的响应机制。

本章设计和实现了一种针对 AMI 中 NAN 部分的 IDS。上面讨论的相关工作或者不是专门针对 NAN 中的 M2M 通信设计，或者要求针对网络入侵探测设立独立网络。但是在我们的解决方案中，我们依靠 NAN 自身的特点提出不需要额外节点作为检测代理的 IDS。根据要检测攻击的类型，在 NAN 中的一些节点上部署 IDS，它们在计算和通信方面能力很强。这种 IDS 专为检测虫洞攻击定制。通过整合 Maple 16[14]中实现的分析模型，在优化网络工程工具（Optimized Network Engineering

Tool，OPNET）建模者17.1[13]中开发出了一种混合解决方案。

- 考虑NAN的规范和要求提出了一种IDS。我们的解决方案专门针对虫洞攻击检测，这种攻击可以对网络造成严重影响。
- 既然已经建立了NAN基础设施和IDS模块，其他类型攻击也可以在提出的解决方案之上进行考虑和评价。换句话说，由于仿真模型和IDS模块的模块化设计，我们的解决方案可以作为研究NAN和其安全威胁的框架。
- 通过整合分析模型和仿真模型，使用OpenMaple开发出一种混合模型。这是Maple第一次被整合进OPNET。这为所有的Maple引擎提供了可用于OPNET的能力。

9.2 智能电网NAN中的M2M通信

在智能网络中，NAN指智能电表网络，它们彼此连接并发送/中继计量数据到集中节点（或收集器），后者接着将数据通过WAN发送到公共事业中心。WMN已经在NAN的其他架构中引起更多关注，其中NAN中智能电表部署在自适应WMN中[3,15]。无线网格相比其他技术类型有以下几个优势：灵活性、最小的基础设施、可扩展性和低配置成本[16]。这样的WMN可以向操作控制系统提供面向消费者的用电信息，其中系统监控电网状况并估算电力需求[17]。

在NAN中，智能电表通过单跳或多跳通信向收集器发送数据。图9.2所示为一个多层智能电网网络，其中层-2代表NAN。在NAN中，智能电表可以进行路由，并找到通向收集器的最佳路径。每个智能电表维护一个对等设备列表，万一其中一个出现故障时，它可以切换到下一个可用的对等设备。因此，冗余路径使网络更可靠。完全冗余路由要求每个智能电表在其附近寻找最好的单跳或多跳可用收集器并与之建立连接。万一检测到连接丢失，智能电表能够重新进行自我配置来建立与网络的连接[18]。

9.2.1 NAN技术

除了无线网格（如802.11s），还有其他无线和有线技术可用于NAN中的M2M通信。在无线方面，WIMAX和蜂窝标准（如3G、4G和LTE）是一些很好的候选技术。在有线方面，以太网、PLC和有线电缆数据服务接口规范是可能的选择。在本书中，考虑将Wi-Fi用于部署NAN。

9.2.2 NAN组件

NAN应该提供可扩展、安全访问和设备管理用于网格连接的AMI设备（如

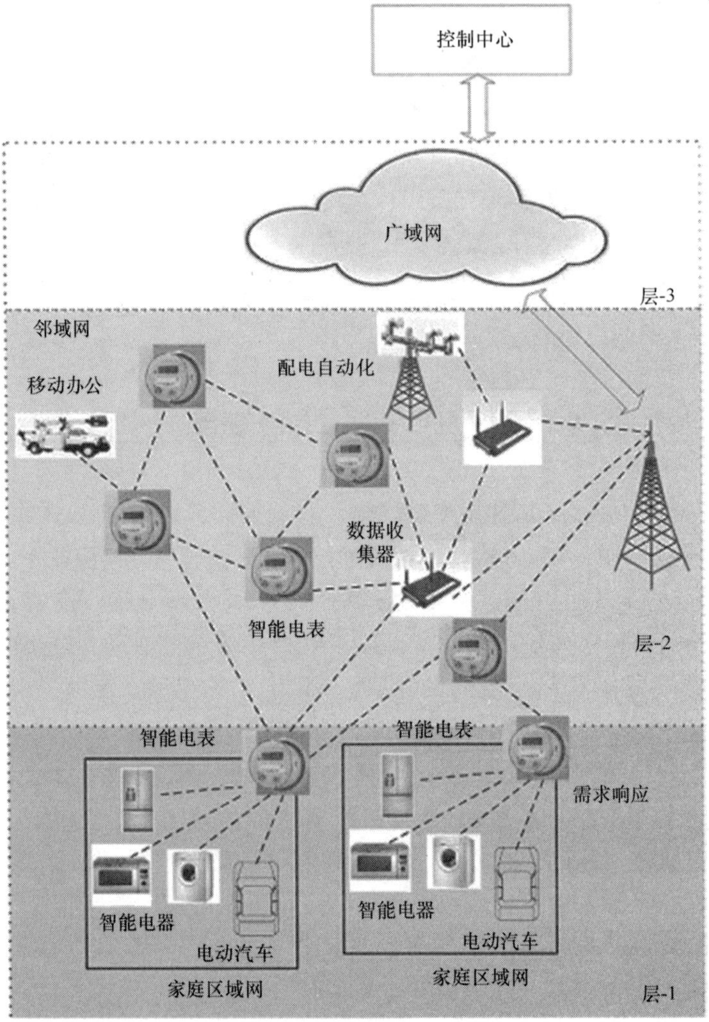

图 9.2　NAN（Tier 2）

（引自 Akkaya，K. et al.，Computer Networks 56：2742-2771，2012.）

水、电和气表)，并具有即时将住宅和商业场所的企业连接到网关的特性。几乎来自任何地方的信息通过那些无线通信设备按调度、按需求或按事件都是可用的。通常，NAN 可以包括几个更小的 NAN，其中每个 NAN 由一组与收集器通信的智能电表所定义。每个 NAN 有一个可由收集器识别的 ID（如网络 ID)。通常，NAN 包含以下组件。

- **收集器：** 收集器是 NAN 内协调 M2M 通信的通信网关。它作为中间的数据集中器，收集和过滤来自网络促成电表和节能共享 WAN 资源组的数据，在确保高性能的同时能够更经济通信。

- **智能电表**：智能电表测量并传送精细的电力使用信息和电力质量信息到公共事业中心。公共事业中心可以使用该信息来生成客户账单，同时也通过向智能电表传递负载控制信息来自动控制电量消耗。智能电表会自动建立与收集器的连接，基于应用的性能确保及时和安全地交付数据[19]。
- **先进抄表应用**：这是AMI中最重要的应用，它记录客户消费，并通过NAN每小时或以更快速度向收集器传送测量数据[20]。在北美，通常是电表测量15min表读数并将其传送给公共事业中心的电表数据管理系统（Meter Data Management System，MDMS）。当电表读数丢失时，MDMS会检查与该电表的通信是否恢复。电表响应来自MDMS的重收集请求并重新传送数据。

除了读表功能外，NAN还有以下一些功能，如远程电表管理（连接/断开智能电表），以及记录和传输事件日志、安全日志和停运报告。不过，NAN的主要功能是智能电表将电表读数沿着一个方向推送给收集器，而在相反方向，公共事业中心将控制消息发送给智能电表，如给不愿意支付账单的客户停电。

9.2.3 可扩展性

对于智能电网，为超大数量节点提供可接受服务水平的能力是至关重要的。数以百万计的智能电表会附加到通信网络上，将用电数据从每个家庭传递给公共事业公司。在某个位置连接到网络的节点数目取决于该地区的人口密度。例如，城市地区的用户密度大，而分布在农村地区的房屋数目少。因此，针对智能电网提出的任何路由协议都应该能够根据具有特定工作范围需求的不同使用情况进行扩展。在安全路由情况下的路由发现、维护和密钥分布将随着网络规模而迅速增加。此设计问题是否影响路由协议取决于应用、底层网络设计和所用链接量度的设计方式[21]。

9.2.4 路由

为NAN设计最佳实际路由协议是研究群体的热门话题。有人建议采用被动路由协议，如Ad Hoc网络的AODV路由协议（Ad hoc On-demand Distance Vector，AODV）；而另外一些则建议用主动路由协议，如DSDV路由协议（Destination-Sequenced Distance Vector，DSDV）。还有些人建议用被动和主动路由协议组合以适应NAN的要求。参考文献［22］中的工作分析了NAN应对拒绝服务（Denial of Service，DoS）攻击的可恢复性，其中考虑了以下3种类型的路由协议，包括AODV、动态源路由（Dynamic Source Routing，DSR）和DSDV。根据模拟结果，考虑一些性能指标（如数据包投递率、平均端到端延迟等）可以得出结论：AODV 优于其他类型的路由。参考文献［23］中提出了两个针对 802.11s 路由协议的修订，以使协议适用于智能电表，包括对 802.11s 定义的度量计算方法和路由波动避免算法的修订。

低功耗有损网络路由协议（Routing Protocol for Low-power and lossy networks，RPL）目前正由互联网工程任务组开发，以支持如城市环境中的各种低功耗有损网络（Low-power and Lossy Network，LLN）应用。RPL 是一种距离矢量路由算法，采用面向目标的有向无环图（Destination-Oriented Directed Acyclic Graph，DODAG）来保持网络状态。在该算法中，每个节点在 DODAG 中保持其位置，计算秩来确定其与根和有向无环图（Directed Acyclic Graph，DAG）中其他节点的关系。该协议的规范见参考文献［24］。Wang 等人[25]通过 DAG 秩计算满足 NAN 的要求，从而提出改进的 RPL 用于 NAN。参考文献［18］中，通过设计基于自组织网状网络解决方案强化 RPL，基于该方案，智能电表可以自动发现附近更适合的收集器，探测连接丢失，并重新进行自我配置来连接到 NAN。分布式自主深度优先路由[26]是建议用于 NAN 的一种主要路由算法。它在网络正常工作时，完全类似于传统的距离矢量算法。在拓扑结构频繁变化的情况下，它采用轻量控制计划及其转发平面来通知网络关于任何链接的故障[7]。

混合路由协议（Hybrid Routing Protocol，Hydro）[27]是适合 NAN 的另一种路由协议。它是针对 LLN 的链路状态路由协议，采用分布式算法来形成 DAG，这为边界路由器提供了多条路径。图 9.3 所示为针对 NAN 的最先进的路由协议。

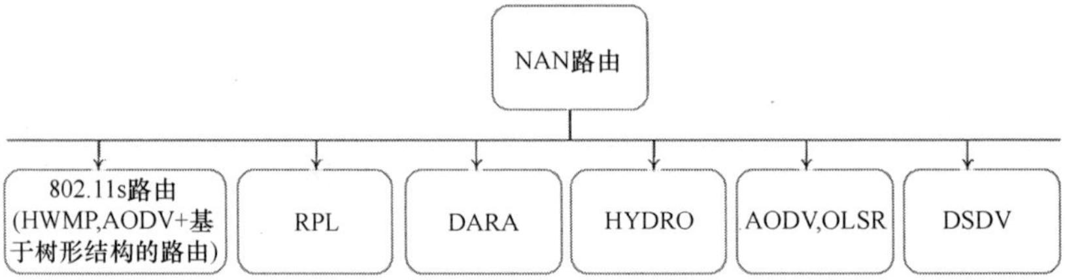

图 9.3　用于 NAN 的先进的路由协议

这里考虑 AODV 作为 NAN 的路由协议。我们的判断基于如下事实：NAN 中的网络拓扑结构是固定的，智能电表不需要保持整个网络的同步映射。此外，假设智能电表构造了到收集器的专用路径，并在该路径出现问题前（如与其下一跳失去了连接）一直使用它[28]。

9.2.5　NAN 中 M2M 通信的安全和隐私

安全性作为主要要求涵盖了 NAN 从物理设备到路由协议操作的所有方面。在输配电网络和发电网络中，许多终端设备处在开放、有潜在不安全性的环境中，这使得它们容易受到恶意物理攻击。这些设备必须妥善保护，以防止未经授权的访问，如修改路由表或存储在缺乏抵抗力设备中的某些网络信息。攻击 NAN 可能有不同的动机，包括经济利益、个人仇恨、寻求黑客社区认可或制造混乱[29]。本工作中，侧重于检测虫洞攻击，它可以对 NAN 功能造成严重影响。

NAN 中的另一个主要问题是电力数据的私密性。许多客户不愿意暴露自己的用电量数据（以及电动车辆位置）。因此，应该任何时候都提供保密性和匿名性。认证也是一些电力交易应用中的要求，如在未来的电力交易市场以及在公共或私人充电站的电动车用电。

路由协议的设计应该考虑具体的 NAN 应用对安全和隐私的要求。保密性、完整性和认证也应该作为提供路由的条件。

为使 NAN 安全，可以采用有效网状安全关联（Effective Mesh Security Association，EMSA）[30]；收集器可以作为网络密钥分配器（Mesh Key Distributor，MKD），负责域内的密钥管理。收集器作为 MKD 还可以在应用服务器中提供到外部认证服务器（如用户服务中的远程认证拨号［Remote Authentication Dial In User Service，RADIUS］服务器）的安全链路[31]。NAN 可以是域的一个例子。已认证的智能电表可以作为网格认证器来参与密钥分配，从而来认证候选智能电表加入网络。

但是在本工作中，我们假设 NAN WMN 的安全性基于平等同时验证（Simultaneous Authentication of Equals，SAE）[32]。SAE 是针对 WMN 的较新安全标准。在该安全方案中，任意两个智能电表可以同时发起认证过程，而不需要按顺序。因此，不需要有密钥层次结构和密钥分发机制。当智能电表彼此发现（并保证安全）时，它们参与到 SAE 交换中。如果 SAE 成功完成，每个智能电表就知道对方拥有网络密码，而作为 SAE 交换的副产物，这两个对等设备建立了加密的强密钥。该密钥用于认证网状对等交换来建立安全对等操作，并得到一个会话密钥来保护网络流量，包括路由流量[32]。

9.2.6 虫洞攻击

在虫洞攻击中，两个共谋的易受侵害智能电表能够以 NAN 的 M2M 通信为目标。在这种攻击中，NAN 中非直接邻近的智能电表通过高速连接彼此相连。其中一个易受侵害智能电表发送路由请求（Route Requests，RREQ），它在路由发现阶段通过连到其他恶意智能电表的虫洞链路，可以监听其邻近电表。另一个位于目标附近（收集器）的易受侵害智能电表向收集器发送 RREQ。由于这样的 RREQ 首先到达收集器，收集器回复路由响应（RREP，route response）到恶意智能电表，并忽略后来接收到的具有相同ID的RREQ包。第一个易受侵害智能电表重复RREP使得邻近智能电表认为虫洞路径是到收集器的最佳路径。结果是，智能电表选择虫洞链路作为到达收集器的最佳路径。

发动虫洞攻击后，受侵害的节点既可以主动动作也可以被动动作。它们可以简单地丢弃所有数据包（黑洞攻击），或者有选择地丢弃数据包（灰洞攻击）。例如，每 n 个数据包丢弃一个、每 t 秒丢弃一个数据包或者丢弃随机选择的数据包数目。攻击者可能也要持续拦截数据包以导出有用信息。此外，当在两个相邻NAN间进行虫洞攻击时，一些关键的智能电表信息（如状态信息或报警）可能会错过其最后期限。在这样的攻击中，首要的一点是虫洞节点吸引这样的流量并使它们传输比其实际最短路径更长的距离（如通过另一个NAN）。

9.2.7 入侵探测系统

AMI需要一个可靠的监控解决方案，万一发生任何安全漏洞时，电网可以探测或阻止侵犯。IDS作为第二层防御壁垒，在安全机制（如加密/解密、认证等）受到破坏时，对保护AMI是很有必要的。

入侵探测是在计算机系统或网络中监视事件发生并分析可能发生事故迹象的过程，这些事故是对计算机安全策略、可接受使用策略或标准安全实践的侵犯或者迫近的侵犯威胁[33]。通常，用于入侵探测的技术分为以下3个主要类别。

- **基于签名：**这类技术依靠一组预先定义的模式来识别攻击。它将已知威胁的签名与观察到的事件作比较以识别事故。这对探测已知的威胁非常有效，但对探测未知的威胁或已知威胁的许多变化在很大程度上是无效的。基于签名的探测不能跟踪和了解复杂通信的状态，所以它探测不到大多数（包括多个事件）的攻击。
- **基于异常：**这类技术依靠节点行为的特定模型并将那些偏离特定模型的节点标记为恶意。它将那些认为是正常活动的定义与观察到的事件相对比来识别显著的偏差。该方法使用一段时间后由典型活动特征监测取得轮廓曲线，然后IDS将当前活动特征与该曲线相关的阈值进行比较。
- **基于规范：**这类技术依靠一组约束条件，并根据这些约束条件来监控相关的程序和协议的执行[34]。

IDS的性能基于以下3个主要方法来进行评价：

- **假阳性（False Positive，FP）：**IDS在没有受到攻击时产生警报的事件信令。FP 的计算公式如下：

  FP = 正常模式探测到的攻击数量/网络中所有正常模式数量

- **假阴性（False Negative，FN）**：IDS探测实际攻击失败。FN的计算公式如下

$$FN = \text{IDS 未探测到的攻击数量/网络中的攻击数量}$$

- **探测率（Detection Rate，DR）**：IDS探测所有已存在攻击的能力，计算公式如下：

$$DR = \text{检测到的攻击数量/针对网络攻击的总数量}$$

当前用来保护NAN的安全解决方案通常包括物理控制（如仪表上的防篡改密封）、计量认证和所有网络通信加密，以及网络控制（在接入点和前端系统前部署的防火墙）。公共事业网络中通常部署入侵探测系统IDS来识别针对前端系统的攻击[11]。这意味着，对于目前NAN入侵探测解决方案基于中心位置（如在公共事业中心），并且它们可能受可扩展性问题的影响（大型网络可以连接数以百万计的智能电表）。更重要的是，安全管理员无法看到NAN边缘的流量，而他们不得不依靠加密、安全密钥存储和使用受保护的无线电频谱来防止入侵。其结果是，NAN缺乏可靠的监控解决方案来保护电网免受可能被安全机制忽视的攻击。

9.3 NAN-IDS

这里提出的IDS是基于签名和基于异常检测系统的结合。寻求智能电网中进行M2M通信攻击的签名，并将其与节点预期行为进行比较。如果在网络中发现异常，IDS将发出报警。在建议IDS的描述之后，是对其架构和检测机制的说明。

9.3.1 网络架构和IDS设计

这里模拟了一个智能电网部署场景，主要集中在NAN部分。建模了智能电网中出现的M2M通信。这里的模拟包括NAN、WAN和公共事业位置。图9.4所示为用于模拟场景中的子网级视图。我们使用节点模型ip32_cloud来模拟广域网。ip32_cloud表示一种IP云，支持在可选数据速率下多达32条串行线接口，通过这些接口可以模拟IP流量。到达任何云接口的IP数据包路由到基于目标IP地址的适当输出接口。

为了定义智能电表上运行的应用，我们选择了自动抄表应用。自动抄表是一种非轮询事件，其中智能电表按预定频率传送其电表读数。为定义这样的应用，必须创建一个客户应用，因为OPNET的默认应用格式不符合要求。

这里提出的IDS是一种分布式方案，取决于要检测的攻击类型，其中某些具有足够的通信和计算能力的节点执行入侵探测任务。由于智能电表是具有有限通信和计算功能的节点，这似乎对智能电网NAN中的入侵探测是一个合适的解决方案。

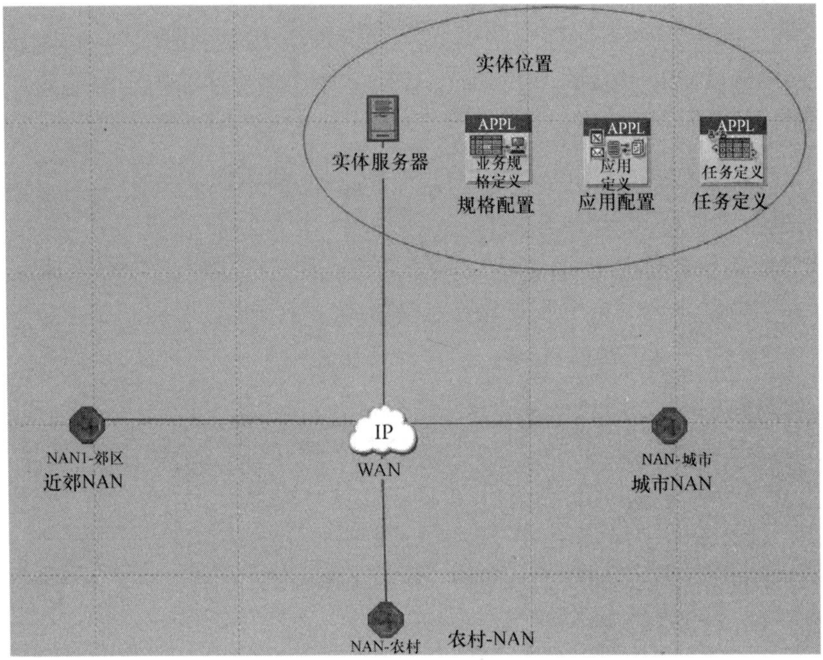

图 9.4　高层次模拟情形

在每个 NAN 中选择收集器作为监测节点，因为它们具有更高的容量和计算能力以及防篡改硬件。为了验证我们把收集器作为 IDS 节点的选择，首先需要知道 NAN 中收集器的功能。为了在收集来自智能电表的数据时节约能源，收集器不是重发所接收的数据，而是通过结合数据包（节省报头）或者甚至去除冗余信息转发聚集数据到公共事业中心[35,36]。

假设智能电表和收集器（作为信任点）之间具有端到端安全性，这意味着收集器解密智能电表数据，然后汇总、重新加密并通过 WAN 将其转发到公共事业中心。可以在加密数据上（如使用附加隐私同态协议[35]）进行聚集，但第一种方法（在收集器上解密后聚集）更适合我们的 IDS 解决方案。这在某些方面增强了 IDS 的功能。探测任务以更快步伐进行。例如，虚假的数据包可以在收集器上更早探测到，而不是等到它们到公共事业中心解密时才被探测。更重要的是，通过在收集器上分布 IDS 节点，解决了在中心方法上可能发生的可扩展性问题。

图 9.5 所示为 OPNET 仿真模型中的收集器节点模型。我们开发出一种独立模块“NAN-IDS”用作 IDS 引擎的主机。执行新的 manet_mgr 和 aodv-rte 进程来促进 IDS 操作。IDS 利用分析模型来计算估计的跳数。分析模型在 Maplesoft 的 Maple 中完成[14]。由于 IDS 是模拟和分析模型的混合解决方案，这里首次将 Maple 引擎整

合进了OPNET建模器。

在NAN中，当智能电表开启时，它开始寻找近邻来连接到NAN。当使用认证略图（如EMSA或SAE）成功认证后，智能电表需要找到到收集器的最佳路径用于发送数据。如前所述，除非该路径有问题使用AODV作为路由协议，并使智能电表持续使用所发现的路径（即构建路径树）。结果是，该路由寻找只在智能电表打开时发生一次，除非它们失去与路径树的连接。由于智能电表网络有限的通信和计算能力，这样的路由过程似乎是最合适的方案，如参考文献［28］中所讨论。

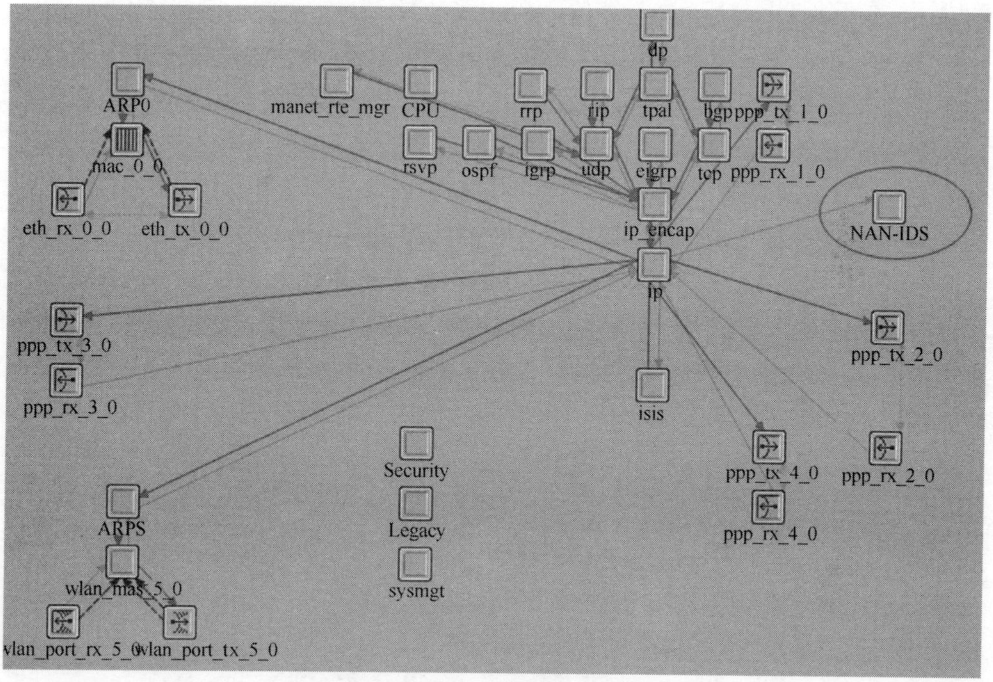

图9.5　收集器节点模型+IDS

9.3.2　探测机制

文献中提出了许多探测虫洞攻击的技术。Hu等人[37]引入了虫洞攻击的概念以及检测它们的地域和时域数据包控制的概念。对地域控制，他们的方法要求每个节点都有准确的位置信息和宽松的时钟同步。当节点接收到数据包时，它通过发送/接收时间记录计算前面节点和它自身之间的距离，得到节点之间的速度。如果计算的距离超过某个上限，则节点认为发生了虫洞攻击。对时域控制，每个节点应在时间上精确地同步，并且每个数据包应该在计算的数据包寿命周期内传递到下一节点；否则，下一个节点将会认为该路径是虫洞链路。

Song 等人[38]考虑了网络路由中链路的特征频率，发现虫洞链路的频率往往比正常链路高很多。如果侦查探测到虫洞攻击，则方案会发送一个数据包并等待确认（ACK）。

Sun Chiu 等人[39]引入一种简单的延迟分析方法——每跳延迟指示（Delay Per Hop Indication，DelPHI），针对每个可能路由计算每跳延迟的平均值。该路由由发送方发起探测数据包（如 RREQ），并由接收方对每个收到的探测数据包进行响应。收集所有响应后，发送方对每个数据包的每跳计算延迟平均值，其中假设虫洞比其显示的跳计数有更多跳。然后分析计算的延迟，以确定任意两个值之间是否有大的差异。

Hu 和 Evans[40]采用定向天线来防止虫洞攻击。他们的研究中，每个节点配备定向天线；发送方广播带有其身份的 HELLO 消息，而接收方发回包含来自所收到 HELLO 消息方向的信息，允许发送方验证响应是否来自发送 HELLO 相同的方向。该方法比较昂贵，因为每个节点需要配备定向天线。

Awerbuch 等人[41]设计了一种新的安全路由协议——按需安全拜占庭路由协议（On-Demand Secure Byzantine Routing Protocol，ODSBRP），以减轻利用拜占庭失误容忍极限的攻击。为探测这种虫洞，该协议要求目标给源返回每个数据包数据的确认信号。如果确认中有错误，则源会增加所涉及链路的权重。随后，具有更高权重的链路将不会用于建立路由。这个协议的缺点是，节点负担将相对加重，网络会充满大量确认信息的流量。

Wang 和 Bhargava[42]开发出了一种方法用于观察在静态传感网络中出现的虫洞。他们的方法采用多维尺度来重构网络，通过观察虫洞链路来探测攻击。基于信号强度，每个节点估计到其最近邻的距离，并发送该信息到中央控制器。通过建模传感器的虚拟位置地图，控制器计算每个节点的虫洞指示器。

Khalil 等人[43]提出了一种用于检测移动无线自组织网络中虫洞攻击的方法。在该方法中，信息聚集到节点两跳以内的近邻中。因为每个节点可以监听到相邻转发器和其下一跳近邻，它监控两套转发数据包，确保两者相同。在使用这种方法时，几个监控需要为链路激活，并且应该配备缓存来存储每个传送数据包的信息。该方法需要一个认证的权威来验证每个节点上的准确位置信息，并且还要求无论其何时移动，每个节点都要获取认证消息来传输信息。

本工作中，探测虫洞攻击的方法是利用来自参考文献［44，45］的跳计数度量。我们的方法基于智能电表的地域位置。由于智能电表是静态节点且它们的位置保持不变，相比移动无线自组织网可以更容易地获得它们的位置。一种方法是使用全球定位系统来获得智能电表的精确位置。另一种获得智能电表位置的方法是，当智能电表在公共事业中心注册时，它们的位置信息也将在 IDS 节点（即收集器）中注册。因此，地域位置可作为一种可靠方法来估计每个NAN中每个智能电表和相应收集器之间的最短路径长度。

使用估计的最短路径，可以针对每个从智能电表到收集器的流量来计算估计的最小跳数值 h_e。当恶意节点发起隧道虫洞攻击时，在数据包域显示的跳数 h_r 将低于估计的最小跳数 h_e，因为串通恶意智能电表去除了智能电表和收集器之间的跳数[17]。

所有的智能电表应通过收集器发送其数据到公共事业中心。当接收到RREQ时，收集器计算其自身和使用位置信息发起RREQ的智能电表之间预期的跳数。通过计算最短路径长度，收集器计算其自身和智能电表之间的估计跳数。如果收到的跳数值比估计的更小，也就是 $h_r < \alpha h_e$，则收集器预测为虫洞攻击并将相应路由标记为虫洞链路。参数 α 可以基于网络特性调节。如果一些最短路由比估计值有更少的跳数，那么很可能该路由已经通过了虫洞链路，因为虫洞链路倾向于携带比近邻节点远得多的节点。下面将解释如何估算最短路径长度。为RREQ消息赋予“仅用于目标标志”，所有RREQ到达收集器都要经过IDS检查。

9.3.3 最短路径长度估计

采用参考文献［45］中的欧几里得距离估算模型用于最小跳数估计。该模型描述了沿最短路径的欧几里得距离和相应跳数间的关系。基于该模型，假定发送方和接收方间的欧几里得距离，接收方（即收集器）可估算到接收方的最小跳数。

收集器测量它本身和智能电表之间的最小欧几里得距离：

$$d = |l_{\mathrm{d}} - l_{\mathrm{s}}| \tag{9.1}$$

式中，l_{d} 是收集器的位置，而 l_{s} 是智能电表的位置。

图9.6所示为NAN中智能电表作为源（S）而收集器作为目标（D）。计算中使用任意的（0，0）作为S的坐标，而D的坐标为（d，0）。网络的平均密度是每单位面积 N_{A} 个节点，在S的传输范围r内部的集合Φ中有 $N_{\mathrm{A}} \times \pi r^2$ 个节点。对于Φ中坐标为（X_i，Y_i）任意节点i，i和D之间的距离是

$$e_i = \sqrt{(X_i - d)^2 + Y_i^2}$$

其中，X_i 和 Y_i 是具有均匀分布的随机变量。

$$f_{(X_i,Y_i)}(x_i, y_i) = \begin{cases} \dfrac{1}{\pi r^2}, & P_i \in \Phi \\ 0, & \text{其他} \end{cases} \tag{9.2}$$

随后，E_i 的密度函数可以推导为

$$f_{(E_i)}(e_i) = \frac{1}{\pi r^2} e_i \cos^{-1} \frac{e_i^2 + d^2 - r^2}{2 e_i d}$$

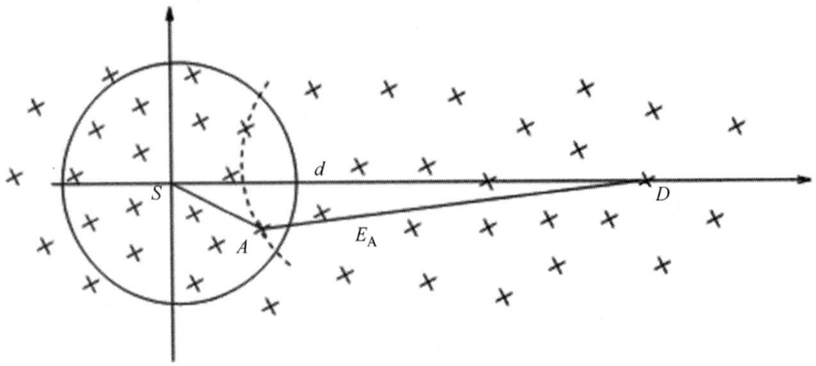

图9.6　第一跳点估计

（引自 Wu，H. et al.，IEEE/ACM Transactions on Networking 13：609-621，2005.）

假设 S 的传输范围内有节点 A，且它到 D 具有最短欧几里得距离，选择 A 为沿最短路径到目标的下一跳，因为 A 是最接近 D 的节点，我们有

$$E_A = \min\{E_i \mid i \in \Phi\}$$

相应地，E_A 的密度函数可以推导为

$$f_{(E_A)}(e_A) = N_A \pi r^2 (1 - P_{E_i})^{N_A \pi r^2 - 1} f_{(E_i)}(e_i)$$

而得到的平均值为

$$E(e_A) = d - r + \int_{d-r}^{d+r} (1 - P_{E_i}(e_i))^{N_A \pi r^2} de_i \tag{9.3}$$

其中

$$P_{E_i}(e_i) = \int_{d-r}^{l2} f_{(E_i)}(e_i) de_i$$

$E(e_A)$ 给出第一跳，并且跳数增加值为1。递归应用上述方法，可以得到从源到目标的最短路径跳数。对于每次递归，建立了新的坐标。例如图9.7中，A 位于（0，0），而 D 位于（$E(e_A)$，0），可以得到第二跳 B 和 $E(e_B)$。该过程重复进行，直到留下到的 D 距离（如图9.7中 E 和 D 之间的距离）长度不超过 r。

算法9.1描述了跳数估计过程。表9.1给出了算法9.1中使用的符号。

算法9.1：源和目标之间最短路径的跳数估计，引用自参考文献［44］。

输入：I_s，I_d

输入：h_e

$h_c \leftarrow 0$

计算 d

当 $d \geqslant r$ 时

计算 $E(e_A)$

$++h_e$

$d \leftarrow E(e_A)$

结束当

$++h_e$

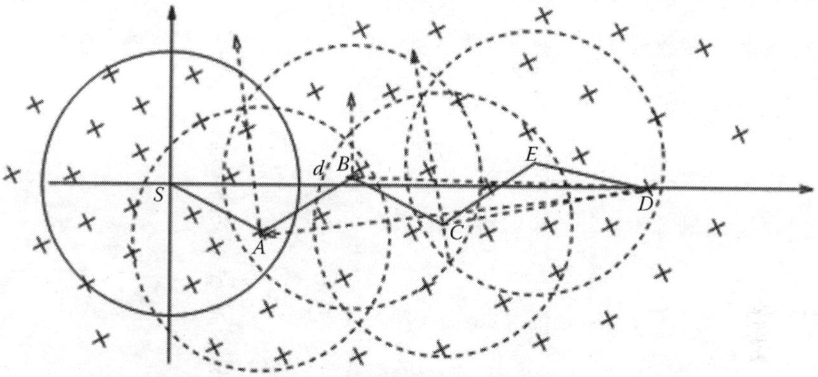

图9.7　计算最小跳数的递归算法

（引自 Wu，H. et al.，IEEE/ACM Transactions on Networking 13：609-621，2005.）

表9.1　算法9.1中使用的符号

符　号	说　明
I_s	源位置
I_d	目标位置
h_e	估计的跳数
D	源和目标之间的距离
R	源传输范围
$E(e_A)$	下一跳和目标之间的距离

在 Maple 16 中建模最短路径长度估计算法[14]。在 Maple 中建模估计算法并得到估计跳数后，需要把它插入到仿真模型 OPNET 中。Maple16 提供称为“OpenMaple”的接口，允许 Maple 工具与外部环境互动。使用 OpenMaple 集成分析模型和仿真模型开发了一种混合模型，这是首次将 Maple 集成到 OPNET。分析模型计算估计的最小跳数，然后将结果用于 IDS 来探测虫洞攻击。

如之前讨论，现实中智能电表的位置可以提前在收集器中注册（如在公共事业中心注册智能电表时）。但是，为了在模拟中高度支持可扩展性，要求每个智能电表在其 RREQ 数据包中发送位置信息。为此，已在 OPNET 中修改了 RREQ 数据包的结构来携带位置信息。

当智能电表想寻找到收集器的路径时，它们将位置信息放入 RREQ 中，然后签署并广播。当收集器中的 IDS 接收到 RREQ 包时，就会开始检验它们。在计算估计的跳数 h_e 后，IDS 利用该位置信息来检查接收 RREQ 数据包中的跳数 h_r 的合法性，使用以下方程：

$$h_r > \alpha h_e \tag{9.4}$$

如果满足上述条件，则源智能电表没有受到虫洞攻击；否则，IDS 标记智能电表为受到攻击。参数 α 相对网络特性是可调的，而在模拟场景中设为 1。

9.3.4 模拟场景

本书建模了 3 个真实的地理区域，包括郊区、农村和城市地区。图 9.8 所示为模拟的郊区 NAN 的地理图像。表 9.2 给出了根据参考文献［22，46］的智能电表模拟配置。假设 NAN 中节点的传输是完美的，而且信号通过开放空间传播并且不受环境影响。当然，OPNET中有些传播模型既不免费也不在本工作范围内。

图 9.8　模拟的郊区 NAN 的地理图像

所选区域允许均匀安装仪表并在中心区域放置收集器。通过以太网链路连接恶意节点而设计了虫洞攻击。

通过改变虫洞位置来影响网络不同位置而模拟了不同的攻击场景。我们尝试观察 IDS 是如何相对这些场景工作的。

表 9.2　郊区智能电表配置

参　　数	值
物理信道特性	802.11g
数据速率	24 Mbit/s
传输功率	0.005W
接收器灵敏度	-95dBm
抄表有效载荷	1kB
抄表传输频率	30min
密度（N_A）	9/km^2

这里，称图 9.9 所示攻击为“Delta 虫洞”。它包括 3 个串通的攻击者，其中一个连接到另外两个试图攻击更大范围的智能电表。应当注意的是，攻击者也可以是外部节点，但应有足够的凭证来与 NAN 节点进行通信。

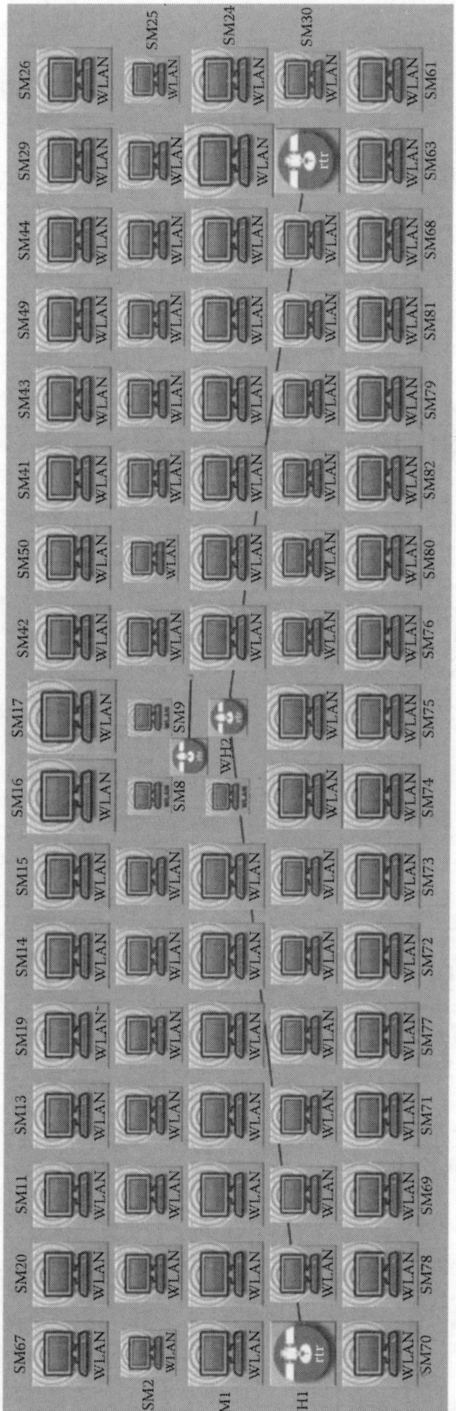

图 9.9　虫洞攻击:郊区 NAN 中的 Delta 攻击

9.4 模拟实验的结果

本节给出了郊区、农村和城市 NAN 场景的模拟结果。我们通过测量 *FP*、*FN* 和 *DR* 来展示我们的 IDS 用于探测虫洞攻击的性能。

虫洞攻击对郊区的跳数分布影响如图 9.10 和图 9.11 所示。可以看到，在所有攻击场景中，虫洞攻击降低了较大跳数的数量而增加了较小跳数的数量。在 Delta 攻击的跳数分布中得到最大减少，因为 NAN 的两部分受到攻击。通过使用真实的跳数计数分布，IDS 也可以感知 NAN 中串通虫洞的可能数目。

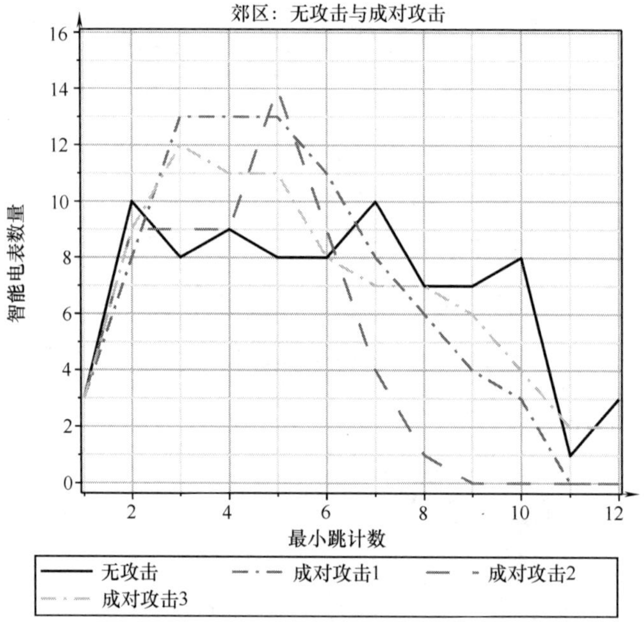

图 9.10　郊区 NAN 中，无攻击、成对 1、成对 2 和成对 3 攻击情况下最小跳计数的分布

如果来自网络两个远角的节点的跳数同时减少，则 IDS 会得出可能存在针对网络有多于两个攻击者的结论。

针对郊区的 IDS 探测结果见表 9.3。仿真时间设定为 12h，智能电表数包括攻击者是 85。

针对城市和农村区域的 IDS 探测结果见表 9.4 和表 9.5。城市和农村地区的 N_A 分布设定为 25 和 3.5。

从表 9.3 ~ 表 9.5 中可以看出，FP 率随着密度的增加而增加。市区具有最高的 FP 率，平均值为 4.8%，而农村地区平均 FP 率为 0%。这是基于这样的事实，当

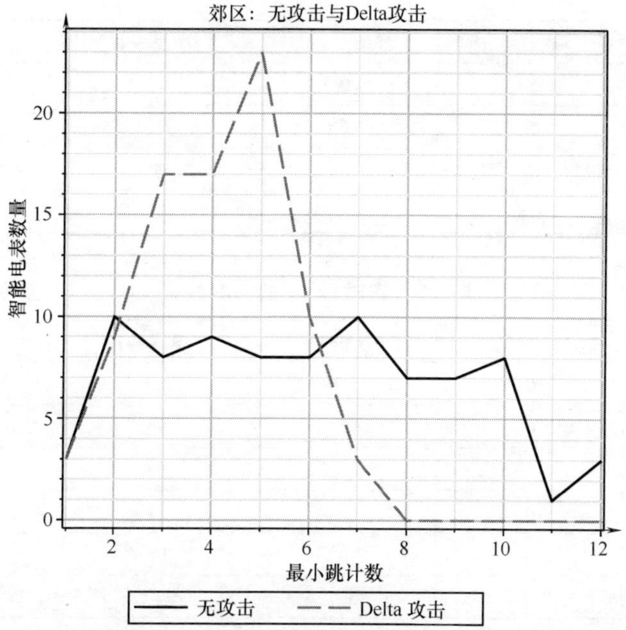

图 9.11　郊区 NAN 中，无攻击和 Delta 攻击情况下最小跳计数的分布

用于计算估计跳数的公式中密度 N_A 变大时，估计的跳数趋于更大；因此在式（9.4）中，估计的跳数 h_e 比接收到的跳数 h_r 更大。其结果是，IDS 可能探测将更多常态探测当作攻击，这会导致更大的 FP 率。

表 9.3　郊区 NAN 的 IDS 结果

虫洞攻击类型	FP（%）	FN（%）	DR（%）	攻　击　数
无攻击	1	NA	NA	0
成对 1	7	5	95	2
成对 2	6	6	94	2
成对 3	5	5	95	2
δ	3	8	92	3
总体	4.4	6	94	2

注：NA，不适用。

表 9.4　城市 NAN 的 IDS 结果

虫洞攻击类型	FP（%）	FN（%）	DR（%）	攻　击　数
无攻击	4	NA	NA	0
成对 1	7	5	95	2

（续）

虫洞攻击类型	FP（%）	FN（%）	DR（%）	攻击数
成对 2	5	0	100	2
成对 3	5	6	94	2
δ	3	2.8	97	3
总体	4.8	3.45	96.5	2

表 9.5　农村 NAN 的 IDS 结果

虫洞攻击类型	FP（%）	FN（%）	DR（%）	攻击数
无攻击	0	NA	NA	0
成对 1	0	5	95	2
成对 2	0	8	92	2
成对 3	0	6	94	2
δ	0	4	96	3
总体	0	5.7	94.2	2

从表 9.3 ~ 表 9.5 中还可以看到，越密集的区域 FN 越小，也就是说，市区要比郊区和农村地区小。其原因在于，当 h_e 趋向于大于 h_r 时，h_e 变得小于 h_r 的情况就更少，这导致相比农村和郊区区域，市区 FN 率更低。因此，根据网络拓扑、安全问题以及行政特征，参数 α 可以调节以获得期望的 FP、FN 和 DR 率。

9.5　结论和未来的工作

本项工作中，我们考虑针对 NAN 中 M2M 通信的规范和需求提出了一种 IDS。我们的解决方案是探测可能会对网络造成严重影响的虫洞攻击。我们的探测机制利用了一种计算 NAN 中传输 RREQ 消息跳数估计的分析模型。使用 Maple 来实现我们的分析模型。通过在 OPNET 模拟器中将分析模型与仿真模型集成，这里针对 3 个不同区域，包括农村、郊区和城市的场景进行了 IDS 的评估。探测率表明 IDS 在所有 3 种场景中都可以很好地探测虫洞攻击。由于节点的密度和大数量，城市中 FP 率最高。由于网络中节点数目较少，FN 率在农村地区最高。

可以通过若干修订和扩展来加强提出的 IDS。

- 在 IDS 中，只考虑了 NAN 中自动抄表流量。自动抄表流量是上行链路流量（从智能电表到公共事业中心），且仅是单向传输。其他可以考虑的 M2M 通信（从公共事业中心到客户）是 DR、远程断开、固件升级等。

- 在模拟中，使用了均匀分布放置智能电表。本工作未来的一个发展方向是考虑智能电表放置的不同分布，这取决于 NAN 中智能电表的实际分配。
- IDS 中的主要误差来源与估计跳数等于所接收跳数的情形相关。其结果是，IDS 可能无法探测实际的攻击。能解决该问题的一种方法是考虑 IDS 中数据包的传输时间。
- 对 IDS 可做的另一个改进是添加传播模型到 NAN 中。这样的改进会提高针对具有 IDS 选项的整个网络性能评估的能力。

参考文献

1. Office of Electricity Delivery and Energy Reliability Website. “Smart grid.” http://www.energy.gov/oe/technology-development/smart-grid. Accessed April 9, 2013.
2. Fadlullah, Z. M., M. M. Fouda, N. Kato, A. Takeuchi, N. Iwasaki, and Y. Nozaki. 2011. Toward intelligent machine-to-machine communications in smart grid. *IEEE Communications Magazine* 49:60–65.
3. Wang, X. and P. Yi. 2011. Security framework for wireless communications in smart distribution grid. *IEEE Transactions on Smart Grid* 2:809–818.
4. Parikh, P. P., M. G. Kanabar, and T. S. Sidhu. 2010. Opportunities and challenges of wireless communication technologies for smart grid applications. In *IEEE Power and Energy Society General Meeting*, pp. 1–7.
5. Wang, W., Y. Xu, and M. Khanna. 2011. A survey on the communication architectures in smart grid. *Computer Networks* 55:3604–3629.
6. NIST. 2009. *EPRI Report to NIST on Smart Grid Interoperability Standards Roadmap*.
7. Beigi-Mohammadi, N., J. Mišić, V. B. Mišić, and H. Khazaei. 2012. A framework for intrusion detection system in advanced metering infrastructure. *Wiley Journal of Security and Communication Networks* 7:195–205.
8. Berthier, R., W. H. Sanders, and H. Khurana. 2010. Intrusion detection for advanced metering infrastructures: Requirements and architectural directions. In *1st IEEE International Conference on Smart Grid Communications (SmartGridComm)*, pp. 350–355.
9. Kush, N., E. Foo, E. Ahmed, I. Ahmed, and A. Clark. 2011. Gap analysis of intrusion detection in smart grids. In Valli, C., ed. *2nd International Cyber Resilience Conference*, Secau-Security Research Centre, pp. 38–46.
10. Jokar, P., H. Nicanfar, and V. Leung. 2011. Specification-based intrusion detection for home area networks in smart grids. In *IEEE International Conference on Smart Grid Communications (SmartGridComm)*, pp. 208–213.

11. Berthier, R. and W. H. Sanders. 2011. Specification-based intrusion detection for advanced metering infrastructures. In *IEEE 17th Pacific Rim International Symposium on Dependable Computing (PRDC)*, pp. 184–193.
12. Roosta, T., D. K. Nilsson, U. Lindqvist, and A. Valdes. 2008. An intrusion detection system for wireless process control systems. In *5th IEEE International Conference on Mobile Ad Hoc and Sensor Systems (MASS)*, pp. 866–872.
13. OPNET Technologies, Inc. OPNET Modeler 17.1. Web site. http://www.opnet.com. Accessed March 5, 2013.
14. MapleSoft, Inc. Maple 16. http://www.maplesoft.com. Accessed March 5, 2013.
15. McLaughlin, S., D. Podkuiko, S. Miadzvezhanka, A. Delozier, and P. McDaniel. 2010. Multi-vendor penetration testing in the advanced metering infrastructure. In *Proceedings of the 26th Annual Computer Security Applications Conference*, pp. 107–116.
16. Iyer, G., P. Agrawal, E. Monnerie, and R. S. Cardozo. 2011. Performance analysis of wireless mesh routing protocols for smart utility networks. In *IEEE International Conference on Smart Grid Communications (SmartGridComm)*, pp. 114–119.
17. Seo, J. and G. Lee. 2012. An effective wormhole attack defense method for a smart meter mesh network in an intelligent power grid. In *International Journal of Advanced Robotic Systems*, v. 9, pp. 1–11.
18. Kulkarni, P., S. Gormus, Z. Fan, and B. Motz. 2011. A self-organizing mesh networking solution based on enhanced RPL for smart metering communications. In *IEEE International Symposium on a World of Wireless, Mobile, and Multimedia Networks (WoWMoM)*, pp. 1–6.
19. Trilliant Co. Smart grid communication networks from Trilliant, Inc., secure mesh NAN, industry's most advanced network architecture. http://www.trilliantinc.com/products/securemesh-nan. Accessed March 12, 2013.
20. Patel, A., J. Aparicio, N. Tas, M. Loiacono, and J. Rosca. 2011. Assessing communications technology options for smart grid applications. In *IEEE International Conference on Smart Grid Communications (SmartGridComm)*, pp. 126–131.
21. Akkaya, K., N. Saputro, and S. Uludag. 2012. A survey of routing protocols for smart grid communications. *Computer Networks* 56:2742–2771.
22. Aimajali, A., A. Viswanathan, and C. Neuman. 2012. Analyzing resiliency of the smart grid communication architectures under cyber attack. In *5th Workshop on Cyber Security Experimentation and Test*, 8 pages.
23. Jung, J., K. Lim, J. Kim, Y. Ko, Y. Kim, and S. Lee. 2011. Improving IEEE 802.11s wireless mesh networks for reliable routing in the smart grid infrastructure. In *IEEE International Conference on Communications Workshops (ICC)*, pp. 1–5.
24. IEEE. Internet Engineering Task Force (IETF) Routing over low-power and lossy Networks (ROLL), working group routing over low-power and lossy networks (RPL). *IEEE Technical Report*, charter-ietf-roll-03, pp. 1–159.

25. Wang, D., Z. Tao, J. Zhang, and A. A. Abouzeid. 2010. RPL-based routing for advanced metering infrastructure in smart grid. In *IEEE International Conference on Communications Workshops (ICC)*, pp. 1–6.
26. Iwao, T., K. Yamada, M. Yura, Y. Nakaya, A. A. Andrdenas, S. Lee, and R. Masuoka. 2010. Dynamic data forwarding in wireless mesh networks. In *1st IEEE International Conference on Smart Grid Communications (SmartGridComm)*, pp. 385–390.
27. Dawson-Haggerty, S., A. Tavakoli, and D. Culler. 2010. Hydro: A hybrid routing protocol for low-power and lossy networks. In *1st IEEE International Conference on Smart Grid Communications (SmartGridComm)*, pp. 268–273.
28. Bennett, C. and S. B. Wicker. 2010. Decreased time delay and security enhancement recommendations for AMI smart meter networks. In *Innovative Smart Grid Technologies (ISGT)*, pp. 1–6.
29. Skopik, F. and Z. Ma. 2012. Attack vectors to metering data in smart grids under security constraints. In *36th IEEE Computer Software and Applications Conference Workshops (COMPSACW)*, pp. 134–139.
30. Akyildiz, I. and X. Wang. 2009. *Wireless Mesh Networks: Advanced Texts in Communications and Networking*. Wiley Advanced Texts in Communications and Networking, 324 pages.
31. Kuhlman, D., R. Moriarty, T. Braskich, S. Emeott, and M. Tripunitara. 2008. A correctness proof of a mesh security architecture. In *21st Computer Security Foundations Symposium (CSF '08). IEEE*, pp. 315–330.
32. Harkins, D. 2008. Simultaneous authentication of equals: A secure, password-based key exchange for mesh networks. In *2nd International Conference on Sensor Technologies and Applications (SENSORCOMM '08)*, pp. 839–844.
33. Scarfone, K. and P. Mell. 2007. Guide to Intrusion Detection and Prevention Systems (IDPS): Recommendations of the National Institute of Standards and Technology. National Institute of Standards and Technology, US Department of Commerce, Technology Administration, pp. 1–127.
34. Bishop, M. 2003. *Computer Security Art and Science*. Boston, Addison-Wesley.
35. Bartoli, A., J. Hernandez-Soriano, M. Dohler, A. Kountouris, and D. Barthel. 2010. Secure lossless aggregation for smart grid M2M networks. In *1st IEEE International Conference on Smart Grid Communications (SmartGridComm)*, pp. 333–338.
36. Thambu, K., J. Li, N. Beigi-Mohammadi, Y. He, J. Mišić, and L. Guan. 2012. *Secure and Reliable Data Communication for Smart Grid*. Toronto Hydroelectric System Limited and Ryerson Center for Urban Energy, Toronto, 30 pages.
37. Hu, Y.-C., A. Perrig, and D. B. Johnson. 2003. Packet leashes: A defense against wormhole attacks in wireless networks. In *22nd Annual Joint Conference of the IEEE Computer and Communications (INFOCOM '03). IEEE Societies*, v. 3, pp. 1976–1986.

38. Song, N., L. Qian, and X. Li. 2005. Wormhole attacks detection in wireless ad hoc networks: A statistical analysis approach. In *Proceedings of the 19th IEEE International Parallel and Distributed Processing Symposium,* 8 pages.
39. Sun Chiu, H. and K. Lui. 2006. DelPHI: Wormhole detection mechanism for ad hoc wireless networks. In *1st International Symposium on Wireless Pervasive Computing*, 6 pages.
40. Hu, L. and D. Evans. 2004. Using directional antennas to prevent wormhole attacks. In *Network and Distributed System Security Symposium Conference Proceedings*, San Diego, California, 11 pages.
41. Awerbuch, B., R. Curtmola, D. Holmer, C. Nita-Rotaru, and H. Rubens. 2004. *Mitigating Byzantine Attacks in Ad Hoc Wireless Networks*. Technical Report. Department of Computer Science, John Hopkins University, 16 pages.
42. Wang, W. and B. Bhargava. 2004. Visualization of wormholes in sensor networks. In *Proceedings of the 3rd ACM Workshop on Wireless Security (WiSe '04)*, pp. 51–60.
43. Khalil, I., S. Bagchi, and N. B. Shroff. 2006. Mobiworp: Mitigation of the wormhole attack in mobile multi-hop wireless networks. In *SecureComm and Workshops*, pp. 1–12.
44. Wang, X. and J. Wong. 2007. An end-to-end detection of wormhole attack in wireless ad hoc networks. In *31st Annual International Computer Software and Applications Conference (COMPSAC)*, v. 1, pp. 39–48.
45. Wu, H., C. Wang, and N. Tzeng. 2005. Novel self-configurable positioning technique for multi-hop wireless networks. *IEEE/ACM Transactions on Networking* 13:609–621.
46. Wi-Fi Alliance. 2009. *Wi-Fi for the Smart Grid: Mature, Interoperable, Secure Technology for Advanced Smart Energy Management Communications.* Technical Report by Wi-Fi Alliance, 14 pages.

chapter 10
第10章

通过志愿者计算和移动群智感知的M2M交互范例

Symeon Papavassiliou，Chrysa Papagianni，Salvatore Distefano，Giovanni Merlino 和 Antonio Puliafito

10.1 简介

如今越来越多的设备正加入到互联网中，以物联网（Internet of Things，IoT）的观点看，这预示着一个智能设备或“事物”的世界。除去典型的 IoT 设备（即包括或者标签，或者嵌入传感器的实体物品），消费者为中心的移动传感和连接到互联网的计算设备（如智能手机）正成为推动 IoT 发展的助推剂。它们都配备有传感和通信能力，这使它们能够产生并上传信息到互联网。根据 Gubbi 等人[1]，针对使用信息和通信技术（Information and Communication Technologies，ICT）使得基础设施组件和服务更智慧、交互和高效的智能环境，物联网的定义是“通过统一框架将传感和执行设备互联来提供跨平台共享信息的能力，通过开发发展共同运行美景来实现创新应用。这是通过无缝大规模传感、数据分析和信息表述，使用尖端的无处不在的传感和云计算来实现的”。

在此基础上，预计智能互联设备的数量到 2020 年将达到 240 亿台。机器端对端（Machine-to-Machine，M2M）通信被认为是实现物联网愿景的关键推动者，其中大部分设备（智能手机、传感器、家用电器等）与周围环境相连[2]。实际中，M2M 和物联网相交，M2M 朝 IoT 方向发展。在此方向上，需要 4 个关键推动条件[2]：①M2M 从低成本/低功耗向有增强处理能力和智能化的更强大设备进化；②低成本可扩展连接支持多样化的 M2M 设备；③基于云计算的海量设备管理；④高度定制化 M2M 应用向基于云的易于配置应用进化，其中虚拟化、数据汇总和分析成为常规配置。也就是，可预见融合的 M2M/IoT 解决方案，其中连接和内容与环境集成，而云被假设作为（但不限于）高性能的计算平台。

利用内建于移动设备和网络服务的传感器（如摄像头、运动传感器和全球定位系统［Global Positioning Systems，GPS］）能力来集合和解释汇聚的信息，已经促进了物联网的应用，使得人们能感觉自己所处的物理环境和世界。基于将要重构的物理环境部分，应用可能需要大规模或公众传感，如针对城市中心的交通监控[3]。根据个体参与的程度，范围从最少参与到活跃贡献，公共传感也被分别称为“参与”或“机会”传感，一起被称为移动群智感知（Mobile Crowdsensing，MCS）。公共传感的趋势通过不同级别的机器相互作用实现，包括数据通信、收集、处理和解释。通用 MCS 应用根据测量现象的不同，主要分为环境、基础设施及社会应用。针对该类应用的有效传递，存储和计算资源发挥至关重要的作用。因此，资源及其能力限制成为 MCS 所支持基础设施任一端上的关键因素，如用于数据聚集和处理的终端用户设备和后端服务器。为实施 MCS，要强制性建立足够的基础设施、工具和机制以能够应对源自移动性的问题（贡献节点的扰动、随机加入/离开等），允许与公众进行信息和资源共享。这一方面通过借助志愿者贡献模型处理移动性可以得到可行的解决方案，而另一方面通过采用云供应模型来分享、访问并提供资源。

志愿者贡献模型假设设备拥有者自愿将设备作为计算能力和存储的免费资源来提供用于科学目的分布式计算[4]。云是可扩展虚拟资源提供作为因特网上服务的范例，提出在操作系统（Operating System，OS）和软件栈方面可配置的环境并提供更高的服务质量（Quality of Service，QoS）。将志愿者计算范例移动到云，贡献的资源（如计算、存储和传感资源）可以无缝汇聚来动态地建立志愿贡献者“云”。它能彼此或与其他（如商业、云基础）设施进行交互[5,6]。终端用户设备可以交替作为贡献者和终端用户，而资源即移动设备和传感网络，可以根据志愿者贡献范例来动态地加入/离开系统。这种动态设置的基础设施必须应对其节点/资源的高动态来提供新的增值综合服务。

本章将主要集中描述适应 M2M 通信范例以实现 MCS 应用的框架，其中采取了协同方式部署以计算、通信和传感覆盖为目标的分布式基础设施。为了实现实施 MCS 应用的志愿者传感云概念，M2M 系统必须采用适当的 MCS 特定的基础构件和基于志愿者的方法用于节点参与。最后给出一个 MCS 应用作为案例研究，其中 M2M 通信和传感是互补的，因此需要一个基于前述原理的综合方法来最佳化协调它们之间的相互作用。

10.2 针对云上 MCS 的 M2M 通信

10.2.1 M2M 参考架构

由于对基于 M2M 的服务不断增长的需求，各种标准化机构（如第三代合作伙伴计划（3rd Generation Partnership Project，3GPP）、电信工业方案联盟、中国通信标准协会、开放无线联盟、电气电子工程师协会（Institute of Electrical and Electronics Engineers，IEEE）和欧洲电信标准协会（European Telecommunications Standards Institute，ETSI））都在 M2M 域标准化过程中越来越活跃[7]。其中，3GPP 和 IEEE 针对蜂窝 M2M，而 ETSI 则阐明了 M2M 服务架构和与不同域之间的相互作用[8]。

图 10.1 描述了由 ETSI 规范定义的 M2M 高级架构[9]。ETSI 架构的元素分组为两个域：网络域和设备与网关域。

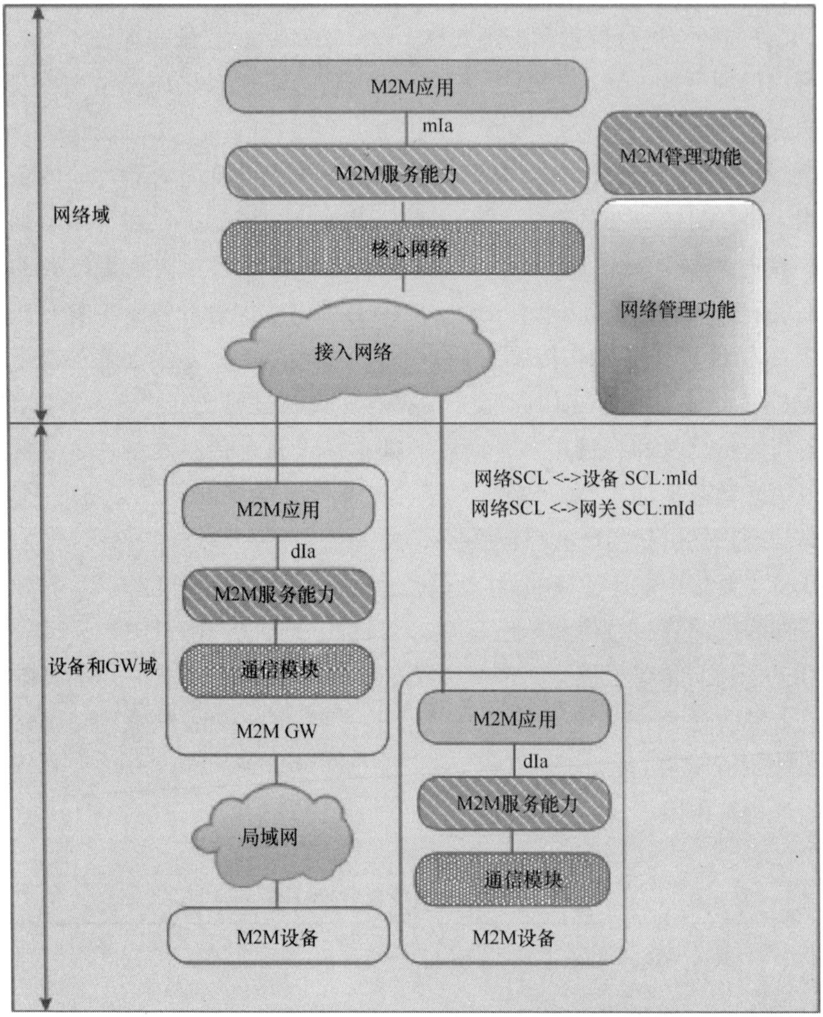

图 10.1　欧洲电信标准协会 M2M 参考架构

设备和网关域包括其中的 M2M 组件，这通常嵌入在答复请求或发送数据的智能设备中。M2M 设备使用 M2M 服务能力（Service Capabilities，SC）来运行 M2M 应用。它可以经由接入网络直接连接到网络域，而且可能向与它连接的其他设备提供服务。即使在网络域中是隐藏的，它也可以通过 M2M 网关和 M2M 区域网连接到网络域。M2M 区域网提供 M2M 设备和 M2M 网关之间的连接。M2M 网关促成 M2M 组件和网络域之间的连接。M2M 的网关还利用 M2M SC 运行 M2M 应用，并且可能向与它连接的其他设备提供服务，即使它对网络域来说是隐藏的。

转到网络域，接入网允许 M2M 设备和网关域与核心网络通信（如 3GPP、电信和互联网融合高级网络服务及协议［Telecommunications and Internet Converged Services and Protocols for Advanced Networking，TICSPAN］）。接入网络技术的例子包括数字用户线路技术（Digital Subscriber Line Technologies，xDSLT）、GSM EDGE 无线电接入网络（GSM EDGE Radio Access Network，GERAN）、通用陆地无线接入网（Universal Terrestrial Radio Access Network，UTRAN）、演进通用陆地无线接入网络（evolved Universal Terrestrial Radio Access Network，eUTRAN）、无线局域网（WLAN，wireless local area network）和全球微波互联接入（Worldwide Interoperability for Microwave Access，WIMA）等。核心网络提供互联网协议（Internet Protocol，IP）的连接、服务和网络控制功能、网络互连和漫游支持。网络管理功能包括管理接入/核心网所要求的全部功能，如配置、故障管理等。管理功能包括用于在网络域管理 M2M SC 所需的全部功能，如 M2M 服务引导功能和 M2M 安全（M2M 认证服务器）。

M2M SC 层（SC Layer，SCL）位于设备/网关和网络中，提供可能由不同 M2M 应用共享的功能，并且公开这些功能作为一组开放接口，简化应用的开发。这些包括应用启动、安全传输、会话建立、网络通信选择、网络的可达性和寻址、远程实体管理、安全服务引导等[10]。ETSI M2M 架构支持多主体应用，它们可以有在终端设备中、在网关中和在网络中运行的组件。任何域和 M2M SCL 上的 M2M 应用遵循 RESTful（REpresentational State Transfer，代表状态传输）ful 方法来交换信息。RESTful 架构包括客户端和服务器：客户端向服务器发起请求，服务器处理请求并做出相应回应。请求和响应建立在资源代表的转移上[11]。ETSI M2M 标准化了驻留在 SCL 的资源结构[12]。与该方法吻合，网关和设备之间的通信通过超文本传输协议（Hypertext Transfer Protocol，HTTP）或目前正由因特网工程任务组（Internet Engineering Task Force，IETF）标准化的受约束应用协议（Constrained Application Protocol，COAP）进行[13]。他们定义了以下 3 个参考点：①网络域中 M2M 应用和 M2M SC 之间的 M2M 应用接口（M2M Application Interface，mIA）；②设备与网关域中 M2M 应用和 M2M SC 之间的设备应用接口（Device Application Interface，DAI）；③网络域中 M2M 设备或网关与 M2M SC 之间的 M2M 设备接口（M2M Device Interface，MDI）。根据工作的域，它们提供登记和授权原语，服务会话管理，驻留在 M2M 设备或网关以及由特定域 SC 管理的组对象中的对象或对象组的读/写/执行/订阅/通知原语[14]。ETSI 标准 TS102-921[15]提供这些接口的描述。

10.2.2 M2M 通信及针对 MCS 应用的志愿者贡献模型

与物联网/ M2M 融合的观点一致，下面提供基于图 10.2 的补充。使用前述

M2M 参考架构的一套组件。

M2M 服务架构促成 M2M 数据在设备或网关和网络应用之间的传输，只处理对所容纳数据毫无了解的数据容器。不过其后建议的方法，M2M 应用仍然彼此隔离。跨不同应用的 M2M 数据再利用是困难的，因为所交换容器的定义必须事先达成一致。在 M2M 语景下，假如增值服务重利用具有不同级别 QoSM2M 数据的机会几乎没有，通过 M2M 应用的资源发现以及数据处理和推理都是有限的。

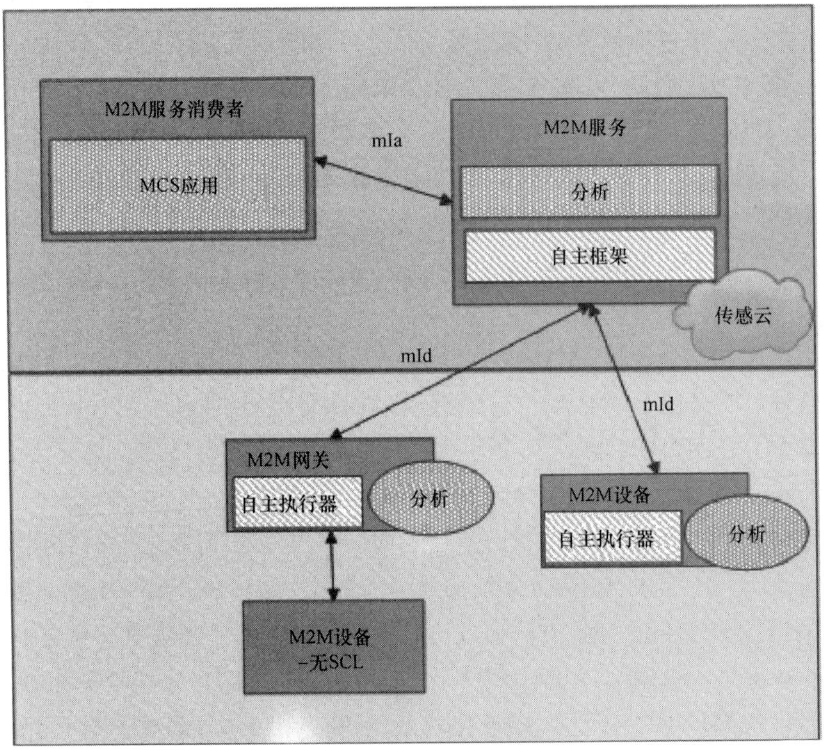

图 10.2 概念架构

为 M2M 系统内传送的 M2M 数据提供语义信息的需求，同时还有那些能为 M2M 数据在应用之间的共享提供合适摘要的需求已确认[16]。这被认为是 M2M 语境下，能通过应用实现资源发现，并提供对不同来源 M2M 数据合理的数据分析和解释的方法。根据 Berners-Lee 等人[17]，“语义 Web 是当前 Web 的延伸，其中信息被赋予定义很好的意义，更能促进计算机和人的协同工作”。基于上面的讨论，必须采用语义方法以及数据源抽象，并在各种 M2M 域（设备、网关和网络）的公共知识基础中采纳，同时通过特定域的知识进一步丰富。当涉及 MCS 时，提供统一架构用于支持 MCS 应用的需要已由 Ganti 等人确认[3]。当前应用相互独立构造的应用独立方法阻碍了其广泛采用。

参照图10.2，M2M设备/网关上的分析模块处理与原始传感数据相关的问题。相比微尘状传感器，以消费者为中心的移动传感设备有更强的计算和存储能力，并且通常配备多模式传感器。因此，相对传统传感器网络所采用数据驱动处理方法（如异常值检测和滤波、数据融合、噪声去除等）的互补性，附加的更复杂的操作（如语境推理）都被引入了进来，其中从传感器设备（加速计、全球定位系统［Global Positioning System，GPS］传感器等）收集的信息转换成语境用户信息（如当前位置活动）。设备/网关上的数据处理可能会通过减少传送数据量延长设备的寿命，减少能量消耗。此外，它会促进带宽的有效利用，这在采用按次使用计价模型时是非常重要的。另一方面，它将部分后端计算负担转移到移动设备，从而实现可扩展性更好的MCS解决方案。分析模块预先假定了与经由各种M2M层（通信层，SCL）的低级别资源（如传感器）和网络级/局域应用的相互作用。

网络域上分析模块的目的是分析来自大量移动M2M设备的数据，识别时域/空域模式。其目标是通过采用适当的技术（如数据挖掘等），大规模使用移动传感数据来表征和理解现实生活中的现象，包括个体特征和人类迁移，特别是它们如何在空间和时间中进行演化的[18]。大数据分析是目前的趋势之一，因为它为先进的移动体验和技术创新创造了新的机会，而且目标是了解人类和社会现象，如分析来自社交媒体的数据以发现新的市场趋势。抛开识别的模式，网络域中的数据分析可能包括来自多个设备或负责设备上训练分类模型的模块（如公众感知智能传感系统[19]）的二级数据融合。网络域上的分析模块本质上是由M2M服务提供商提供的数据安排服务。

值得注意的是，终端用户设备可交替作为贡献者和作为终端用户，同时它们可以动态地加入/离开系统。这种动态设置的基础设施必须处理其节点/源的高动态性以提供新的增值综合服务。可以完全解决这些问题的方法是借助于志愿者贡献模型。在这样的语境中，必须根据特定（QoS/服务级别协议［Service Level Agreement，SLA］）限制表述的功能和非功能性特性，也考虑到能源受限（电池供电）设备的可持续发展和能源效率问题，根据飞行传感器和执行器的机制和工具进行选择。遵循参考文献［20］中针对志愿传感资源所提出的解决方案，可以确认一套附加的模块，即M2M设备/网关上的自主实施者和网络域上的志愿者框架。

自主实施者要部署到每个M2M设备来自适应地应用志愿者框架模块策略。经由自主实施者的自我管理可在涉及一层或多M2M层的M2M设备内局域化地实施。具体来说，自主实施者管理M2M设备资源，同时考虑来自感测云的更高级别策略和本地的要求和需要，如手机上的电源管理。因此，实施采取协作和分散的方式，通过与相邻节点交互和采用自主方式进行决策。为了实现该目的，已确认了自主实施者中3块主要的功能模式：策略执行器、策略管理器和订购管理器。策略管理器促成自主实施者进行自主选择，按照设备拥有者和管理者指示，考虑设备的当前状态和节点上的瞬态限制，将更高的策略和指令与本地的合并。为执行该任务，策略管理器要协调策略执行器和订购管理器。策略执行器执行策略管理器选择和处理的策略。因为一个节点可以由一个以上志愿者传感云进行订购，订购管理器负责存储和执行设备的订阅。如果节点必须处理多输入并发请求的情况，则非常有必要管理与特定应用志愿者传感云相关的策略。此外，它还在本地管理由不同的M2M应用信用奖励系统分配的信用，并按需传递或交换。

志愿者框架的目标是缓解不稳定、自组织动态资源和服务，如志愿者贡献传感器的资源扰动效应。这种资源的性能很大程度上是动态的，它们的寿命短，节点是移动和异构的，并且有关它们状态的信息是部分且通常是过时的。它们的目标是提供以增加应用层可靠性为特征的服务。因此，志愿者框架通过自主实施者，在设备上建立基于志愿者的传感云以及为与之相互作用而实施的服务。功能分组为4个部分：发现服务、奖励系统、服务质量管理器和SLA管理器。发现服务促成基于语义信息的M2M资源发现，如语义类别和它们之间的关系。因此，语义/本体机制必须也通过基于本体驱动的概率推理实施查询服务来实施。奖励系统旨在增加志愿者提供传感器的可用性，并面向计费和管理目的跟踪资源使用。它还向贡献节点分配信用和奖励，如基于志愿者的方式（用于网络计算的伯克利开放基础设施［Berkeley Open Infrastructure for Network Computing，BOINC］[21]）。QoS管理器提供针对M2M应用的M2M数据质量监测框架。因此，它提供测量和监控M2M数据服务质量的指标和方法。SLA管理器旨在通过从志愿者设备组选择合适的繁忙资源，在其他单纯最大努力的基础上对基础设施提供更可靠的服务。因此，万一违背SLA，它也可以指定要执行的策略。

10.3 案例分析：MCS社交应用

个体之间共享传感信息的应用随着社交网络的出现变得相当普遍。MCS社交应用的一个例子是BikeNet[22]，其中骑车者使用可扩展移动传感系统用于骑车者经验测绘，扩充机会传感器网络原理。BikeNet系统不仅提供骑车者的前后表现作为用户目标应用的一部分（如健康），同时也收集环境数据作为公共项目的一部分（如污染监控）。特定应用概念很适合用它来验证所建议M2M方法的有效性，同时包括参加和机会传感活动。然而，除自行车社区之外提出的使用案例场景也已修改为包括潜在第三方（公司、组织），以及为不同目的使用的感测信息。

具体来说，确认了以下 3 个 M2M 应用提供商：

1）Cyclops 公司在雅典中心区保有很多自行车。该公司希望能够根据用户需求和流量模式针对地铁站管理/重新分配自行车。

2）cycleXperience，一个骑行社区的社交网络，目标是基于语境相关标准（如休闲、运动、文化等）推动/建议骑车人的路径。

3）雅典城市交通组织（OASA SA），负责希腊大雅典区交通系统诸多方面的当地政府机构。OASA 作为网络运营商，可能会利用 CO_2 排放量数据来改变流量模式，从而通过使用合适的策略来建立更环保的路线。

通过传感资源获取的数据主要有以下影响：

- **社会**：系统将基于用户贡献的路标和周围环境的信息提供路线体验给骑车者。
- **环境**：可以测量污染等级（如路径上的噪声、CO_2 含量）和地形地势。这些测量可以用于充实贡献路线经验或与更多公众共享。例如，交通规划者和网络运营商可以利用路上 CO_2 排放数据得出有用的结论，然后通过采取适当的政策改变交通模式以建立更环保的路线。
- **社团**：Cyclops 公司可以基于车轮运动（自行车架中的无线频率识别（RFID）读取器、路线和运动信息）和用户提供的实时信息，通过重新分配车站或兴趣点的自行车来确定需求的变化。

采用提出的范式，Cyclops 公司的每个用户客户端贡献其智能手机上可用的传感资源。具体来说，用户在智能手机上下载并安装 Cyclops 公司的 M2M 应用，借此可以贡献嵌入式传感器（如 GPS、麦克风、加速度计、陀螺仪、磁力计）到 Cyclops 的志愿者传感云。智能手机充当安装在自行车上的 CO_2 仪表和自行车架上的 RFID 读取器的 M2M 网关。

最初，Cyclops 网络应用和智能手机（M2M 网关）认证并注册到 M2M 网络服务功能层（Network Service Capabilities Layer，NSCL）。在下面的标准 M2M 情况中，Cyclops 应用注册到网关服务功能层（Gateway Service Capabilities Layer，GSCL），而由于相应的权限由网络和设备应用设定，信息可以在 mId 上传输。但是，根据建议的范式，经由自主实施者的应用额外执行了对于 Cyclops 志愿者传感云的底层资源认购，管理相关策略，并跟踪信用/奖励的分配。用户可能会受益于 Cyclops 的信用奖励制度（如通过对自行车服务费打折）。志愿者框架不断地与 Cyclops 志愿者感知云中的每个 M2M 设备相互作用，以加强 QoS 和 SLA 自主策略。这些由自主实施者作用于本地的 M2M 设备/网关上。一个云感知的自主志愿者经由网络应用接口 mIa 实现 Cyclops 网络应用是可行的。即使是力所能及，志愿者框架对 Cyclops 网络应用也仅提供了发现的服务。根据以特定（QoS/SLA）约束表述的功能性和非功能性特性同时也考虑到可持续发展问题，贡献资源的发现和选择需要使用 QoS 和 SLA 管理器。此外，志愿者框架跟踪资源使用用于对贡献设备（用户客户端）的奖励分配。

M2M 设备/网关应用使用 M2M 网关上的分析模块来执行，如语境推理用于识别最佳兜风路线的目的。Cyclops 网络应用使用网络域上的分析模块来分析来自于 Cyclops 志愿者感知云的数据，以便确认交通模式用于车队管理。OASA 通过适当的网络应用，希望重新利用路线上的 CO_2 排放数据并通过适当政策建立更环保的路线。因此，OASA 的应用通过更新访问权限被授权来检索并使用信息。按照相同的方式，cycleXperience 网络应用重新利用（可选）路线上的坡度和 CO_2 排放量。伴随（可选的）骑行者路径经验和拍摄图像，cycleXperience 通过收集的关于骑行者和骑行者环境感测的数据来量化骑行者经验。用户提供信息可以在稍后由用户通过 cycleXperience 应用的 Web 前端上传。

10.4 结论

MCS 的目标是利用嵌入到智能手机的传感器从用户组收集信息，并利用这些信息为用户组做贡献。它本质上通过不同级别的机器相互作用实现，包括数据通信、收集、处理和解释。移动设备是基础设施的贡献者，它们以不可预知的方式加入和离开系统。因此，得到的场景是高度动态的。通过借助志愿者贡献范例并由 M2M 通信实现，提议的框架解决了这些问题。作为所述框架志愿者本质的结果，客户端/设备对云服务不再是被动接口，而是它们可以贡献（免费或收费）其自有资源。提出了一种设计和发展分布式基础设施的协同方式，其中计算、通信和传感的目标达到一致。最后，基于前述原理给出一个实用案例，其中 M2M 通信和传感是实现一系列应用的互补面。

参考文献

1. Gubbi, J. et al. 2013. Internet of things (IoT): A vision, architectural elements, and future directions. *Future Generation Computer Systems*, v. 29, p. 1645–1660.
2. Wu, G. et al. 2011. M2M: From mobile to embedded internet. *IEEE Communications Magazine*, v. 49, p. 36–43.

3. Ganti, R. K. et al. 2011. Mobile crowdsensing: Current state and future challenges. *IEEE Communications Magazine*, v. 49, p. 32–39.
4. Anderson, D. P. and G. Fedak. 2006. The computational and storage potential of volunteer computing. In *Proceedings of the 6th IEEE International Symposium on Cluster Computing and the Grid*. Washington, D.C., p. 73–80.
5. Cunsolo, V. et al. 2009. Volunteer computing and desktop cloud: The cloud@home paradigm. In *Proceedings of the 8th IEEE International Symposium on Network Computing and Applications*. Cambridge, Massachusetts, p. 134–139.
6. Chandra, A. and J. Weissman. 2009. Nebulas: Using distributed voluntary resources to build clouds. In *Proceedings of the 2009 Conference on Hot Topics in Cloud Computing*. Berkeley, California, p. 1–5.
7. Taleb, T. and A. Kunz. 2012. Machine-type communications in 3GPP networks: Potential, challenges, and solutions. *IEEE Communications Magazine*, v. 50, p. 178–184.
8. Galetic, V. et al. 2011. Basic principles of machine-to-machine communication and its impact on telecommunications industry. In *Proceedings of the 34th International Conference on Information and Communication Technology, Electronics, and Microelectronics*. Opatija, Croatia, p. 380–385.
9. ETSI TS 102 690 v1.1.9. 2012. *Machine-to-Machine Communications (M2M): Functional Architecture*, p. 15.
10. Sarakis, L. et al. 2012. A framework for service provisioning in virtual sensor networks. *EURASIP Journal on Wireless Communications and Networking*, v. 1, p. 135.
11. ETSI TR 102 725 v0.8.0. 2012. *Machine-to-Machine Communications (M2M): Definitions*, p. 11.
12. ETSI TS 102 690 v1.1.9. 2012. *Machine-to-Machine Communications (M2M): Functional Architecture*, p. 68.
13. Shelby, Z. et al. 2012. Constrained Application Protocol (CoAP). IETF Internet Draft draft-ietf-core-coap-17. http://datatracker.ietf.org/doc/draft-ietf-core-coap/. Accessed May 17, 2013.
14. Hersent, O. et al. 2012. The ETSI M2M architecture. In *The Internet of Things: Key Applications and Protocols*. West Sussex, United Kingdom: John Wiley & Sons, p. 237–267.
15. ETSI TS 102 921 v1.1.1. 2012. *Machine-to-Machine Communications (M2M): mIa, dIa, and mId Interfaces*.
16. ETSI TR 101 584 v0.4.0. 2012. *Machine-to-Machine Communications (M2M): Study on Semantic Support for M2M Data*., p. 10.
17. Berners-Lee, T. et al. 2001. The semantic web. In *Scientific American*, v. 284, p. 34–43.
18. Laurila, J. K. et al. 2012. The mobile data challenge: Big data for mobile computing research. In *Proceedings of the Nokia Workshop Mobile Data Challenge in Conjunction with the International Conference on Pervasive Computing*. Newcastle, United Kingdom, p. 1–8.
19. Lane, N. D., Y. Xu, H. Lu, S. Hu, T. Choudhury, A. T. Campbell, and F. Zhao 2011. Enabling large-scale human activity inference on smartphones using community similarity networks (CSN). In *Proceedings of the 13th International Conference on Ubiquitous Computing*, p. 355–364.

20. Distefano, S. et al. 2012. Sensing and actuation as a service: A new development for clouds. In *11th IEEE International Symposium on Network Computing and Applications*, Cambridge, Massachusetts, p. 272–275.
21. Anderson, T. *The BOINC Credit System*. http://www.boinc.berkeley.edu/trac/wiki/CreditNew. Accessed May 31, 2013.
22. Eisenman, S. B. et al. 2007. The BikeNet mobile sensing system for cyclist experience mapping. In *Proceedings of the 5th International Conference on Embedded Networked Sensor Systems*, New York, p. 87–101.

图书在版编目 (CIP) 数据

基于智能工厂的 M2M 通信: 架构、技术、标准与应用 / (加) 沃伊斯拉夫·米西奇, (加) 叶莲娜·米西奇主编; 段瑞飞, 赵永梅译. —北京: 机械工业出版社, 2016.7

书名原文: Machine to Machine Communications

ISBN 978-7-111-54285-8

Ⅰ. ①基… Ⅱ. ①沃… ②叶… ③段… ④赵… Ⅲ. ①互联网络-应用②智能技术-应用③移动通信-研究 Ⅳ. ①TP393.4②TP18③TN929.5

中国版本图书馆 CIP 数据核字 (2016) 第 166305 号

机械工业出版社 (北京市百万庄大街 22 号 邮政编码 100037)

策划编辑: 孔 劲 责任编辑: 孔 劲 范成欣

责任校对: 刘 岚 封面设计: 鞠 杨

责任印制: 李 洋

北京振兴源印务有限公司印刷

2016 年 10 月第 1 版 · 第 1 次印刷

169mm×239mm · 15.5 印张 · 284 千字

0001—2500 册

标准书号: ISBN 978-7-111-54285-8

定价: 99.00 元

凡购本书, 如有缺页、倒页、脱页, 由本社发行部调换

电话服务	网络服务
服务咨询热线: 010-88361066	机 工 官 网: www.cmpbook.com
读者购书热线: 010-68326294	机 工 官 博: weibo.com/cmp1952
010-88379203	金 书 网: www.golden-book.com
封面无防伪标均为盗版	教育服务网: www.cmpedu.com